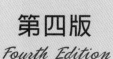

第四版
Fourth Edition

美膚與保健

Skin Care and Health

王素華 編著　　黃宜純 校閱

國家圖書館出版品預行編目資料

美膚與保健 / 王素華編著. – 第四版. – 新北市：
新文京開發出版股份有限公司, 2023. 12
面；　公分

ISBN　978-986-430-991-7（平裝）

1. CST: 皮膚美容學

425.3　　　　　　　　　　　　　　112019804

美膚與保健（第四版）　　　　　　（書號：B308e4）

編　著　者	王素華
校　閱　者	黃宜純
出　版　者	新文京開發出版股份有限公司
地　　　址	新北市中和區中山路二段 362 號 9 樓
電　　　話	(02) 2244-8188（代表號）
Ｆ　Ａ　Ｘ	(02) 2244-8189
郵　　　撥	1958730-2
初　　　版	西元 2008 年 09 月 25 日
二 版 二 刷	西元 2015 年 06 月 10 日
第　三　版	西元 2019 年 01 月 15 日
第　四　版	西元 2023 年 12 月 15 日

素華老師為人熱心，教學態度嚴謹，深受學生愛戴，邀請寫序，本人深感榮幸。素華老師平時教學及行政工作非常忙碌，仍願意撥冗撰寫本書，將多年教學和美容工作經驗與讀者分享，實在難能可貴。

　　作者先前具有從事護理和美容沙龍工作的背景，以及 30 多年高職及大專校院的美容教育資歷，教學經驗豐富。本書中，作者透過多年美容的教學和研究經驗，將紮實的美容教育理論和保健護理的實務概念結合，描述由外而內、由內而外之整體健康美容的營造。

　　為求內容精確，作者亦邀請國立臺中科技大學美容系黃宜純教授協助指導與校正，力求精確的撰寫和編製態度，使本書不僅可以做為美容或化妝品相關學系之教學用書，亦能提供一般讀者和從事美容相關工作的專業人員參考使用，特書此文，向讀者鄭重推薦。

黃漢章

中華醫事科技大學
化妝品應用與管理系教授

　　隨著社會型態的改變、國民所得的提高及生活工作壓力的增加,人們對於「美膚保健」的需求較以往更為殷切,除了傳統美容護膚之基本需求外,更希望藉此達到紓壓放鬆、保健或美體雕塑的效果。因此,美容沙龍、美容美體、護膚、美容醫學、芳香療法、SPA 養生等相關行業蓬勃發展,相對地,市場上美容從業人員亦有著量的增加與質的提升之雙重需求。為了因應社會變遷,符合消費市場需求,技專校院美容與化妝品相關科系紛紛強化此相關領域課程設計與內容安排,以與就業市場接軌。

　　本書《美膚與保健》理論實務並重,文字簡潔精闢,內容豐富多元。美膚學或護膚學是美容與化妝品相關科系重要的專業科目,而此書之內容編排適合技專校院相關課程之教學使用及參考。

　　王素華老師擁有美容乙級執照並擔任美容乙、丙級監評,從事美容科教職多年,特別專精於美容護膚,此次彙整多年教學及實務之經驗與心得成書,值得閱讀與參考。

歐錦綢

中華醫事科技大學

化妝品應用與管理系　前系主任

近年正值我國美容教育蓬勃發展，美容水準不斷提升，而美容安全性隨之倍受重視。顯然的，以醫護知識為基礎的美容技能方能確保美容效果的正確與安全，更是將來美容保健學理、實務發展的潮流與趨勢。

　　作者王素華老師曾任護理人員 12 年，專精於皮膚生理；曾經營美容 SPA 中心多年，具有豐富的美容保健實務經驗；擁有美容乙、丙級證照，亦是美容乙、丙級術科監評委員。今在執教之餘，憑據其多年教學心得，結合相關學理與實務經驗，精心撰寫《美膚與保健》一書，內容豐富，全書圖解甚為清晰詳細，其中關於皮膚生理的部分更特別深入探討，足供美容乙、丙級學科考試之理論基礎，適合作為技專校院美容、化妝品類科系學生的專業用書，亦可供美容專業人員及有興趣的讀者參考。

洪惠娟

台南應用科技大學

美容造型設計系助理教授

隨著科技的發展，生活品質的提升，國人對於美容保健也越加重視，在國內大專院校紛紛設立美容保健科、化妝品類科系及時尚流行設計系等相關科系，升學求知管道因此愈見暢通之際，如何讓這些學子們在投入美容相關就業市場時能充分學以致用，如何提升社會大眾對美容、美髮和化妝品業界的認同，以及如何提升我們的專業，這些都是我們努力的目標。

本書《美膚與保健》共分為 12 個章節，內容包括：皮膚的認識，皮膚的性質，化妝品的認識，皮膚的保養，按摩的認識，臉部按摩、蒸臉及敷面之應用，專業護膚儀器的應用，手足部的保養，去角質與脫毛方法，全身美容，食物與美容，紓壓的方法等單元。另外，因應芳香療法認證考所需，敘明芳療的歷史沿革、市場應用、精油的化學概論、精油的應用等重要議題，並於書末提供芳療精選試題。四版更新增美容護膚常用的儀器，以圖文並茂的方式，帶領學生認識專業美容常用的儀器及使用方式。

本書內容編排由淺而深、易讀易懂，兼顧理論原理及一些保健相關知識及技術的應用，並輔以豐富圖片及照片，不但適合各大專校院的美容、化妝品及流行設計等科系之教學使用，也是從事美容類、化妝品類、美容醫學中心、SPA 養生館、髮廊、藥妝、妝櫃等從業人員，以及芳香療法認證考應考必備良書。

本書完稿於執教之餘，依據多年教學經驗及實務經驗整理而成，雖力求完善，惟作者才疏學淺，如有疏漏或不周全之處，尚祈先進賢達、碩學前輩不吝賜教指正，至為感幸。

王素華 謹識

校閱者簡介
ABOUT THE AUTHOR

黃宜純

現 任

國立臺中科技大學美容系教授

主要經歷

康寧學校財團法人康寧大學校長(2016/8/1~2018/7/31)

育達科技大學兼副校長暨休閒創意學院院長(2015/8/1~2016/7/31)

臺中護專美容科教授兼副校長(2010/02~2010/11)

臺中護專美容科教授兼教務主任(2009/01~2010/03)

臺中護專美容科副教授兼教務主任(2006/03~2008/12)

臺中護專美容科副教授兼創科主任(2006/02~2007/07)

弘光科技大學化妝品應用系副教授兼校長秘書室秘書組長(2002/08~2004/07)

弘光科技大學化妝品應用系副教授(2002/08~2006/01)

弘光科技大學護理系副教授(2002/02~2002/07)

弘光科技大學護理系講師(2001/08~2002/02)

經國健康暨管理學院（現德育護理健康學院）化妝品應用與管理科講師兼創科主任(1995/08~2001/07)

經國健康暨管理學院（現德育護理健康學院）護理科講師兼學務處衛保組組長(1994/08~1995/07)

經國健康暨管理學院（現德育護理健康學院）護理科講師(1993/9~1995/7)

學 歷

台灣師範大學人類發展與家庭研究所美容組教育博士

University of Wisconsin-Madison 護理研究所碩士

編著者簡介

ABOUT THE AUTHOR

王素華

學 歷

中國文化大學生活應用科學研究所碩士

湖南中醫藥大學中醫系博士

經 歷

臺灣高齡照護發展學會台南福老機構業務負責人

華德工家美容科主任及健康中心負責人

行政院勞動部勞動力發展署乙、丙級美容評審

三軍總醫院麻醉護士

維納斯美容護膚坊美容師

台北莊敬高職美容科專任教師

東吳工家美容科專任教師

中華醫事科技大學化妝品應用與與管理系兼任講師

東方技術學院化妝品應用與管理系兼任講師

國立空中大學兼任講師

著 作

美容營養學：2011 年

家政概論 I、家政概論 II：2006 年、2010 年

衛生與安全：2007 年

家庭教育：2007 年

美容衛生學：2007 年

美膚與保健：2008 年

家政行職業衛生與安全：2010 年

美容美髮從事人員工作、家庭角色與婚姻滿意之探討：2006 年

美容衛生與化妝品法規：2018 年

證照

合格中學校美容科教師證

合格中等學校幼兒保育科教師

教育部講師證

美容乙丙級證照

美容乙丙級監評委員

護士證照

助產士證照

CPA 芳香療法應用師

獲獎紀錄

全國在地產業特色商品創意行銷專題製作競賽，烏魚子傳奇：團隊合作獎第二名，2010 年 6 月

企業經營模式創意改造專題製作競賽，「花草物語」以台南詩曼特養生 SPA 館為例，「個案貢獻」第二名，2011 年 5 月

特色商圈行銷之規劃與策略專題製作競賽，「南鯤鯓之旅」，「網路行銷獎」第一名，2012 年 5 月

台灣區 90 年度「技藝教育」績優教師

84~90 年指導台南市教育局主辦國中美容技藝競賽榮獲特優、優等、佳作等數名

86 年指導台灣區高級中等學校家事類科學生技藝競賽美容組第二名，85、87、88、89、92 年皆入圍得獎

目 錄

CONTENTS

Chapter 1

皮膚的認識

1-1 皮膚的認識

　　皮膚是身體與外界環境接觸的第一線，天天與大自然中的各種因子，不管是與有利或不利的環境下，長期的接觸，時間一久難免會自然老化，但如何延緩老化，是大家應重視的課題，是美容從業人員必備，也是最基本的專業知識及技能。

一、皮膚保養的意義及目的

　　美麗健康的皮膚是每個人所追求的目標，因此皮膚保養的意義及目的，也就是希望能對皮膚多加愛護，以減少促使皮膚提早老化的因子，如乾燥、汙染的空氣、紫外線、作息不正常等對皮膚的影響。延緩皮膚老化的目的是在促進及維持皮膚的健康，以減少異常皮膚的產生。

二、皮膚的特質

　　健康美麗皮膚的特質須有下列幾點：

1. 皮膚良好健康。

2. 皮膚具有抵抗力。

3. 皮膚細緻，以肉眼觀察具有潤澤透明感。

4. 皮膚柔軟有彈性：用手觸摸具有柔軟、張力及彈力。

5. 皮膚的紋理：毛孔不明顯，皮溝清晰、皮丘小而整齊。

三、保持皮膚健康的方法

可分為內在方面及外在方面，敘述如下：

（一） 內在方面

1. 適當的運動。

2. 均衡飲食。

3. 充足睡眠、生活規律。

4. 適宜的休閒娛樂，以保持最佳健康狀態。

5. 紓解壓力，保持恬靜的情緒。

（二） 外在方面

1. 注意清潔洗臉。

2. 按摩，以加強新陳代謝。

3. 避免汙垢、塵埃及細菌的感染。

4. 敷臉、塗抹面霜等以加強保濕、滋潤效果。

5. 避免紫外線的照射及溫度的急劇變化。

1-2　皮膚的構造與功能

皮膚的構造可分為表皮、真皮、皮下組織及附屬器官（圖 1-1），現將其構造及功能，分別敘述如下。

一、表　皮

表皮(epidermis)是皮膚的最外層，厚度約 0.04~1.5 mm，最薄處為眼皮，只有約 0.1 mm，最厚處主要分佈於腳踝部與手掌，約 0.7 mm，含有 20~30%的水分及 5~7% 的脂肪。

　　表皮主要由三種型態的細胞組合而成，分別為：

1. 角質細胞(keratinocyte)：為表皮層裡進行代謝作用的主要細胞，主要功能是促進皮膚角質化而生成（角質蛋白），再經分裂代謝而形成全部之表皮層。

2. 蘭格罕氏細胞(Langerhans cell)：主要作用是在皮膚的免疫反應中，察覺抗原給淋巴球的細胞。

3. 麥拉寧色素細胞(melanocyte)：成熟的麥拉寧色素細胞存在於真皮與表皮之接合處。主要功能：

   (1) 創造膚色。

   (2) 保護皮膚抵抗紫外線對皮膚之侵害。

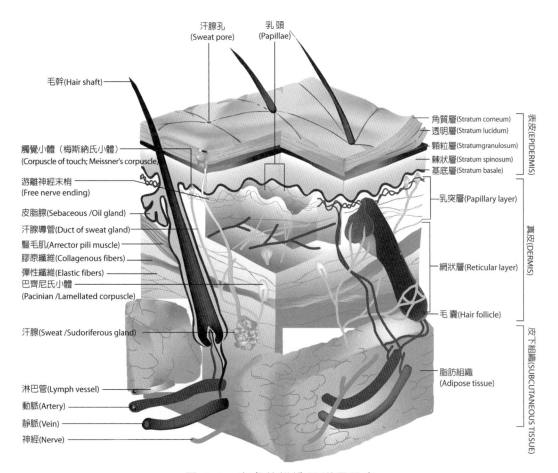

圖 1-1　皮膚的構造及附屬器官

資料來源：身體檢查與評估，李婉萍等編著(2010)。

表皮細胞因型態的不同，由外而內，可分為五層，其特徵分別敘述如下：

（一） 角質層

角質層(stratum corneum)是由數十層角質板重疊排列在一起而成的，細胞扁平，長軸與皮面平行。在前臂屈側及腹股溝等處甚薄，掌、手足背、跖部甚厚。通常老年人有較多且厚的角質層，約 16.9 層，年輕人的角質層約 11.9 層。角質層如過度粗厚將使皮膚看來暗晦無光澤。此層主要的組成成分為角質蛋白(keratin)。角質層中含有 10~20%的水分時為最理想。角化正常時皮膚表面光滑、柔軟，正常角化必須攝取足夠的維生素 A、動物性蛋白質。如營養攝取不足時皮膚表面會變粗而且乾燥。角質層依身體部位的厚度有所差異，手掌與腳底較厚，手腳和臉的彎曲部較薄。

1. 主要功能
   (1) 具有保濕性，能吸收及蒸散水分。
   (2) 可抵禦外界的光和熱、化學的及機械的摩擦之傷害，如對弱鹼、弱酸、冷熱具有抵抗力。

2. 角質層發生異常原因
   (1) 女性荷爾蒙不足。
   (2) 缺乏維生素 A。
   (3) 動物性蛋白質攝取不足。

3. 角質層發生異常的症狀
   (1) 皮膚失去光滑而粗糙。
   (2) 單純魚鱗癬、乾皮症。
   (3) 進行性指掌角化症。

（二） 透明層

當顆粒層中的細胞變成均勻呈透明的物質時，即構成透明層(stratum lucidum)。透明層是一層很薄的無核細胞，內含角母素，細胞本身已趨死亡。分佈在手掌、腳底（蹠）等皮膚較厚的部位。

（三）　顆粒層

顆粒層(stratum granulosum)由 2~4 層比較扁平的長斜方形或紡錘形細胞組成，此種細胞已無分裂增殖的能力，而且細胞之間也沒有棘，其細胞質間含有多量之透明膠質顆粒(keratohyaline)，能反射光線來防止異物進入表皮之內層。

（四）　棘狀層

棘狀層(stratum spinosum)佔表皮的大部分，由數層至十層不等的有核細胞構成，愈往上愈平坦。為表皮中最厚的一層，此層細胞與細胞之間有間隙，淋巴腺分泌之淋巴液在此層流動，以及真皮內的微血管以擴散作用，供應營養及代謝廢物。基底層和棘狀層合稱為生發層(stratum germinativum)，表皮細胞都由此層產生。

（五）　基底層

基底層(base cell layer)位於表皮的最下層，是由正立方形的表皮細胞及星狀的黑色素細胞所組成。這兩種細胞都含有黑色素顆粒。細胞在此分裂新生，當遇紫外線持續刺激時，黑色素細胞的生成會急速增加，使膚色變黑。

二、真　皮

指表皮以下、皮下組織以上的部分，是以結締組織為主的構造，內含有血管、淋巴管及神經，並含有真皮之附屬器官。真皮最薄處為眼睛四周，約 0.6 mm；最厚處則於腳掌、手掌處，約 3 mm。真皮由外而內又分兩層，上層稱為乳頭層，下層稱為網狀層，是皮膚結構中最複雜的一層。

（一）　真皮的結構要素

1. 細胞：肥大細胞(mast cell)、纖維細胞(fibroblast)及巨噬細胞(macrophage)等。
2. 纖維(fibers)：有膠原纖維、彈力纖維、網狀纖維、肌肉纖維等。
3. 基質：有酸性黏多醣體(acid mucopolysaccharides)、醣蛋白(glycoproteins)、中性黏多醣體(neutral mucopolysaccharides)。
4. 器官結構：有神經、微血管分佈、分泌腺及毛髮等。

（二） 真皮的分層

真皮由外而內包括兩層：乳頭層、網狀層，其特徵分述如下：

1. 乳頭層：是由細小的組織纖維群組成。位於真皮上層，維繫真皮與表皮使之不分開。真皮與表皮之間會形成波浪形狀，真皮在表皮側突起的部分稱為乳頭層，而表皮突起的部分稱為表皮突起。此種波浪形狀雖然會賦與皮膚伸縮性及彈性，但如遇到皮膚老化，波浪形狀就逐漸消失，而使皮膚彈性消失而鬆弛。在這些組織纖維群，內含有網狀纖維，微血管與神經。微血管分佈廣泛，負責表皮的氧氣及養分之運送。

2. 網狀層：位於乳頭層的下方，是真皮中最厚的一層，有細長的纖維交織成網狀。這些纖維主要由彈性纖維及膠原纖維構成。其他有肌肉纖維、纖維芽細胞等，其中以膠原纖維佔90%，膠原纖維擔負保護任務，能保持皮膚的伸張度及硬度，並抵抗外來的機械力。而彈性纖維則給予皮膚有彈力、保持皮膚的彈性。隨著歲月的增長，油分、水分的不足，以及缺乏保養，皮膚易產生疲勞，失去彈性，鬆弛而產生皺紋等現象。

3. 基質：真皮結構都被一些基質所包覆，其組成有醣蛋白、酸性及中性黏多醣體等。

三、皮下組織

皮下組織為皮膚的最下層，主要組成為脂肪，含大量的脂肪細胞；而海綿狀的結合組織則散佈其間。與真皮層無明顯界線，位於皮下組織的血管與神經，負責供應上層皮膚的營養。主要功能是脂肪細胞有儲存能量及產熱的功用。

四、皮膚的附屬器官

皮膚的附屬器官包括分泌腺（汗腺、皮脂腺）、毛髮及指甲等。分別說明如下：

（一） 汗 腺

依其形狀及形態可分為小汗腺(eccrine gland)與大汗腺〔又稱為頂漿腺(apocrine gland)〕。汗腺是分泌汗液的器官，約每平方公分的皮膚就有140~340個，在手掌及腳掌處分佈最多。

■ 小汗腺

位於真皮層，開口於表皮表面，為普通汗腺。其所分泌汗液中含有水分、鹽分、尿素乳酸、脂肪及電解質。汗液呈酸性，酸鹼值在 3.8~5.6 之間。小汗腺分佈於臉、胸、腹、手腳等各處，對人體生理機能的重要作用是調節體溫。

人體無感流汗量每小時約 30 毫升；當大量出汗時，皮膚會由弱酸轉為中性。角質在此時易膨脹，易受細菌侵擾而導致糜爛長痱子。

■ 大汗腺

又稱為頂漿汗腺，腺體較大，其開口是在毛囊內，分泌物至青春期才開始，是體味的主要來源。

其分泌物具有小汗腺與皮脂腺的雙重性質，酸鹼值約 6.2~6.9。汗液濃稠、鐵分多，含細胞碎屑，其所含蛋白質原本無臭，但也會因皮膚表面的細菌分解而發生特有的臭味，即狐臭。

（二） 皮脂腺

皮脂腺一般位於毛囊上方，主要分泌皮脂，與汗腺所分泌的汗液在皮膚表面形成皮脂膜，對皮膚有滋潤保護作用，同時也經常混著汗腺所分泌的汗水及空氣中的灰塵，對皮膚的健康造成沉重的影響，需適度的清除。

一般皮脂在 15~17℃ 之間，開始有流動性，大約 34℃ 以上開始溶解，因此在夏日分泌較為旺盛，皮脂腺約 15~20 分鐘就會分泌足夠的皮脂以保護皮膚免於乾燥。皮脂組成比例受環境氣候等影響而有所差異，其主要分泌物整理於表 1-1。

表 1-1　皮脂的組成比例

成　分	比　例
膽固醇(sterols)	2%
脂肪醇(fatty alcohols)	2%
膽固醇酯(sterol esters)	1~3%
魚鯊烯(squalene)	12~14%
蠟酯(wax esters)	26%
三酸甘油酯(triglycerides)	50~60%
游離脂肪酸(free fatty acids)	14%
單及雙甘油酯(mono and diglycerides)	5~6%

資料來源：張麗卿(1998)。

（三） 毛 髮

　　主要成分為角質蛋白，約佔 95%，受損後無自行修護能力。長髮突出表皮之外的部分稱為毛幹，植在表皮之下的部分稱為髮根。毛根末端與製造細胞之毛乳頭相連接，微血管則分佈其中，毛母細胞則分佈在毛乳頭的組織周邊；可以從血管中吸取養分，分裂增殖後產生新的毛髮細胞，細胞依次往上在頭皮之外者為髮幹、髮梢。因毛髮係由毛乳頭的細胞產生的；因此毛乳頭被稱為「毛髮之母」，主要功能為毛髮的發育。

　　一般毛髮生命週期依次分為成長期(andgen)、退化期(catagen)、休止期(telegon)，大部分的毛髮（約 80~90%）處於成長期（5~7 年）；退化期 1%、休止期 9~19%。

■ 毛髮的構造

　　如以毛幹的組成來看，由外而內可分為：毛表皮→毛皮質→毛髓質。整理如表 1-2。

表 1-2　毛髮的構造（橫切面）

名　稱	內　容
毛表皮(cuticle)	① 由扁平鱗狀角質細胞所構成，俗稱毛鱗片 ② 正常健康頭髮，約有 7~8 層覆蓋而成，如燙髮、吹整等傷害，可能會減少 1~2 層，外觀會顯得無光澤甚至焦黃
毛皮質(cortex)	① 含豐富的絲狀纖質及水分，並含有氣泡及色素顆粒。完整的絲狀纖維含水力強，如遭到外力破壞則水分蒸散，枝毛會斷裂 ② 表面陰電荷密集，乾燥時易產生靜電
毛髓質(medulla)	① 軟毛不含毛髓質，只有硬毛專有 ② 黑色素存於其間，內含有脂肪

資料來源：作者整理(2008)，引自陳麗卿(1998)。

■ 毛髮的生理特性

　　正常健康的頭髮具有多孔性及吸水性，能吸收空氣中的水分。具有良好的彈性，一根毛髮在乾燥的狀況下大約可拉長五分之一，頭髮濕潤後則可拉得更長，約比原長度多出 40~50%，此種能伸縮的特性主要是靠皮質，多孔性較佳之毛髮其伸縮及彈力也比較好。

（四） 指 甲

　　指甲與毛髮同樣是皮膚的附屬物，都是由表皮細胞經角化作用而產生。指甲為硬的角質化細胞所組成，而且含有色素及有彈性，無胞器，不含血管或神經。主要是由多層角質的半透明片貼合而成。其中有適當的脂肪、水分、蛋白質等。指甲板堅固不易斷層，能夠保護手指及腳趾。

■ 指甲的構造

1. 指甲體(nail body)：又稱為甲板或指面，也就是平常所稱的指甲，正常的情況下是呈半透明狀。

2. 指甲床(nail bed)：位於指甲體下方的表皮。介於指甲體與皮膚之間，有很多血管可將養分輸送至此，作為指甲生長所需的營養，因此健康的指甲看起來呈粉紅色。

3. 母體組織(nail matrix)：也稱為甲母，母體組織是指甲床的一部分，母體中含有許多神經、血管和淋巴。指甲母體是依細胞的再生及硬化過程而產生指甲，當母體能獲得充分的養分及保持健康的狀況下，才能使指甲生長，然而如身體狀況欠佳，指甲有異常或疾病、指甲母體受傷時，只要有其中一項個別因素，指甲的生長就會受到阻礙或遲緩。指甲母體如壞死的話，指甲就不會再生長。

4. 指甲根(nail root)：位在指甲的根部，藏在近端指甲溝的部分，起源於母體組織，是貯存指甲生長養分之處，也是指甲生長的源頭。

5. 指甲尖(free edge)：指甲的最尖端變白色的部分，是指離開甲床以上的末端指甲。呈現不透明狀，常因缺乏水分及營養而斷裂。

6. 指甲半月(lunula)：也稱為指甲白，位於指甲的根部顏色較白，呈半月形的部分，含多量的水分，是指甲母體剛製造而尚未完全角質化的部分。甲半月較常出現於拇指（趾），以大拇指最為明顯。其他手指較不明顯是因其他手指容易被皮膚蓋住的緣故。

7. 甲上皮(eponychivm)：又稱為指甲上嫩皮，是指圍繞在指甲周圍三邊的表皮，正常的表皮是柔軟的皮膚，乾燥時會呈現硬皮，俗稱甘皮或死皮，一般所謂「瓦皮」修剪的部位。健康的甘皮含有適量的水分及彈性，這層嫩皮可保護指甲床的水分與脂肪的蒸發。指緣皮膚的功能主要是保護指甲的生長及維持指甲的水分和脂肪的含量。平時可擦指緣營養油來保護，在修剪指甲時不宜修剪指緣皮膚，因常修

剪會加速新陳代謝而使指緣皮膚越長越快，如修剪受傷導致細菌入侵，易引起發炎及病變產生，如指甲邊的肉刺、甲溝炎。

8. 甲廓(nail wall)：又稱為指甲壁，位於指甲兩側邊及指緣皮膚之間，是構成指甲的框架，除了固定指甲外，也是指甲生長時所依循的軌道。同時也是甲溝炎所產生之處。

■ 指甲的物理性質

1. 彈性(elasticity)：用聲速技術及機械測得指甲之彈性係數與毛髮相仿，然而比角質層要大。

2. 硬度(hardness)：指甲的硬度與它的結構有關，不是鈣的緣故，指甲中的硫含量較高，鈣含量不高，並以胱胺酸及其雙硫鍵之形式存在，雙硫鍵可固定纖維性蛋白質，指甲中水分的含量比表皮角質層少，這與其硬度也有相當關係。

3. 含水能力(water-holding capacity)：指甲的含水能力比角質層差，因角質層之厚度不及指甲的三十分之一，因此角質層水分擴散常數一定要小好幾百倍。指甲水分流通量為腹部表皮的 10 倍。

■ 甲板的化學成分

1. 磷脂：甲板上下層都有磷脂，中層含量較少，指甲中也有游離脂肪及長鏈脂肪酸，可能是因洗滌時吸收肥皂而來。

2. 鈣：指甲中鈣有兩種主要化學形式，在甲板上層及下層中與細胞質羥磷灰石結晶中之磷酸鈣以及與磷脂結合的離子性鈣。指甲中鈣的含量約佔重量的 0.1~0.2%，主要分佈於含有磷脂之處，比毛髮中含量高 10 倍，甲床也含有鈣，指甲的鈣與鎂的比例 4.5：1，和血液中一樣，指甲中也有少量磷酸鈣。

3. 角蛋白：指甲的角化見於第 11 週胚胎，由基質角蛋白和纖維性蛋白質所組成。纖維性蛋白質開始為 5~5.5 nm 的微原纖維，到成人時微原纖維的直徑可達 7.5 nm，指甲纖維性蛋白質中有胺基酸，尤其是胱胺酸及甘胺酸與毛髮中的含量相似。

4. 電解質和其他重金屬含量：砷在指甲中的含量與暴露時間及劑量大小有關，指甲中發現鈉、氯化物、鉀等可能由汗液汙染而來，銅含量與正常人無異，而測定指甲中電解質及銅的含量，曾被廣泛用來診斷囊性纖維病變。

■ **指甲的生長**

1. 正常生長速度：依個人而言，指甲的生長，以中指長得最快，依次為食指、小指、無名指，拇指長得最慢。成人指甲在正常情況下，平均每月約長 0.09~0.12 mm，每週增長 0.5~1.2 mm，每月約長出 3 mm，腳趾甲平均每日生長約 0.05~0.08 mm。指甲被認為是生長最慢的組織之一。指甲可細分為上、中、下三層，上、中兩層是甲母質之基底細胞分裂而成的。一般而言，經常活動的手會長得比一般人快，如打字員、彈琴者等。

2. 營養的作用：指甲的主要成分是纖維蛋白質所形成的角質素，角質素又分為硬性和軟性。角質素是由極少之硫磺成分的氨基所構成，此外也含有氮、碳、水等。蛋白質缺乏或消瘦時，指甲生長速度會緩慢。甲基質細胞的生長需要胺基酸連續不斷的供給，來形成角蛋白。維生素 A 與角化有關，維生素 D 或維生素 A 缺乏時可引起指甲易脆，維生素 D 與基質細胞攝取鈣質有關，指甲正常生長時也需維生素 D。

3. 指甲與神經的作用：如因手指受傷而去神經後，指甲生長的速度約為正常手指的一半左右。

4. 系統性疾病對指甲生長速度的影響：灰指甲患者之指甲生長速度反而比正常人指甲快；嚴重感染疾病如天花時，甲基質會停止生長；指甲脫落等病人痊癒後，甲基質又會重新生長，在患病時甲基質產生的溝紋，這種線稱為 Beau 氏線。

5. 內分泌調節：雖然指甲的內分泌調節尚無實驗性的研究，但從臨床內分泌異常現象來看，人類腦垂體機能減退時指甲變薄，在拇指的指甲弧影也會不見；當甲狀腺功能亢進時，指甲會變厚而有光澤；指甲的生長與溫度也有關，這可能是影響基質細胞代謝活性的結果。

■ **指甲的性質**

可分為一般型、乾燥型、易脆型，分別敘述如下：

1. 一般型：強壯平滑富有彈性，呈粉紅色。

2. 乾燥型：指甲邊緣易破碎而形成薄片狀，有剝落及裂開的現象。

3. 易脆型：非常硬或呈彎曲狀，而且無彈性，有高度的損壞及破裂現象。

五、皮膚的功能

皮膚是人體外貌的主要器官，健康的皮膚除了可吸引人之外，另外也具修飾性及豐富表情的功能。除此之外，皮膚的一些生理功能敘述如下：

（一） 保護作用

皮膚對人體的保護作用，可分為對內及對外兩方面來說明。

1. 對內的保護

　(1) 有保護身體內組織及流體的功能。

　(2) 皮膚有免疫系統，能抵抗外來物入侵皮膚。

2. 對外的保護

　(1) 對微生物的防護：皮膚的酸脂膜可防止病毒、細菌、微生物的侵入。

　(2) 對機械性傷害：皮膚真皮內的纖維及皮下脂肪，對外力的傷害好像襯墊，如皮膚承受推、撞、打壓時，可減少身體內部內臟和骨骼受傷的機會。

　(3) 抑菌作用：健康皮膚的 pH 值在 4.5~6.5 之間，呈弱酸性，有抑制細菌的作用。

　(4) 對化學性傷害：指皮膚對酸、鹼物質具有中和的保護作用，可保護皮膚接觸酸鹼物質時而受到傷害。

　(5) 中和紫外線：皮膚的麥拉寧色素有防禦紫外線傷害的功能，當日曬後皮膚的膚色變黑，就是皮膚自我防護方法之一。

　(6) 免受外物侵害作用：如防制塵埃及汙染物等。

　(7) 增厚角質化來抵抗外界不良環境：當皮膚受到機械性的外力刺激，如鞋子不合腳，造成足部某部位擠壓，而引起角質增厚形成厚繭。

（二） 感知使用

皮膚有豐富的神經纖維，以感受外來刺激，如感受觸覺、冷、癢、痛、燙等。

（三） 調節體溫

1. 保持一定的體溫：如皮膚的汗腺有排熱的功能。

2. 保溫作用：如皮下脂肪能禦寒，皮膚的黑色素具有吸熱的作用。

（四） 分泌作用

1. 汗腺分泌物大部分是水及少量鹽類，有調節體溫的作用，汗腺的分泌，會受到下列因素而影響：

   (1) 溫熱刺激：天氣太熱時，會引發中樞神經之興奮，而促使汗腺分泌增加。

   (2) 攝取太多水分時，會使血液中的水分增加，而汗就會大量滲出。

   (3) 精神處在非常緊張的狀態下：如受到驚嚇或非常緊張情況下，都會引發流汗現象，尤其易出現在腳底、腋下、手掌等處。

   (4) 攝食辛辣、醋等刺激性調味料時：口腔黏膜的感覺神經如受到刺激，會因而促進發汗。

2. 皮脂腺分泌皮脂為油性物質，可提供皮膚表面柔軟，預防皮膚乾燥，有抑菌及防外界有害物質侵入皮膚，皮脂分泌有兩個最旺盛時期：

   (1) 胎生後半期：胎兒在母親子宮內的後半期，皮膚會分泌一種胎脂的物質，具有保護胎兒作用，母親在分娩時可當潤滑劑，胎脂在嬰兒出生之後即迅速脫離身體。

   (2) 青春期：此期因荷爾蒙刺激，會使皮脂大量分泌，當皮脂分泌過多時，除造成皮膚的油膩感外，也易產生面皰，皮脂分泌較多的部位有額部、鼻子、下巴、上臂外側、後背、前胸等，過了青春期後，皮脂分泌就會減少。

（五） 呼吸作用

　　皮膚是將氧氣吸入組織內，再將組織內二氧化碳排出來，其氧氣的吸入是透過肺部再由血液輸入組織，至於皮膚以「擴散」方式和外界空氣的二氧化碳與氧氣交換，只佔人體呼吸 1%以下，所以常被忽略。

（六） 吸收作用

　　化妝品成分可經皮膚被吸收，而發揮其功效。路徑有下列三種：

1. 自汗腺之開口進入。

2. 自毛孔（毛囊口）進入。

3. 自皮膚表面的角質層吸收。

另外因皮膚表面有一層乳化狀的皮脂膜，因此水溶性的物質很難被皮膚吸收，必須利用電氣，如美容儀器的離子導入。脂溶性的物質可由汗腺或皮脂腺的開口（毛孔）吸收。另外，乳化過的保養品又較脂溶性的保養品更容易被皮膚吸收。

（七） 排泄作用

皮膚可將汗腺分泌的汗排出體外，汗水帶有鹽分及其他物質，人體的水分會隨汗而排出。

（八） 合成作用

人的皮膚可藉陽光合成維生素 D。

六、皮膚老化論

皮膚的衰老機理與整體衰老的原理一樣，未完全闡明。大體上有遺傳學說及環境因素等。其中以自由基及日光作用的影響，現將老化機理、形態學的改變、生化、生理的改變、老年皮膚病及皮膚老化的原因，分別敘述如下：

（一） 皮膚衰老的機理

老化的原因，除了遺傳學說及環境因素，另外以自由基、日光作用是特別重要。

1. 自由基：自由基是不配對的電子，對組織、細胞有很強的損傷作用，氧自由基可改變膠原分子，使其易受酶作用，而使膠原酶激活及使蛋白酶抑制物失活。造成透明質酸解聚，而減少蛋白聚醣合成，降解基底膜。另外，機體內有超氧化物歧化酶(superoxide dismotase, SOD)，可獲得超氧陰離子來保護組織器官。超氧化物歧化酶會隨年齡減少，脂質則會隨年齡增加。

2. 日光的作用：紫外線可使彈力纖維變性，皮膚受紫外線照射，自由基增加，加速衰老現象。

（二） 皮膚衰老的形態學改變

■ 臨床方面

在臨床上皮膚會呈現粗糙、彈性減退、萎縮、皺紋增加、角化、色素沉著等。

■ 表皮方面

1. 皮面構型：皮面的構型是指皮面由皮溝錯綜複雜分割的幾何圖形，隨著體表不同的部位而不相同。衰老皮膚的皮溝線、皮崎變寬，皮面構型仍在，但較不規則。隨著年齡增加，曝光處的皮面構型會消失。

2. 表皮變薄：因表面增生能力減退，表皮突消失。

3. 細胞異質性：衰老表皮特別是基底細胞大小、形狀及染色等，都有較多的變異，有時表皮細胞極性會完全消失。

4. 真皮表皮交界處的改變：界面變平，膠原纖維和緻密板會再生。

5. 黑色素細胞及蘭格罕氏細胞：衰老皮膚中這兩種細胞可減少約 50%，黑色素細胞產生黑色素能力減退，所以對 DOPA 染色較淡。蘭格罕氏細胞突較短，分支較少。

■ 真皮方面

1. 膠原纖維方面
   (1) 膠原纖維束變直，交織排列較為疏鬆，部分纖維束有散開的現象。
   (2) 膠原纖維網緻密，可能是因基質（氨基聚醣）減少所致。

2. 彈力纖維：可分為透射電鏡下、掃描電鏡下及光鏡下的改變，現分別敘述如下：
   (1) 透射電鏡下改變
      A. 彈力纖維周邊模糊，呈細纖維狀及顆粒狀的變性。
      B. 彈力纖維內產生囊腫及腔隙。骨架微絲分離，導致成多孔纖維。
      C. 纖維崩解成短小微絲。
   (2) 掃描電鏡下改變
      A. 彈力纖維網較緻密，係因產生過多彈性蛋白及基質減少所致。
      B. 纖維外形不光滑、不規則、邊緣模糊，纖維表面有顆粒狀物質，周邊部分呈分叉及碎裂狀。
      C. 纖維網排列零亂，真皮表皮交界處有特徵性的樹枝狀纖維消失。
   (3) 光鏡下改變
      A. 乳頭上部的弓形及樹枝狀終末纖維消失或變粗而零亂。
      B. 真皮乳頭層彈力纖維增加、變粗，部分聚集或繞結在一起。
      C. 網狀層內彈力纖維會增粗。
      D. 真皮上部有嗜鹼變性的變性彈力纖維。

3. 肥大細胞數目及纖維細胞會減少。

4. 血管、神經：觸覺及壓覺小體約減少 30%，大小和結構不規則，真皮乳頭層血管約減少 30%。Merkel 小體及游離神經末梢改變較少。

5. 附屬器：大汗腺數目不變，大小汗腺分泌細胞中的脂褐質沉積增多，大部分區域的小汗腺數目約減少 15%，另外毛髮也會減少，皮脂腺、灰白增生，導管、腺體和管腔都增大，可能會增加皮膚吸收能力。

（三） 生化、生理的改變

可分為生化改變、生理改變及生物物理的改變，分別敘述如下：

■ 生化的改變

膠原交聯增加，不溶性與可溶性膠原比例減少，彈力纖維交聯與鈣化增加，賴胺醯羥化酶及脯胺醯活力降低。

■ 生理的改變

1. 表皮更替速率方面

    (1) 老年人角質更換率較年輕人延遲約 100%。

    (2) 70 歲時約較 30 歲時減少 50%。

2. 修復速率：創傷癒合方面，疤頂再生（也就是表皮細胞的游走及分裂）和紫外線照射後 DNA 切除的修復（成纖維細胞），在衰老皮膚都會呈現下降現象。

■ 生物物理的改變

1. 皮面構型改變或消失，因角質層應變能力減退，造成機械應力能力降低，更容易產生龜裂。

2. 因膠原交聯增加及纖維變直，膠原纖維抗張強度增加，而更難以伸展。

3. 真皮彈力纖維網破壞，造成彈性回復力降低。

4. 表皮、真皮交界面變平，皮膚對改變抗力減退。因此外傷時易被撕裂。

5. 可能因血管減少及血管反應下降，而造成水腫產生、能力減退。

■ **免疫的改變**

1. 立即過敏反應減弱：20 歲左右對紅斑反應率約 52%，75 歲者僅約 16%。

2. 蘭格罕氏細胞及 T 淋巴細胞減少。

3. 對二硝基氯苯(DNCB)及其他過敏原的延遲過敏反應減弱：70 歲以上 DNCB 致敏率約 6%，70 歲以下 DNCB 致敏率達 94%。這與 T 細胞和蘭格罕氏細胞減少及血管反應等有關。

4. 其他體液免疫功能

   (1) T 細胞的依賴及非依賴的產生。

   (2) 抗體親和力降低。

   (3) 脂多醣引起 B 細胞增生減退。

   (4) B 細胞成熟分泌抗體減退。

   (5) 血清 IgM 濃度及 Arthus 型超敏反應減退。

   (6) 鼻腔液體中 IgA 濃度降低。

5. 其他細胞免疫功能：衰老皮膚的下列一些功能均有減退：

   (1) 移植腫瘤生長的抵抗減退。

   (2) 移植物排斥減退。

   (3) 抗感染能力降低。

   (4) 移植物抗宿主反應減退。

   (5) 混合淋巴細胞反應減退。

   (6) T 細胞生長因子的產生減退。

   (7) T 輔助細胞活力減退。

（四） 老年皮膚病

依據上述衰老皮膚的變化、老年人易患的皮膚病有下列幾種：

1. 皮膚乾燥。

2. 搔癢症。

3. 血管瘤。

4. 雀斑樣痣。

5. 色素改變。

6. 良性的如皮贅。

7. 脂溢性角化病。

8. 基底細胞癌。

9. 各種增生性疾病。

10. 惡性的病變如日光角化病。

（五） 皮膚老化因素

可以分兩個方向來解釋：一為內在基因遺傳，另一為外在環境影響，分別敘述如下：

1. 內在基因：生物的自然老化。

   (1) 足月生的胎兒：表皮很薄，色素顆粒很少，有相當好的透明度，可透視至較內部的皮膚。

   (2) 幼兒期：色素慢慢增加，真皮層中的纖維快速成長，顯現出強韌的彈性。

   (3) 青春期：幼兒期皮膚優良的彈性將持續至青春期前，直至性荷爾蒙旺盛分泌才停止。因此優質皮膚彈性的青春期高峰大約是在 20 歲左右。

   (4) 老化：20~27 歲是保持皮膚的最佳外觀。過了 30 歲以後，皮膚就慢慢彈性疲乏。此乃因荷爾蒙分泌減少，表皮細胞的分裂能力降低，棘狀層細胞因而減少，使皮膚看來較粗糙無光澤。

2. 外在環境的因素

   (1) 生活作息不正常：睡眠時間不定，身心過度勞累，壓力過大。

   (2) 飲食不正常：喜食辛辣味，嗜菸酒。

   (3) 化妝品使用及保養不當：如忽略個人膚質的需求，使用不適宜的產品而造成皮膚新陳代謝不佳，或引起疾病。

   (4) 光老化：高能量的紫外線，破壞正常細胞的抗氧化能力，也造成脂質過氧化，產生過多的自由基，直接或間接的影響到皮膚之正常功能，而造成皮膚提早老化。

（六） 老化的表徵

1. 內在因素呈現的表徵

   (1) 皮膚乾燥。

   (2) 皮膚萎縮。

   (3) 皮膚變薄。

   (4) 皮脂分泌減少。

   (5) 彈性組織退化。

2. 外在因素呈現的表徵

   (1) 色素沉澱。

   (2) 出現皺紋。

   (3) 各種皮膚病變。

（七） 抗老化的對策

1. 適當運動。

2. 生活起居、作息正當。

3. 良好健康飲食方式。

4. 補充適當的維生素。

5. 忌食菸、酒、刺激性的食物等。

6. 做好防曬。

7. 治標：整形美容。

8. 使用抗老化成分保養品。

1-3　紫外線對皮膚的影響

　　地球接受來自太陽輻射的電磁波，包括可見光、紅外線及紫外線等，太陽光是地球上絕大部分生物的能量來源，也是形成臭氧層的原動力，在討論紫外線對皮膚的影響之前，首先必須瞭解太陽光的種類。

一、太陽光線的種類

（一） 未到達地表面的太陽光線

　　不同性質的射線在物理學來說，主要是因波長不同，在射線光譜中，從波長最短的宇宙射線(cosmic)起，依次為加瑪射線(γ-ray)，X 射線(X-ray)、紫外線(UVC)，會在臭氧層中被吸收，臭氧層（離子層）是距離地表約 20~25 公里處的空氣層。

（二） 到達地表的太陽光線

　　到達地表的太陽光可分為不可見光線及可見光線（圖 1-2），肉眼可見光線的光譜波長是從 400~700 奈米(nanometer, nm)，肉眼看不見的光線有紅外線及紫外線，現依其波長不同簡述如下：

■ 可見光線

　　肉眼可見光線的光譜波長是從 400~700 nm，其中看得最清楚的是 556 nm，約在綠色範圍內，接近黃色。所以因波長不同而肉眼所感受到的顏色有紅、橙、黃、綠、藍、靛、紫等七種。

■ 紅外線

其波長在 760 nm 以上，穿透力強，能促使皮膚的血液循環良好，在美容上有所謂的人工紅外線燈，它可產生紅外線，可治療局部疼痛或腫脹。在生活上的應用，是利用它的光熱而廣泛運用在家庭電器產品上，因此又稱為熱線。

■ 紫外線

紫外線(ultraviolet, UV)係來自太陽的輻射電磁之一，依波長可分為三類，現整理如表 1-3。

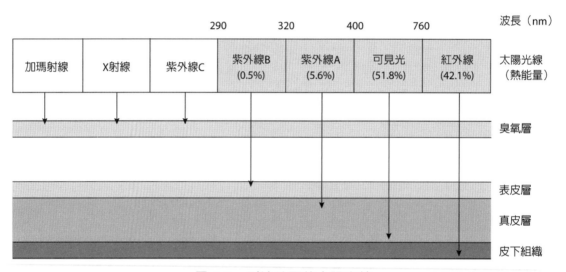

圖 1-2　到達地面的太陽光線

🍃 表 1-3　紫外線的分類

類　別	波　長	被臭氧層吸收的程度	到達地面的輻射量
紫外線 A (UVA)	320~400 nm （長波紫外線）	能穿透臭氧層	① 超過 98%紫外線是 UVA ② 會滲透到皮膚，如每天持續照射，真皮層內網狀層會變質，促進老化 ③ 會透過陰天的雲層和玻璃而傷害皮膚
紫外線 B (UVB)	280~320 nm （中波紫外線）	大部分被臭氧層所吸收	① 不足 2%的紫外線是 UVB ② 主要對表皮產生作用，其作用非常急劇，在短時間內大量照射會引起曬傷，並造成皮膚細胞傷害
紫外線 C (UVC)	280 nm 以下 （短波紫外線）	差不多全部被臭氧層所吸收	幾乎零，對皮膚不會造成傷害

■ 臭氧層

　　什麼是臭氧(O_3)？是一種具有刺激性氣味，略帶有淡藍色的氣體，臭氧分子含有三個氧原子，在平流層中，氧分子因紫外線輻射分解成氧原子，而氧原子又和另一氧分子(O_2)結合生成臭氧，臭氧生成過程如下：

$$O_2 \; + \; UV\,(波長小於 240\,nm) \; \rightarrow \; O \; + \; O\,(產生原子)$$

$$O \; + \; O_2 \; \rightarrow \; O_3\,(生成臭氧)$$

　　平流層中的氧分子吸收紫外線而分解為氧原子，氧原子再和氧分子結合成臭氧。此時臭氧再吸收紫外線分解成氧分子及氧原子，然後氧分子再和氧原子結合形成臭氧，在整個臭氧的吸收過程，臭氧並未消耗，只是將紫外線變成熱能，因此在平流層裡，溫度會隨高度而上升。臭氧吸收紫外線轉成熱能的過程，也是保護地球表面免受紫外線過度的傷害。我們稱平流層中之臭氧為臭氧層。

　　大氧層中臭氧吸收 UVB 輻射率是 UVA 的 100~1,000 倍，一旦臭氧減少，UVB 就會增加，皮膚就易受傷害，依國際研究報告，全球各緯度平流層的臭氧含量下降約 1.2~10%不等，如臭氧每減少 1%，紫外線量就會增加 2%，皮膚癌的罹患率也相對的增加 4%。因此在生活中要多加小心，以減少無謂的傷害。

（三） 紫外線的強度與量

　　紫外線的強度與量會因季節、地域性（緯度）、標高、生活環境、時間帶、氣象條件不同，而產生變化，現整理如表 1-4。

美膚與保健
Skin Care and Health

表 1-4　紫外線的強度與量

類　別	紫外線
紫外線與地域（緯度）	地球上位於低緯度位置的地域，因紫外線通過離子層之距離變短，比起高緯度的地域，紫外線也有變強的傾向
紫外線與時間帶	① 一天當中紫外線最強的時間，一般在上午 10 點至下午 2 點，達最高峰。因太陽此刻位在最高的位置，是紫外線通過離子層距離最短的緣故 ② 在北半球最強的指數在 6 月，最弱在 12 月
紫外線與環境	因環境不同其所產生紫外線量也有所差異如下： ① 草坪：紫外線反射率約 1~2% ② 水泥、柏油路：紫外線反射率約 5~6% ③ 乾燥的砂：紫外線反射率約 15~20% ④ 沙灘：紫外線反射率約 7.5~17% ⑤ 雪地：紫外線反射率約 80~95% ⑥ 水面：紫外線反射率約 90~100%
紫外線與氣象	在陰天、雨天紫外線一樣都會透過雲層到達地面，雖感覺不很熱，但在不知不覺中曬黑
紫外線與標高	標高高的地域比標高低的地域，其紫外線也有增強的傾向

資料來源：作者整理(2008)，引自李秀蓮、周金貴(2001)。

二、紫外線與皮膚的關係

在最近皮膚的研究，不只是美容上，對生物體傷害及促進皮膚老化等，已獲得了證實。因紫外線是太陽光線的一種，因此如由太陽光線對皮膚之影響中就可瞭解紫外線對皮膚的影響。現分述如下：

（一） 太陽光線的優缺點

1. 優　點
   (1) 生命起源。
   (2) 光合成。
   (3) 殺菌作用。
   (4) 治療皮膚病。
   (5) 促成維生素 D 的合成，以強化骨骼。

2. 缺　點
   (1) 曬黑。
   (2) 曬傷。
   (3) 光過敏。
   (4) 皮膚癌。
   (5) 老膚老化。

（二） 紫外線的優缺點

1. 適度的紫外線照射有以下幾個優點：

    (1) 可擁有健康漂亮的小麥色皮膚。

    (2) 有殺菌作用及空氣滅菌。

    (3) 也能增加身體的抵抗力，使人不易感冒。

    (4) 可幫助體內維生素 D 的合成，促進鈣質化，使骨骼強壯。

    (5) 在醫學應用來治療各種皮膚疾病，具有抑制病毒和細菌增殖。

2. 一旦吸收過量的紫外線時，有以下幾個缺點：

    (1) 皮膚會乾燥。

    (2) 皮膚會加速老化而產生皺紋。

    (3) 過度的曬傷會形成如燒傷般的狀況。

    (4) 在健康上會破壞人體的免疫系統。

    (5) 易在臉留下黑斑和雀斑。

    (6) 患有光過敏的人，只要受到微量的紫外線照射，也會引起皮膚炎。

    (7) 嚴重時會造成皮膚癌、眼睛發炎或水晶體蛋白質變質而造成白內障（與 UVB 有關）。

（三） 紫外線對皮膚的影響及結果

將紫外線對皮膚的影響及結果整理如表 1-5。

🌸 表 1-5　紫外線對皮膚影響與結果

類　別	皮膚的影響	結　果
角質層	自然保濕因子(NMF)減少	因皮膚的濕潤遭到破壞，致使皮膚乾燥
表皮	① 一旦吸收到強大的熱能，細胞會在有核的狀況下死去 ② 色素形成細胞的機能活化，而製造出大量的黑色素	① 在製造細胞的週期上會產生變化，因為修復細胞，使其加速製造出來，因此水分會顯得不足，不夠潤澤，表皮會呈現比平常稍厚，而致使皮膚粗硬 ② 因黑色素的增加，膚色將變黑或使黑雀斑變濃
真皮	造成網狀層的傷害	網狀層排列紊亂，彈力、張力喪失，易出現皺紋而加速皮膚老化

資料來源：作者整理(2008)，引自李秀蓮、周金貴(2001)。

（四） UVA、UVB 與 UVC 對皮膚的影響

　　UVA 有 35~50%會通過表皮至真皮，對皮膚是一種慢性反應。UVB 大部分是在表皮內就被吸收或散亂掉，對皮膚是一種急性反應。UVC 未到達地球表面即被同溫層中的臭氧帶所吸收。而且前南極之臭氧帶，因氧氟碳化物過多而破壞，並有擴大的趨勢，UVC 如經由破洞照射地表，對大自然及人體將造成嚴重的傷害，現將其 UVA、UVB 及 UVC 整理如表 1-6。

表 1-6　UVA、UVB 與 UVC 對皮膚的影響

類　別	急性反應	慢性反應
UVA 長波紫外線 320~400 nm	① 曬黑 ・ 不會造成肌膚曬傷，但可加速皮膚曬黑。一次黑化因表皮中既存的黑色素將會氧化，而使皮膚變黑 ・ 二次黑化是因色素形成，細胞機能活潑，又增加新的黑色素，而導致皮膚變黑 ・ 紫外線傷害復原的過程，因會引起不完全角化，造成角質層水分含量減少，會使表皮變厚，失去潤澤而變得粗硬 ② 會更加強 UVB 的不良影響	① 使真皮內的基質及纖維質變質，而喪失皮膚的張力及彈性，促使皮膚老化 ② 更加強 UVB 的不良影響 ③ 因過氧化脂質的增加，促使皮膚萎縮，而加速皮膚老化
UVB 中波紫外線 280~320 nm	① 曬傷：因紫外線所引起表皮細胞受到傷害，而形成一種刺激，微血管因此而擴張並產生燥熱及刺痛，而皮膚也將變黑 ② 引起過敏性皮膚炎：是紫外線所引起急性皮膚炎的一種 ③ 會破壞表皮細胞造成脫皮：表皮細胞在修復過程中，因會引起不完全角化，使得角質層中水分含量減少，而引起脫皮或乾荒的皮膚	① 皮膚開始老化 ② 皮膚內纖維變性 ③ 促使黑斑雀斑的產生 ④ 皮膚癌的可能性提高
UVC 短波紫外線 280 nm 以下	UVC 波長較短，在大氣層中即被臭氧層吸收掉，因此不會到達地面，對皮膚不會造成傷害	對於皮膚的細胞引起病變，是造成皮膚癌最大因素

註：　醫學專家認為太陽光中的紫外線是造成皮膚癌的主因，皮膚癌的主要型態為鱗狀細胞癌 (squamous-cell carcinoma)、惡性黑色素瘤 (malignant melanoma)、基底細胞癌 (basal-cell carcinoma)。

（五） SPF 與 PA 和紫外線的關係

防曬係數(sun protection factor, SPF)，SPF 為化妝類防曬功能的指標，SPF 數值代表該防曬品在 UVB 的照射下保護肌膚不被曬紅及曬傷的時間。例如：原本 5 分鐘會曬紅的人，使用 SPF 15 的防曬品，可使皮膚被曬紅的時間延長 15 倍，也就是 75 分鐘，當紫外線指數超過七級以上時，或長時間曝露於日光下，或在河邊、海邊、沙灘、雪地、高地、柏油路等地活動，則要選擇 SPF 高的防曬保養品。

SPF 的數值越高，就表示防曬的效果愈高，此數值由下列方式求出：

$$SPF = \frac{使用防曬產品時紫外線引起皮膚MED所需之能量}{未使用防曬產品時紫外線引起皮膚MED所需之能量}$$

（MED 是指為最小紅斑的用藥量）

PA (protection grade of UVA)是指對紫外線(UVA)的防曬程度，其標示可分為三階段，效果程度以「＋」數來表示：

PA+	2~4	對於 UVA 有防護力（延緩曬黑時間 2~4 倍）
PA++	4~8	對於 UVA 有相當的防護力（延緩曬黑時間 4~8 倍）
PA+++	>8	對於 UVA 有最大的防護力（延緩曬黑時間 8 倍以上）

* PFA 及 PA 值：實際上是以皮膚曬黑為指標，其中 PFA 為歐系標示。
PFA=MPPD (inprotected skin/in unprotected skin)
MPPD (minimal persistent pigment darking dose)指能讓皮膚在照光內變黑所需之 UVA 最小的劑量。

（六） 不同紫外線指數的防護

依研究顯示，皮膚癌只是過量紫外線曝曬所造成的危害之一，其他如皺紋、老化、白內障及其他眼球病變、免疫系統等疾病，都與紫外線有關，因此大家都應有適當的防護措施，現將各種阻隔劑依 SPF 之不同分級整理如表 1-7，紫外線穿透衣服的程度如表 1-8，紫外線指數(ultraviolet index, UVI)、曝曬時間級數及建議的防護措施如表 1-9。

🍃 表 1-7　各種阻隔劑依 SPF 之不同分級

保護力之程度	SPF
極　微	2~3
中度，可引起皮膚曬黑	4~6
重度，皮層較少曬黑	8~10
極度，甚少引起皮膚曬黑	15

🍃 表 1-8　紫外線穿透衣服的程度

種　類	UVA 的滲透力	UVB 的滲透力
棉製品	20	11
濕棉布	35	19
長襪（聚醯胺）	82	69

🍃 表 1-9　紫外線指數、曝曬時間、曝曬級數及建議防護措施

曝曬級數	紫外線指數	曝曬時間	建議之防護措施
微量級	00~02	－	① 帽子＋陽傘 ② 防曬品的防曬係數在 SPF 8~18 左右
低量級	03~04	－	① 帽子＋陽傘＋防曬乳液（油） ② 防曬品的防曬係數在 SPF 18~22 左右
中量級	05~06	30 分鐘內	① 帽子＋陽傘＋防曬乳液（油）＋太陽眼鏡，盡量待在陰涼處 ② 防曬霜＋防曬粉底 ③ 防曬品的防曬係數在 SPF 22~30 左右
過量級	07~09	20 分鐘內	① 帽子＋陽傘＋防曬乳液（油）＋太陽眼鏡，盡量待在陰涼處 ② 防曬霜＋防曬粉底，避免上午 10 點至下午 2 點外出 ③ 防曬品的防曬係數在 SPF 35~50 左右
危險級	10~15	少於 12 分鐘內	① 帽子＋陽傘＋長袖衣服＋防曬乳液（油）＋太陽眼鏡，盡量待在陰涼處 ② 防曬霜＋防曬粉底 ③ 防曬霜＋防曬粉底＋隨時補擦防曬霜，盡量減少外出 ④ 防曬商品的防曬係數在 SPF 50＋PA+++

（七） 皮膚對紫外線的防禦作用

光波作用於物體會產生反射、散射、吸收及穿透作用，皮膚也被認為是生理機能之一。當光線達到皮膚後，可被皮膚表面反射出一部分，透入表皮的光波部分被吸收，部分折射出皮膚返回外界，部分折射入真皮。現將皮膚對紫外線的防禦作用分述如下：

■ 反 射

皮膚表面由皮溝及皮丘所構成，一部分的紫外線就在此表面被反射，反射會因皮膚顏色而異，白色比黑色的反射率高。對 UVA 的反射率，黑膚色者約大於 15%程度，白膚色約 30~40%，但對 UVB 的反射率，來自膚色的差異則較少，而且反射率本身也較小。

■ 散 射

表皮的角質層、顆粒層、有棘層、基底層，都具有紫外線散射掉的性質，尤其是角質層，因有扁平的角質細胞重疊，對散亂紫外線有極大的能力。

在基質中的膠原纖維是散射光線的主要物質，散射程度與光線波長成反比。波長越短的光越容易散射，所以波長較長的光線，穿透得較深。

表皮細胞一旦受到紫外線影響，表皮細胞的分裂就會變得活潑，而使角質層變厚，表皮也會因此增厚。

■ 吸 收

表皮中一些芳香性胺基酸，如酪胺酸、色胺酸、核酸、脂質、尿苷酸等，可分別吸收 250~270 nm、270~300 nm 及 275 nm 的紫外線。只有少部分進入真皮而且波長均在 300 nm 以上的紫外線，大部分都在表皮被吸收。波長 240~260 nm 的部分也有 5~15%可能會穿透到真皮乳頭層，進入真皮的光線會被真皮的黑色素、膽紅素、血紅蛋白等吸收。

（八） 紫外線的防禦對策

照射紫外線可加強血液循環，促進新陳代謝。對身體健康有很大的幫助，但對皮膚而言可不能不注意。紫外線的量是由 3 月份開始增加，特別是在 5~11 月以及秋天；6 月的紫外線最強，尤其在 5 月或 10 月因天氣較清爽，此時如對外活動頻繁，

也易造成皮膚的傷害。夏天早上 8 時前和冬天紫外線量最高時的含量相近。依天候不同紫外線照射量也所不同，現依不同季節紫外線的防護、防曬的注意事項、日曬後皮膚的護理，分別敘述如下：

■ 不同季節紫外線的防護

1. 春天的紫外線

    (1) 外出倒垃圾、曬衣服也應注意。

    (2) 紫外線逐漸變強，需換有抗 UV 效果的化妝品，提早做防護。

    (3) 如外出、賞花、旅遊，除臉部外、頸部及手腳也要做好防曬。

2. 夏天的紫外線：夏天紫外線是最高峰，因日曬而引起的皮膚乾荒，需進行保持皮膚滋潤，讓皮膚能新陳代謝。正常化的保養會有更好的效果，同時須注意下列幾點：

    (1) 在車內也要注意防護，因為無論是前車窗或兩側的車窗，紫外線都會進入。

    (2) 在清爽涼風下做運動，也要確實做好防護。

    (3) 在沙灘上、海水浴場等水邊休閒的時期，要戴寬帽簷的帽子及太陽眼鏡，如穿著泳衣，皮膚露出部分，需仔細做好防曬，並重複做補擦動作。

3. 秋天的紫外線：到了這季節，紫外線雖然逐漸轉弱，仍然是紫外線的防護時期。

    (1) 在開車時，也需注意對紫外線的防護。

    (2) 在這季節外出逛街，也要用防曬霜及粉底做雙重的阻隔。

4. 冬天的紫外線：此季節是紫外線最弱的季節，但也不可大意。比如在雪地裡，因雪會反射 80~95%的紫外線，因此在皮膚上接受的紫外線量就會變多，因此也需注意以下幾點：

    (1) 在雪地裡，須重複補擦防曬產品。

    (2) 外出運動，也要隨時保護，以防黑斑、雀斑的顏色加深。

■ 防曬注意事項

1. 24 小時接受曝曬易導致白血球抵禦能力降低。

2. 中午時段工作者接受紫外線的量是上班者的 2 倍。

3. 黑皮膚的人如過度曝曬，也會傷其身體的免疫機能。

4. 曝曬紫外線下，易導致某些傳染病更嚴重，並減低疫苗接種功效。

5. 孕婦也需注意紫外線照射，因嬰兒出生後，較易得皮膚過敏症。

6. 紫外線透過白衣服的機率是透過黑衣服的 4 倍。假設黑色的紫外線透過量為 1，紅色即 2，綠色為 2.1，粉紅色是 3.4，白色為 4。

7. 維生素有防紫外線的效果：特別是維生素 A、C、D、E，其功能如下：

   (1) 維生素 A：可防止皮膚表面乾燥。

   (2) 維生素 C：可防因照射紫外線所產生的黑色素增加。

   (3) 維生素 C 和 E：可防皮膚因照射紫外線所引起過氧化脂質，使細胞機能降低。因此需使用抗氧化劑來抑止。維生素 C 和維生素 E 即是抗氧化劑的代表。

   (4) 維生素 D：可防止皮膚老化。

8. 嘴唇易變暗：因嘴唇角質層較薄，黑色素含量較少，受到紫外線刺激時，嘴唇顏色會變暗或部分變濃。黑色素大都集合在嘴唇外側，如塗口紅時畫出嘴唇外側，當受到紫外線刺激時，易使嘴唇變黑；因此，如要塗口紅前，宜先塗上防曬用的唇膏。

9. 只使用化妝水或乳液外出會使皮膚老化：因塗化妝水或乳液，會增加皮膚的透明度，此時紫外線更易滲透到皮膚內部，因此外出時一定要塗上含有紫外線吸收劑的化妝品。

■ 日曬後皮膚的護理對策

1. 降溫：使用毛巾包裹冰塊或冰寶，冰鎮在發熱，發紅的皮膚上，減緩因躁熱不舒服的感覺。

2. 鎮靜：全身使用具有清涼感的護膚保養品，須具有消炎及鎮靜作用，能改善皮膚發紅現象。

3. 濕潤：日曬後使用乳液於全身，能充分的補足因日曬而流失的水分，使乾荒的皮膚能恢復潤澤。

 小試身手

一、選擇題

（C） 1. 皮膚的構造，可分為哪幾層？ ①表皮 ②真皮 ③皮下組織 ④角質層 (A)①② (B)②③ (C)①②③ (D)①②③

（B） 2. 表皮是皮膚的最外層，厚度約多少？ (A) 0.1 mm (B) 0.04~1.5 mm (C) 0.7 mm (D) 0.5 mm

（C） 3. 皮膚厚度，最薄處是哪裡？ (A)腳踝 (B)手掌 (C)眼皮 (D)腳底

（D） 4. 表皮主要由哪些型態的細胞組合而成？ ①角質細胞 ②蘭格罕氏細胞 ③麥拉寧色表細胞 ④顆粒細胞 (A)①② (B)②③ (C)①②③④ (D)①②③

（D） 5. 表皮細胞因型態的不同，由外而內可分為哪幾層？ ①角質層 ②透明層 ③顆粒層 ④棘狀層 ⑤基底層 (A)①② (B)①②③ (C)①③④⑤ (D)①②③④⑤

（B） 6. 彈性纖維及膠原纖維主要存在皮膚構造的哪一層？ (A)真皮層的乳頭層 (B)真皮層的網狀層 (C)表皮層 (D)皮下組織

（A） 7. 透明層分佈在哪裡？ (A)手掌、腳底 (B)乳頭 (C)眼皮 (D)腳踝

（B） 8. 表皮的構造最內層是哪一層？ (A)顆粒層 (B)基底層 (C)棘狀層 (D)角質層

（D） 9. 真皮的結構要素有哪些？ (A)細胞 (B)纖維 (C)器官結構 (D)以上皆是

（A）10. 黑色素可保護皮膚,預防有害的 (A)紫外線 (B)電腦 (C)細菌 (D)灰塵

（B）11. 腳底、前額、腋下、手掌含有大量的 (A)皮脂腺 (B)汗腺 (C)腎上腺 (D)唾液腺

（D）12. 在顆粒層細胞中的顆粒是 (A)脂質 (B)氣泡 (C)淋巴管 (D)角質素

（B）13. 人體最大器官是 (A)胃 (B)皮膚 (C)肝臟 (D)腦

（A）14. 角質層中水分含量約多少？ (A) 10~20% (B) 20~30% (C) 30~40% (D) 5~10%

（B）15. 正常皮膚表面的皮脂膜為 (A)中性 (B)弱酸性 (C)鹼性 (D)強酸性

（D）16. 健康皮膚的 pH 值約為 (A) 3~4 (B) 5~6 (C) 9~10 (D) 7

（D）17. 健康的指甲呈現 (A)紫色 (B)黃色 (C)乳白色 (D)粉紅色

（B）18. 甲板的化學成分有哪些？ ①磷脂 ②角蛋白 ③鈣 ④電解質及其他重金屬 (A)①② (B)①②③④ (C)①②③ (D)①③④

（C）19. 小汗腺開口於 (A)豎毛肌 (B)毛幹 (C)皮膚表面 (D)毛囊

（A）20. 黑斑是由 (A)黑色素 (B)胡蘿蔔素 (C)角質素 (D)以上皆是

（A）21. 大汗腺分泌異常會引起 (A)狐臭 (B)香港腳 (C)痱子 (D)濕疹

（B）22. 皮脂分泌最多的部位是？ (A)下肢 (B)鼻頭 (C)腳底 (D)手掌

（A）23. 表皮的營養來源是依靠下列何種供給 (A)真皮的血液 (B)肌肉 (C)皮脂腺 (D)細胞

（D）24. 下列何層是負責表皮新陳代謝，可不斷分裂而產生新細胞？ (A)黑色素細胞 (B)有棘細胞 (C)核細胞 (D)基底細胞

（B）25. 天然保濕因子(NMF)是皮膚哪一層的產物？ (A)顆粒層 (B)角質層 (C)基底層 (D)透明層

（C）26. 在大氣中被臭氧層吸收，未達地面而對皮膚影響不大的光線是 (A)紫外線 A (B)紫外線 B (C)紫外線 C (D)紅外線

（A）27. 指甲平均每天長出 (A) 0.1 mm (B) 0.01 nm (C) 1 mm (D) 0.1 cm

（A）28. 何者可經紫外線照射後增其黑色素的分泌，以吸收紫外線，防止其侵入深層組織以保護皮膚？ (A)黑色素細胞 (B)脂肪細胞 (C)顆粒細胞 (D)纖維母細胞

（B）29. 紫外線 B 的波長約多少？ (A) 320~400 nm (B) 280~320 nm (C) 280 nm (D) 400~450 nm

（C）30. 紅外線的波長約多少？ (A) 500 nm (B) 600 nm (C) 760 nm (D) 450 nm

二、問答題

1. 皮膚的功能有哪些？

2. 紫外線對皮膚有哪些缺點？

3. 紫外線對皮膚影響及結果有哪些？

4. 紫外線 A、紫外線 B、紫外線 C 對皮膚的急、慢性反應有哪些？

5. 紫外線指數、曝曬時間、曝曬級數及防曬措施為何？

Chapter 2 | 皮膚的性質

　　美容從業人員在執行實務工作時，須依據各種不同的皮膚特性來分門別類，歸納整理，正確的護理及指導顧客居家保健。

2-1　一般皮膚類型的特徵與保健

　　依據各種皮膚所含水分、油分的比例不同，將皮膚性質分為中性皮膚、乾性皮膚、混合性皮膚、油性皮膚，現將其皮膚狀態、原因、保養重點、建議事項敘述如下：

一、中性皮膚 (Normal Skin)

　　皮膚角質蛋白含水量約 15~25%，有光澤、彈性、平滑、柔潤、皺紋少、紅潤，至夏天趨向油性，冬天趨向乾性，定期性作好保養可使皮膚不易老化，達到光彩柔潤。

（一）　皮膚狀態（如圖 2-1）

1. 皮膚顏色健康紅潤、細嫩光滑。
2. 皮膚不乾裂、不黏膩。
3. 毛孔小、不明顯。
4. 化妝時附著性好、不易脫妝。
5. 皮膚介於不偏乾或不偏油的狀況。
6. 皮膚紋路細緻、皮丘和皮溝排列整齊，沒有面皰或斑的存在。

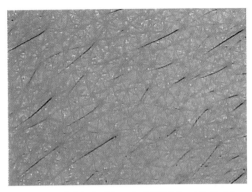

圖 2-1　中性皮膚：皮膚光滑、不油膩、紋理清晰、毛孔小

7. 依季節、環境、食物及體內荷爾蒙分泌之因素，肌膚狀態會有些變化，但也不至於太乾或太油膩。

（二） 原 因

皮膚新陳代謝良好，角化作用正常，皮脂分泌量適當，是最理想漂亮的皮膚。

（三） 保養重點

1. 洗臉、去除防礙皮膚生理的汙垢。

2. 補給水分、油分及維持健康之濕潤平衡狀態。

3. 適度的按摩以輔助皮膚機能賦活，使皮膚內部維持健康狀態。

4. 依照年齡、季節分別選擇保養品

   (1) 夏天選較清爽之保養品。

   (2) 冬天選具有滋潤作用之保養製品。

   (3) 中老年人可選擇較滋潤帶有活化肌膚性質的保養製品。

5. 保養程序

   (1) 早上：清潔乳（或清潔霜）→柔軟水→乳液或日霜→隔離霜。

   (2) 晚上：清潔乳（或清潔霜）→柔軟水→乳液或晚霜。

   (3) 可依皮膚需要，在做基礎保養時再加上特殊保養品。

二、乾性皮膚 (Dry Skin)

皮膚角質蛋白含水量少於 15%，易脫屑，常年皮膚乾燥至極，冬季皮膚易發癢，經常性使用保濕性化妝水，使用時間為 15~20 分鐘，如使用過當易造成皮膚呼吸系統功能降低。

（一） 皮膚狀態（如圖 2-2）

1. 油分、水分都少。

2. 毛孔小、膚紋不清晰。

圖 2-2　乾性皮膚：皮膚乾燥、沒光澤、紋理亂、淺、毛孔小

3. 此類型皮膚以女性居多。

4. 因脫皮，化妝較不容易均勻。

5. 乍看下皮膚良好，但細看時皺紋明顯，易呈現小皺紋、黑斑、雀斑。

6. 外表上看乾燥而無澤；角質不均勻脫落，有柔潤感。

7. 在眼尾處易呈現小皺紋、乾燥部分如太嚴重會有脫皮情況。

8. 洗臉過後，如不使用較具油分的面霜，則皮膚會有緊繃或刺痛的感覺。

（二） 原 因

1. 受父母的皮膚性質影響。

2. 缺乏水分、皮膚表面油分及水分被太陽光線照射蒸發，不易保持。

3. 缺乏油脂性，皮脂分泌過少，而導致皮膚失去彈性光澤及滋潤。

4. 使用不當保養品會產生緊繃或刺痛。

（三） 保養重點

1. 以溫和的方式洗臉之後應立即進行保養。

2. 輔助皮膚的機能：按摩可使血液循環順暢。敷臉時，如能事前先使用保濕效果較好的保養品，則將能供給皮膚充分的水分。

3. 補給皮膚適當的水分及油分：如皮膚嚴重乾燥時，即使拼命使用油分多的保養品也無濟於事，不易被皮膚吸收，因此要先用柔軟化妝水等使皮膚柔軟後，再以乳液及面霜中的油來補給皮膚。

4. 注意事項

   (1) 在室內盡量遠離有冷氣設備的房間。

   (2) 在室外應注意陽光的曝曬及風吹，應適當補充維生素 E、維生素 B_1 的食物，例如：牛奶、花生、玉蜀黍、綠色蔬菜等。

5. 保養用品的選擇

   (1) 使用含有油分、營養成分高的保養品。

   (2) 使用能使皮膚柔軟及具有保濕作用之保養品。

三、混合性皮膚 (Combination Skin)

一般所顯示部位都是臉部之 T 字部位（圖 2-3）。

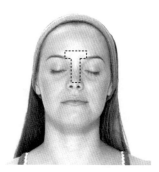

圖 2-3　混合性位置

（一）　皮膚狀態

1. 中性混合性肌膚

   (1) 肌膚狀況在安定中。

   (2) T 區易出油、膚紋粗，但其他部位膚紋細。

2. 乾性混合性肌膚

   (1) 雙頰部分緊繃缺乏光澤和潤澤時會有浮著一層粉末之感。

   (2) 在 T 形區易出油而光亮，也易脫妝。臉頰部分有乾燥感。

（二）　原　因

1. 受體質影響，皮脂分泌不穩定。

2. 氣候的因素也會影響，如溫度、濕度等。

（三）　保養重點

1. 中性混合性皮膚：以中性皮膚的保養方法為基本，調整 T 字區的皮脂分泌。

2. 乾性混合性皮膚：以乾性皮膚的保養方法為基本，調整 T 字區的皮脂分泌。

3. 注意事項

   (1) 補充維生素 B、C、E 等。

   (2) 選擇 pH 值中性的清潔用品，額頭、鼻子、下巴多洗二次。

   (3) T 字區：額部、鼻子、下巴使用收斂性的化妝水。

   (4) 頰部：使用柔軟化妝水、補充適當的水分並用滋潤保養霜的油分來滋潤及輕撫按摩，促使皮脂分泌均勻。

4. 保養品的選擇

   (1) 選擇無香味、無色素的保養品。

   (2) 頰部可用保濕、滋潤的面霜及面膜。

   (3) T 字區以收斂性效果好的化妝水、面霜及面膜保養。

四、油性皮膚 (Oily Skin)

是先天體質關係及荷爾蒙影響，也會隨著天氣變化，改變膚質成為油性皮膚。

（一） 皮膚狀態（如圖 2-4）

1. 男性皮膚以此型居多。

2. 臉部的毛孔比較粗大。

3. 剛洗過臉後不久就會出油。

4. 毛孔易堵塞，容易變黑。

5. 容易產生粉刺及面皰。

6. 對外界的刺激抵抗力強。

7. 全臉油膩，尤其在鼻子周圍及臉部 T 字部位更多油分。

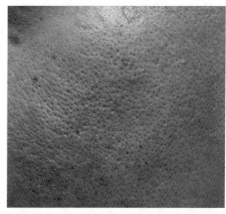

圖 2-4　油性皮膚：皮膚黏膩、潤澤、紋理粗、深、毛孔粗大

8. 易脫妝，鼻子周圍的毛孔稍不注意清潔，就會因分泌出來的皮脂與空氣汙染化妝品的殘留，易引起黑頭粉刺。

（二） 原　因

1. 因皮脂分泌較旺盛。

2. 體內荷爾蒙分泌不正常（男性荷爾蒙增加）。

（三） 保養重點

1. 洗臉：使肌膚保持清潔，去除過多的皮脂，以溫和方式洗臉，如毛孔張開，可用洗面刷去除阻塞毛孔的皮脂及汙垢。

2. 補給水分、油分：選清爽型的化妝品為重點。在皮脂分泌多的部位及 T 字區的部位，應加強使用收斂性化妝水。敷臉可幫助清除阻塞毛孔的汙垢，軟化角質，以減少皮脂之分泌，因此建議每週敷臉 1~2 次。

3. 注意事項

   (1) 補充適當蔬菜、水果及水分等。

   (2) 睡眠充足，生活規律，適當運動。

   (3) 補充適當的維生素 B_2、B_6 的食物，如蛋、豆類、牛奶、肝臟。

(4) 少吃高糖、高脂肪、油炸及刺激性食物，如糖、酒、菸、咖啡、可可、巧克力、辣的食物。

(5) 勿經常靠近熱的東西，如電燈、火爐。易脫妝，須經常補妝。

4. 保養品的選擇

(1) 選能抑制皮脂分泌之保養品。

(2) 選收斂作用較強的保養品。

(3) 選油分較少而且清爽的保養品。

五、乾燥型油性皮膚 (Oily with Dry Surface)

（一） 皮膚狀態（如圖 2-5）

1. 水分少、油分多。

2. 膚紋粗、毛孔大。

3. 易脫妝、粉底不易附著。

4. 皮膚粗糙，易產生粉刺、面皰。

5. 表面油亮，但皮膚乾燥、粗糙。

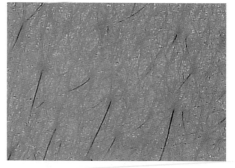

圖 2-5　乾燥型油性肌膚

（二） 原　因

1. 皮脂分泌過多。

2. 體內荷爾蒙分泌不正常。

3. 氣候因素也會影響，如溫度、濕度。

（三） 保養重點

1. 補給充分之水分。

2. 以溫和的潔膚商品洗臉，去除多餘的皮脂。

3. 使用賦活皮膚機能的按摩霜、滋養霜、敷臉等用品，以促進新陳代謝。

4. 注意事項，同油性肌膚。

5. 保養品的選擇，同油性肌膚。

2-2　異常皮膚的認識與保健

　　皮膚的異常狀況大致上可分為面皰（acne，又稱痤瘡）、敏感性皮膚、黑斑及雀斑皮膚、日曬後皮膚、乾燥皮膚、暗沉皮膚、小皺紋及皺紋皮膚、鬆弛皮膚、倦怠皮膚、脫皮皮膚、缺乏彈性皮膚、紅臉皮膚、紋理粗大及毛孔粗大皮膚、粗糙及毛孔發黑、缺乏彈性皮膚等，分別敘述如下：

一、面皰（痤瘡）

（一）　發展過程

　　粉刺→丘疹→面皰→膿皰→囊腫→最後成硬結。

（二）　皮膚狀態

1. **粉刺**：當皮脂和角質混合物塞住了毛囊，毛囊會稍為變硬，最後在毛囊內凝結成黃白色的皮脂塊，稱為粉刺(pimple)。可分為白頭粉刺及黑頭粉刺。

   (1) 白頭粉刺(white head pimple)：因角質層死細胞和皮脂阻塞住毛囊，毛孔因而變窄，形成白色隆起（圖 2-6）。在毛囊上端沒有開口，是屬於閉口式的面皰（粉刺）。

   (2) 黑頭粉刺(black head pimple)：阻塞住毛囊的角栓和皮脂硬塊將毛孔擴張後，變成小、有隆起的狀態（圖 2-7），因為毛囊上端有開口，因此毛囊內累積的角質層死細胞、皮脂等可由毛囊開口排出，而不致於將毛囊完全堵塞。因此黑頭粉刺較少形成面皰。

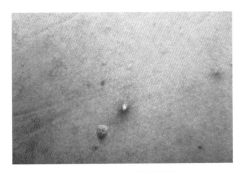

圖 2-6　白頭粉刺

圖 2-7　黑頭粉刺

2. **丘疹**：當皮脂蓄積，經過一段時間的醞釀而形成圓錐狀的小顆粒。擴大毛孔周圍組織，同時微血管也擴張，變成帶有紅色的丘疹（圖 2-8）。

3. **膿皰**：因毛囊表皮的一部分遭到破壞，使毛囊堵塞，毛囊中的皮脂及死細胞黏連成團，無法排出，又受到毛囊內細菌分解產物的刺激，而使毛囊壁增厚所致，再加上細菌不斷繁殖堵塞毛孔，連毛囊四周的真皮也會蓄積膿皰（圖 2-9）。面皰嚴重時應就醫診治。

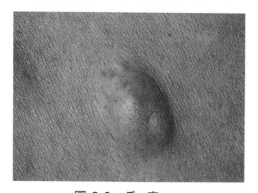

圖 2-8　丘 疹

資料來源：周志堅(1995)。

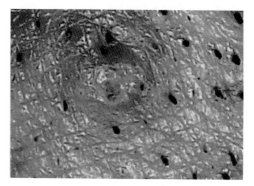

圖 2-9　膿 皰

（三）原 因

1. 遺傳體質。

2. 精神壓力，心情緊張。

3. 睡眠不足或工作太疲勞。

4. 青春期雄性荷爾蒙增加。

5. 腸胃障礙，如便秘。

6. 女性生理期前後內分泌的變化。

7. 飲用含有咖啡因之刺激性飲料，如：咖啡、紅茶。

8. 可能與攝取過多糖分、脂肪、酸性、刺激品有關聯。

9. 攝取含有辣椒、楜椒、沙茶醬等刺激性的食物。

10. 塗擦有藥性面霜的後遺症。

11. 使用的化妝品未清潔乾淨。

12. 所使用化妝品的原料含有礦物油(mineral oil)而堵塞毛孔。較常見的有按摩霜、粉膏、油彩、冷霜等。

13. 皮脂腺分泌過多，而清潔不足，皮膚呈現油膩易吸附空氣中的細菌、灰塵，導致毛囊內受到細菌感染。

14. 缺乏維生素 A、B_2、B_6：因維生素 A 缺乏時，皮脂的分泌減少，皮膚變乾燥，抵抗力減少，稍不注意清潔或細菌感染而引起面皰；維生素 B_2 可抗皮膚炎，缺乏時，皮脂分泌旺盛的部位易引起皮膚炎產生面皰；維生素 B_6 缺乏時，皮膚抵抗力減弱，易引起皮膚敏感或造成炎症。

（四） 保養重點

1. 保持臉部清潔：注意皮膚清潔及柔軟，施以輕度按摩以促進新陳代謝。

2. 嚴重面皰

　(1) 保持臉部清潔。

　(2) 停止化妝。

　(3) 停止按摩及使用乳液。

　(4) 使用具有消毒殺菌消炎、鎮靜效果之收斂性化妝水。

（五） 建議事項

1. 選無刺激性的保養品。

2. 嚴重面皰須請皮膚科醫師診治。

3. 選擇可抑制皮脂分泌之保養品。

4. 使用能去除皮脂及清潔汙垢的保養品。

5. 選用具有殺菌、消毒、消炎、鎮靜效果之收斂性化妝水。

6. 避免以指尖擠壓或弄破面皰，以避免造成化膿或易留下疤痕。

7. 隨時保持臉部清潔，勿觸摸皮膚而使面皰惡化，頭髮也不宜披散在臉上，因汙垢沾附皮膚上刺激面皰，而難治癒。

（六） 生活起居的建議

1. 少吃酸性及刺激性食物。

2. 睡眠充足，生活規律，避免熬夜。

3. 補充適當的維生素 A、B_2、B_6 等食物。

4. 調整胃腸，防止便秘，多喝開水，多吃蔬菜、水果、牛奶及鹼性食品等食物。

（七） 使用美顏儀器護理順序

■ 一般面皰的處理順序

1. 洗臉：使用清潔品＋柔軟化妝水。

2. 去角質：視皮膚狀況處理，如角質較厚或皮膚較髒者，可在洗臉後先做去垢處理再做保養。

3. 按摩：以指腹在面皰少之部位輕輕按摩及臉部重指壓。

4. 蒸臉：蒸臉器約 15~20 分鐘（可視皮膚水分狀況調整時間，如有缺水或脫皮就須減短時間）。

5. 營養導入。

6. 敷臉：視皮膚狀況，如皮膚有乾燥情形者，可在敷臉前擦些具保濕效果的保養品。

7. 收斂性化妝水：用化妝棉沾濕輕拍或敷貼在患處。

8. 日霜或防曬霜：使用可抑制皮脂分泌的保養品。

9. 局部痘疤霜（或膏狀）：塗擦在面皰部位，局部有消炎殺菌及預防疤痕的作用。

10. 眼霜：擦在眼睛周圍乾燥部分。

■ 嚴重面皰的保養程序

1. 洗臉：清潔品＋柔軟化妝水。

2. 皮膚深度的清潔：以深層潔膚霜或面膜。

3. 蒸臉：視皮膚狀況使用蒸臉器冷療或熱療，時間約 10~15 分鐘，如是敏感膚質，也需視敏感程度而定。

4. 臉部指壓：有嚴重面皰時不能按摩，只能在穴道處做指壓。

5. 營養導入。

6. 敷臉。

7. 收斂性化妝水。

8. 日霜或防曬霜。

9. 局部痘疤霜或膏。

10. 眼霜：如眼睛周圍乾燥者可擦眼霜或敷眼膜片在下瞼處。

二、敏感性皮膚

　　敏感性皮膚(sensitive skin)是因某些因素而導致皮膚失去其天然的平衡，使皮膚變得脆弱、敏感，對外界環境各項因子（如：冷、熱、乾、紫外線、手錶的錶帶、香料、化學纖維、油漆等）抵抗力降低，而產生不適的反應，如紅、腫、癢等。敏感性皮膚並非是屬於皮膚哪一類型，是同時與各類型皮膚並存，也就是說，任何類型的膚質，都有可能伴有敏感現象。

（一） 皮膚狀態

　　皮膚易發癢、脫皮、紅斑、紅疹、發炎、浮腫等現象，而且其皮膚的水分及皮脂較缺乏，皮膚較透明，毛孔細小，較不易承受紅腫、發炎等現象，大致上可分為兩種類別：

1. 暫時性敏感皮膚：很多是因自律神經失調和內分泌系統發生變化等因素引起，如：紫外線、季節交替、精神上的煩惱、過度疲勞、偏食、生理期之前、懷孕中、更年期、生病中、生病後、常服降血壓藥物。

2. 體質性敏感皮膚：對各種物質或致敏原易產生過敏反應。

（二） 原　因

1. 內在因素

　　(1) 先天性體質。

　　(2) 睡眠不足、過度疲勞。

　　(3) 季節變換時，精神壓力過大。

　　(4) 偏食、暴飲暴食、咖啡、菸酒。

(5) 內服藥物如降血壓藥物。

(6) 更年期自律神經失調及荷爾蒙的內分泌不平衡。

2. 外在因素

(1) 紫外線、溫度、濕度。

(2) 空氣汙染、灰塵、煙霧。

(3) 暖空氣、空調設備、人工照明。

(4) 跳蚤、昆蟲、動物、植物等。

(5) 飲食如食物、水果類。

(6) 手錶的錶帶、裝飾品。

(7) 化妝品的特定香料、防腐劑、藥品、油漆、化學纖維等。

(8) 其他如外用藥、氧化染毛劑、家用清潔劑、衣類（如橡皮類尼龍）等。

（三） 保養重點

1. 避免過度疲勞、睡眠不足而降低身體的抵抗力。

2. 使用任何保養品前，先與專業美容師溝通。先在手腕或耳後頸部試用，確認適合肌膚後，才可開始使用。

3. 塗抹化妝品或擦拭化妝品時，動作要輕柔、平均。不要在過敏時更換化妝品。

4. 日曬時會產生紅腫、濕疹等現象，不要直接照射陽光。

5. 對紫外線抵抗力弱的肌膚要使用防曬化妝品，外出時宜用陽傘、帽子等以保護皮膚。

6. 在過敏時，避免染髮、燙髮或做皮膚保養，並停止所有保養品，同時應找皮膚科醫師診治。

7. 應選擇塵埃較少的工作場所，避免攝取刺激性食物如含酒精飲料、香菸。具有刺激性的瓦斯類也應避免。

8. 暫時性敏感皮膚應避免一次使用多種類化妝品，應每次試用一種之後再加。

9. 嚴重敏感時皮膚正紅腫，不可按摩及使用香皂洗臉或其他類保養品，並請皮膚科醫師診治。

10. 可多攝取維生素 B_1、B_2 及肝臟、牛肉等含蛋白質、鈣質多的食物。

（四） 處理要領

1. 癢或紅腫
   (1) 先用蛋白敷臉、稍乾，以清水洗淨，再以鎮靜消炎的化妝水輕拍皮膚，在癢或紅腫部位，做局部濕布。
   (2) 待濕布後，在皮膚較乾處擦些潤膚油或乳化製成的保養品，使皮膚不會有緊繃感。

2. 紅腫過後：過敏後，皮膚會出現乾燥狀態及色素沉著，所以須選用保濕及滋潤效果高的保養品，使皮膚細嫩。

（五） 注意事項

1. 選擇能去除皮脂及汙垢使皮膚清潔的保養品。

2. 選擇有抑制皮脂分泌、軟化角質、去除角質屑的保養品。

3. 建議使用無刺激性、無香料、無色素、油脂穩定等化妝品。

4. 避免使用混合添加劑的產品；避免至空氣汙染的場所。

（六） 建議事項

1. 不要過分擠壓阻塞的毛孔。

2. 避免睡眠不足及過多精神壓力。

3. 不要偏食，攝取適量維生素 A、B_2、B_6、C 及鈣質，以抑制皮脂分泌，促進皮膚新陳代謝。

三、黑斑及雀斑皮膚

　　黑斑或雀斑在醫學上，大多稱為色素沉著，黑斑大多發生在 20~50 歲的成年女性。雀斑大多與遺傳及紫外線有關，尤其是髮色淡、膚色白皙之家族成員較易患雀斑。黑斑形成的因素，則是由多種複合因素而成，最明確的是受到強烈紫外線直接照射，而造成黑色素(melanin)的生成。黑色素生成機轉如圖 2-10。

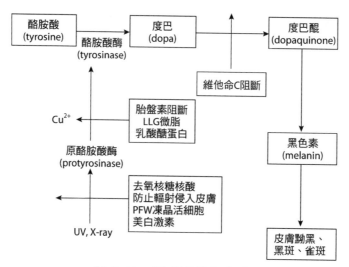

圖 2-10　黑色素的生合成

（一）　皮膚狀態

1. 雀斑：在臉上的分佈，約在下眼瞼至鼻樑以及鼻子兩側之間，細小，顏色呈淡褐色或褐色斑點，形狀不規則。有時在手腕、手背、背部、肩膀等處也會長出。

2. 黑斑：黑斑部位在額部、頰部、眼睛之四周，顏色為褐色、黑褐色，形態是大小不規則，左右相對稱。

3. 其他：發炎過後如青春痘復原的痕跡，也會呈淡褐色或帶點紅褐色的色素斑。

（二）　原　因

1. 黑斑：常見分佈的部位及可能原因如圖 2-11。

   (1) 生病。

   (2) 年齡增長。

   (3) 先天性遺傳造成。

   (4) 紫外線吸收過量。

   (5) 肝臟機能障礙

   (6) 食用不合體質之藥物。

   (7) 使用劣質或不當的藥用化妝品。

   (8) 青春痘發炎後留下斑點。

   (9) 精神突然受到打擊。

   (10) 過度疲勞或長期睡眠不足。

   (11) 性荷爾蒙分泌異常或妊娠期。

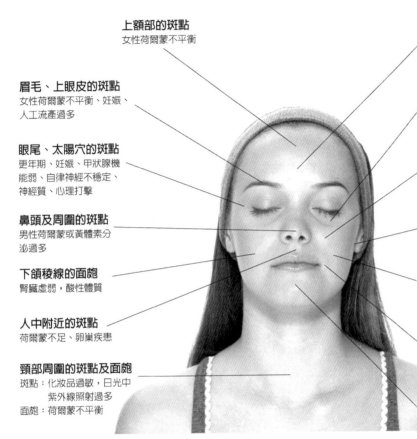

圖 2-11　常見黑斑及面皰分佈的位置及可能的因素

2. 雀　斑

(1) 紫外線吸收過量。

(2) 荷爾蒙分泌異常。

(3) 先天遺傳因子：如色素集中在眼睛四周、雙頰，此種現象大部分是屬於遺傳體質。

（三）　保養重點

1. 清潔皮膚：使用具有滋潤、美白效果高的潔膚品來清潔肌膚。

2. 基礎保養：使用能促使皮膚回復、賦活效果高的保養品，能抑制黑色素產生且能促進黑色素代謝的美白保養品。

3. 特殊保養：使用美白保養品，定期按摩及一週 2 次的美白敷臉，以促進新陳代謝。

4. 服用維生素 A、C 或富含維生素 C 的蔬菜、水果。

5. 外出時一定要塗防曬品、撐傘或戴帽子，並避免上午 10 點到下午 2 點的時段外出。

6. 可與醫師配合果酸療法。

（四）　建議事項

1. 使用有美白作用、滋潤保濕效果高的保養品。

2. 使用有防曬作用保養品，避免使用磨砂膏。

3. 果酸產品使用時要小心，須洽詢具有合格執照的皮膚科醫師。

（五）　美容儀器皮膚護理的程序

1. 洗臉→潔膚品＋柔軟化妝水。

2. 角質處理。

3. 蒸臉→蒸臉時間約 5~10 分鐘，蒸後可做粉刺處理。

4. 按摩。

5. 電療→以高週波儀器來做。

6. 營養導入。

7. 敷臉。

8. 收斂化妝水或柔軟化妝水。

9. 日霜或滋養霜。

四、日曬後皮膚

　　太陽光線可分三大部分：紅外線、可見光線、紫外線。地球表面的太陽光，所佔能量的比率為紅外線 80%，可見光線 12%，紫外線僅佔 8%，嚴重的是中波紫外線，會曬傷皮膚，在山上或海邊更容易曬傷，如夏天至海邊或登山遊玩，接觸過久的太陽光，皮膚就易感覺熱、紅腫，此種皮膚稱為日曬皮膚。

（一） 皮膚狀態

1. 曬傷：皮膚因照射過多紫外線而引起的急性皮膚炎，皮膚呈紅、腫、熱、痛。

2. 曬黑：皮膚會變黑、乾燥、粗硬。

（二） 原 因

因照射過量的紫外線，使皮膚表面水分及油分減少，而呈脫水現象，日曬前缺乏適當的防護及保養。

（三） 保養重點

1. 基礎保養

   (1) 宜使用溫和的潔膚商品，不宜過度洗去皮膚的皮脂。

   (2) 應使用滋潤效果高的保養品，補充足夠的水分，以柔軟皮膚。

2. 特殊保養：使用美白效果、賦活效果高的保養品，以助皮膚的回復。

3. 使用具有防紫外線的防曬品及基礎彩妝品，以保護皮膚。

（四） 保養品選擇

1. 無刺激性的保養品。

2. 具有美白效果的保養品。

3. 有消炎鎮靜作用之保養品。

4. 具有滋潤效果、營養成分高的保養品。

（五） 建議事項

1. 應多攝取維生素 C 的食物，預防黑色素增加，使皮膚能復原。

2. 攝取維生命 A 以促進表皮角化，補充適當動物性蛋白質使皮膚復原。

3. 如皮膚呈發炎狀態時，可用水或冰舒緩皮膚，避免物理性刺激，如摩擦。

4. 皮膚如呈現乾燥、粗硬時，保養品應選擇能保持皮膚潤澤的商品。

五、乾燥皮膚

（一） 皮膚狀態

1. 任何皮膚均易產生，皮膚呈現乾燥、沒光澤。

2. 微笑時皮膚呈膜狀、帶有細小皺紋。

3. 角質剝離、像粉屑般，皮膚有變紅也有可能產生發炎。

（二） 原 因

1. 紫外線照射。

2. 缺乏適當保養。

3. 角質代謝不佳。

4. 角質層缺乏水分。

5. 皮脂分泌不足。

6. 氣溫及濕度下降。

7. 睡眠不足、過度疲勞。

8. 年齡增長、代謝循環差。

9. 飲食不當，如過度節食或偏食。

（三） 保養重點

1. 基礎保養

(1) 使用溫和及保濕的潔膚品，不會過分去除皮膚油脂之保養品。

(2) 使用保濕效果佳的化妝水做濕布。

(3) 使用能補充皮膚水分、油分及表面滋潤效果高的保養品。

2. 特殊保養

(1) 使用補給水分及賦活效果的保養品，以改善皮膚乾荒。

(2) 可每週按摩 1~2 次，以提高皮膚的生理機能。

(3) 使用具有保濕效果，防紫外線與外界乾燥空氣影響的保養品。

（四） 保養品選擇

1. 使用溫和性潔膚商品。

2. 使用滋潤、賦活效果高的保養品。

（五） 建議事項

1. 宜攝取維生素 A，以促進皮脂腺、汗腺機能的代謝及表皮角化。

2. 宜補充適當維生素 B_1 以保持皮膚柔軟，食物來源如豬油、牛奶、花生、蛋、玉蜀黍、綠黃色蔬菜等。

3. 宜補充含維生素 E 的食物，可促進血液循環。

六、暗沉皮膚

（一） 皮膚狀態

皮膚沒有透明感及光澤、皮膚缺乏紅潤、光澤、變黃、變黑及暗沉。

（二） 原　因

1. 保養不當。

2. 紫外線照射。

3. 血液循環不好。

4. 壓力過大、睡眠不足、過度疲勞。

5. 年齡增加、皮膚透明度下降。

（三） 保養重點

1. 基礎保養：補足水分、防水分不足而造成皮膚暗沉，以維持皮膚滋潤度。

2. 特殊保養：加強新陳代謝，如按摩及敷臉、補充水分。

3. 使用保濕效果好的保養品。

4. 選用防止紫外線及空氣傷害效果較好的商品。

（四） 保養品選擇

1. 使用具有保濕效果高的保養品。

2. 使用具有美白效果及賦活效果佳的商品。

（五） 建議事項

1. 須有充足的睡眠，避免過度疲勞及壓力。

2. 不宜過量飲酒、吸菸，而造成皮膚暗沉、泛黃。

3. 宜攝取適當維生素 A、E 及含有鐵質的食物，以促進血液循環及皮膚細胞的代謝活性。

七、小皺紋、皺紋皮膚

（一） 皮膚狀態

1. 皮膚表面會產生同方向細紋，尤其在表情多的部位，如前額、眼尾及口角法令紋等。

2. 紫外線照射多的部位及皮膚乾燥的部位都會產生皺紋。

3. 線條會隨著年齡增加而變化，依年齡分別是 20~30 歲為眼睛四周，往同一方向有細紋產生，40~50 歲時為細紋中有較清楚的皺紋，並固定化，60~70 歲時皮膚全部往下垂，全臉有皺紋。

4. 眼尾下垂、眼形改變。

5. 法令紋加深。

6. 下顎線變化，有雙重下巴。

（二） 原 因

1. 缺乏保養。

2. 紫外線照射。

3. 皮脂分泌不足。

4. 角化代謝不佳。

5. 皮膚角質層缺乏水分、油分。

6. 氣溫與濕度下降。

7. 年齡增加、內分泌減少、皮膚抵抗力減低。

8. 網狀層的結締纖維及彈性纖維衰退，使皮膚失去彈性。

（三） 保養重點

1. 注重晚間保養。

2. 避免使用會去除皮脂的潔膚商品。

3. 注意按摩及敷臉，每週一次，以促進新陳代謝。

4. 攝取適量的蛋、海菜、牛油、蔬菜、水果，以及含維生素 B_1、E 的食物。

5. 使用除皺專用賦活效果高的護膚商品。

6. 補給皮膚充足的水分及油分，保持皮膚濕潤，回復皮膚的潤澤，保持表皮正常代謝。

（四） 保養品選擇

1. 使用防紫外線效果高的彩妝品。

2. 使用生化系列，營養成分高的保養品。

3. 使用有滋潤效果高的保養品。

（五） 建議事項

1. 有皺紋的部位如額部、眼尾、口角周圍等，粉底需擦薄。

2. 攝取適當的蛋白質及維生素 C、E，能促進血液循環。

3. 宜注意習慣性的表情，以防因過度表情動作而產生皺紋，如皺眉頭、瞇眼等。

八、鬆弛皮膚

皮膚的鬆弛是皮膚老化的必然結果之一。

（一） 皮膚狀態

1. 形成眼袋、雙下巴等。

2. 年齡漸長後，雙眼皮摺痕與睫毛之距離變小、雙眼皮變窄。

（二） 原　因

1. 洗臉或施行皮膚按摩時，力道太猛或速度太快。

2. 經常黏貼膠紙、長時間撐抬眼皮。

3. 每天裝戴隱形眼鏡時，對眼皮的拉扯，皮膚缺乏運動。

（三） 保養重點

1. 補給皮膚足夠的水分、油分、保持皮膚的濕潤。

2. 定期的施行按摩及敷臉，促進新陳代謝，以防肌肉鬆弛。

（四） 保養品選擇

1. 選用營養成分高的保養品。

2. 選用能活化細胞，具有賦活效果高的保養品。

（五） 建議事項

1. 避免過度的減重。

2. 適度的運動，以保皮膚的彈性、年輕。

3. 宜攝取適當的維生素 E，以促進血液循環。

4. 宜攝取適當的維生素 C 及動物性蛋白質，以促進皮膚的健康。

九、倦怠皮膚（疲勞性皮膚）

（一） 皮膚狀態

1. 皮膚表面無光澤，呈現倦怠。

2. 老化產生皺紋的狀態，化妝時會呈現不均勻現象，中年婦女易出現此狀況。

（二） 原 因

1. 睡眠不足：身體疲乏，易加速皮膚老化。

2. 皮膚缺乏保養：人隨著歲月增長，皮膚也隨著日漸老化，這是自然的生理現象，因此更需適當保養。

3. 生活操勞：工作的疲勞、精神負擔，可致使皮膚疲勞。

4. 使用劣質化妝品：不當及劣質的化妝品會使皮膚失去正常代謝功能，而造成脫皮或粗糙的現象。

5. 紫外線吸收過量：因紫外線照射，細胞內產生麥拉寧黑色素，皮膚的表皮組織中的角質層有增厚的現象，而造成新陳代謝不順暢。

（三） 保養重點

1. 補足其所欠缺的休息及睡眠。

2. 在皮膚保養時，可適度的按摩來輔助皮膚的機能。

（四） 保養品選擇

1. 選養分高、可恢復生機的敷面劑及精華液來配合基礎保養品。

2. 選具有防紫外線商品。

十、脫皮皮膚

（一） 皮膚狀態

皮膚狀況較乾燥、粗荒、緊繃，甚至脫皮的情形。

（二） 原　因

1. 當表皮中角質層水分含量低於 10%時。

2. 因秋冬季節時皮膚的乾燥及日曬後皮膚的脫水等。

3. 皮膚受到機械性的外力刺激引起，如在局部擠壓粉刺、不當使用含有顆粒的磨砂保養品、洗臉時使用洗面刷，用力過猛或次數太多等都可造成脫皮。

（三） 保養重點

1. 應停止以機械性外力刺激。

2. 宜用溫和的清潔用品，以免因洗得太乾淨而過度移除天然的皮脂膜，而導致皮膚的乾荒而脫皮。

3. 應選擇不含酒精的化妝水，以免刺激皮膚而造成不適。

（四） 保養品選擇

1. 選用低油度、高保濕效果的乳液或面霜。

2. 在原有的保養外，可再加上具有保濕效果的精華液一起使用。

（五） 建議事項

1. 如因機械外力刺激時，應停止。不需更換保養品。

2. 乾荒、脫皮時，如有紅腫或過敏現象且情況嚴重時，應停用一切化妝品，並請皮膚科醫師診治。

十一、紅臉皮膚

（一） 皮膚狀態

鼻頭、雙頰等處出現發紅現象，輪廓不明顯，血管浮起肉眼可看見。

（二） 原　因

1. 年齡增長。

2. 溫度急速變化。

3. 下列幾種環境及生活型態中的人，易引起紅臉。

(1) 居住在寒冷環境中的人。

(2) 年輕時易引起皮疹的人。

(3) 喜好刺激性食物及過度飲酒之人。

(4) 皮膚較薄及膚色白的人，對刺激較敏感的人。

(5) 因更年期而產生荷爾蒙失衡及有焦躁或緊張狀態者。

（三） 保養重點

1. 基礎保養方面：補充皮膚足夠水分及油分，保持皮膚的濕潤平衡。

2. 特殊保養方面

(1) 定期施行按摩，促進血液循環，使血流量正常，血管壁健康。

(2) 按摩後，使用有舒緩、消炎的化妝水來冰鎮皮膚，調整血流，促進血液循環。

（四） 保養品選擇

1. 具有滋潤效果高的保養品。

2. 具有收斂效果，營養成分高的保養品。

（五） 建議事項

1. 不要使用含有顆粒的洗面皂。

2. 可使用有遮蓋力的粉底以保護皮膚，避免皮膚直接曝露在外界寒冷空氣中。

3. 避免情緒緊張、焦慮、煩躁等，以及在過熱的環境。

4. 如由寒冷的戶外進入室內時，可先輕輕拍打雙頰，使皮膚適應急速的溫度變化。

5. 應多攝取維生維 C 及維生素 B_2、E，以保持血管壁健康及血液循環良好。

6. 宜避免攝取酒精類，刺激性的辛辣食物會減弱血管壁。

十二、紋理粗大及毛孔粗大

（一） 皮膚狀態

1. 因年齡增長，使皮膚失去彈性，毛細孔粗大更加明顯。

2. 皮膚看似像橘子皮，因毛細孔張開，從鼻子至臉頰兩側也有毛細孔粗大及毛孔阻塞變黑的狀態。

（二） 原 因

1. 年齡增長。

2. 皮脂分泌過多。

3. 攝取過多的刺激性食物。

（三） 保養重點

1. 使用具有抑制皮脂分泌效果的收斂性化妝水。

2. 使用可軟化角質、去除角片的保養品。

（四） 建議事項

1. 補充適當水分及維生素 A、E。

2. 避免紫外線的照射。

十三、粗糙及毛孔發黑

（一） 皮膚狀態

1. 皮膚沒有光澤、變硬。

2. 在粗糙的部位不易上粉底，會變成多粉而厚、不均勻而成塊狀。

3. 皮膚表面呈乾燥及粗糙不光滑的狀態，用手觸摸有硬而粗糙感，尤其在 T 型區皮脂分泌多的鼻子四周更加明顯。

4. 阻塞在毛孔的角栓與皮脂混合在一起而變硬，接觸到空氣而氧化、變黑。

（二） 原 因

1. 平日缺乏保養。

2. 皮脂分泌過盛，清潔不當。

3. 皮膚角質肥厚導致新陳代謝不良而引起。

4. 皮膚表面的油分、水分受紫外線照射及冷風侵襲。

（三） 保養重點

1. 注重柔軟化妝水及按摩。

2. 使用抑制皮脂分泌及收縮毛孔效果的化妝水。

3. 補給水分、油分，並去除老化角質層。

（四） 保養品選擇

1. 選擇能徹底清除皮脂和深層汙垢的潔膚品。

2. 選用有抑制皮脂分泌的保養品。

3. 使用具有保濕效果的保養品。

4. 使用滋潤性高的保養品。

5. 選能軟化角質的保養品。

（五） 建議事項

1. 不要過分擠壓阻塞之毛孔。

2. 攝取適當的維生素 A、B_2、B_6，以抑制皮脂分泌，促進皮膚新陳代謝。

3. 補充適當海帶、海菜、青椒、紅蘿蔔、柳丁、菠菜、魚等。

十四、缺乏彈性的皮膚

（一） 皮膚狀態

外觀也許無法察覺，但用手觸摸時可感覺到明顯的鬆弛，軟趴趴的感覺。

（二） 原　因

皮膚缺乏適當保養，長時間飲食不均衡。

（三） 保養重點

1. 日常飲食須注意均衡的攝取營養素，不可偏食。

2. 皮膚適度的按摩，以增加皮膚的張力(skin tone)與緊實(firmness)。

（四） 保養品選擇

選含有彈力蛋白(elastin)及膠原蛋白(collagen)的成分之精華液來配合基礎保養品一起使用。

2-3　一般常見的皮膚疾病

以下所列的皮膚疾患僅供參考，若發現有皮膚不適的情形時，仍必須請皮膚科醫生診治，在美容上不應涉及醫療。以下介紹常見的一些皮膚疾病：

一、冬季濕疹

因環境中的濕度急速下降，人體皮膚來不及調適，便會產生冬季濕疹。

（一） 定　義

「濕疹」的定義非常廣，只要是皮膚有紅、水泡、脫屑，甚至有點變厚、苔蘚化，都可稱之為「濕疹」。可分急性及慢性：

1. 急性濕疹：會出現水泡及滲出物。

2. 慢性濕疹：如冬季濕疹，病理原因為皮膚的皮脂分泌減少，角質層保持水分的功能發生問題。

（二） 原　因

1. 濕疹的原因及發病機轉較複雜，近年有專家認為與鈣有關，因血管低鈣性痙攣，局部供血不足，易出現皮疹、皮屑多及皮膚粗糙。通常易發生於下列族群：

   (1) 有異位性體質的人。

   (2) 老年人：因隨著年紀的增長，皮膚保持油脂及水分之能力會逐漸下降。

2. 皮膚乾燥加上低溫的環境或洗澡次數過多、肥皂使用過多也會引起。

（三） 症　狀

1. 皮膚乾燥合併大量的脫屑，因極癢，往往抓得遍體鱗傷，嚴重時甚至乾裂流血。

2. 常開始的部位是小腿前面，然後手、前臂、軀幹，甚至唇部都會乾裂。

（四） 預　防

1. 洗澡：減少次數，沐浴後要擦潤膚乳。禁用肥皂沐浴，因肥皂會除去油脂，不要用太熱的水，太熱的水使皮膚更乾燥。

2. 早晚擦適量的乳液或凡士林來補充皮膚的油脂。

3. 居住：房間內溫度不宜太低，室溫保持能忍受的低溫即可，並利用增濕器。

二、手部濕疹

（一） 原　因

手部濕疹(hand eczema)的病因可分外因性及內因性：

1. 外因性：又可分為過敏性物質及刺激性物質。

    (1) 過敏性物質：具有特異體質者接觸到某些物質，如香料、花草、金屬、染髮劑等，會引起過敏反應。

    (2) 刺激性物質：常見的原因有水、清潔劑、肥皂、消毒劑、化學物質及各種溶劑。因會直接傷害皮膚而造成病變。

2. 內因性：患者及家屬多有過敏性鼻炎、異位性皮膚炎、氣喘等過敏性疾病。其誘發手部濕疹的機率較高。

（二） 好發族群

　　手部濕疹大都與接觸有關，如家庭主婦因洗手、清潔工作、家事等，另外各行各業如橡膠、油漆、樹脂、水泥等。此外，休閒活動如畫畫、捏陶、插花、園藝、運動器材等，也都有可能引起手部濕疹。

（三） 預 防

1. 如手部濕疹常復發，除了應與皮膚科醫師討論體內是否有內因性的因子外，更應於工作、休閒活動、日常生活等環境中注意是否含有刺激性或過敏性的物質。

2. 如有懷疑過敏性的物質，可接受貼膚試驗加以確定。

3. 除了藥物治療，無法避免接觸刺激性或過敏性的物質，應戴適當手套，工作完畢後可擦護手霜或凡士林以修護皮膚。

三、汗 疹

　　因夏季大量而且持久出汗，汗腺被阻礙流不出表面所致。易發生於兒童、常使用肥皂、多汗、長期臥床的病人，以及廚師、礦工等。

（一） 原 因

　　因汗管的閉塞，加上大量出汗、日曬、紫外線照射等而引起。

（二）　預　防

1. 減少勞動量，減少出汗。

2. 衣著要寬鬆、吸汗、通風良好、減少摩擦或局部的刺激，不需使用肥皂洗澡，洗澡次數不可過多。

3. 如已發生汗疹，應盡量避免曝露在潮濕及熱的地方。

四、汗　斑

（一）　原　因

汗斑是因流汗沒有馬上將汗擦乾，再受黴菌感染而引起。身上如有汗斑，不但有礙美觀，也會引起精神上負擔。須請醫師診治。

（二）　症　狀

起初是紅色、棕色，繼而變為白色，也稱為變色糠疹，最後成為白色圓斑長期存在，約米粒至手掌大。

（三）　保養重點

1. 保持乾淨，穿易吸汗的棉質衣物。

2. 請醫師診治。

五、汗腺炎

易發生在高溫潮濕的夏季，尤其嬰幼兒或營養不良者。常出現在嬰幼兒的前額、後頭部、頸、臉、背、臀等部位。

（一）　原　因

因葡萄球菌入侵汗腺口後，引起汗腺、汗管及真皮組織化膿性的炎症。

（二）　預　防

1. 不要直接日曬。

2. 防止汗疹發生。

3. 穿能吸汗的棉質布料。

4. 每天洗冷水澡後,可使用痱子粉。

5. 對體弱的病兒,要注意營養的改善。

6. 視氣溫調整穿衣服厚薄,衣服要寬大,同時也應減低室溫。

六、富貴手(進行性指掌角化症)

以主婦居多,手掌常見,以餐飲業、檳榔業、牙醫、護士、魚販等人易得此症。

(一) 原 因

1. 維生素 A 不足。

2. 接觸過多的水。

3. 角質層水分散失。

4. 荷爾蒙分泌異常。

5. 使用含化學成分的清潔劑。

(二) 症 狀

手指的指紋慢慢龜裂、脫皮,使得手指指紋逐漸不清楚。

(三) 保養重點

1. 盡量避免接觸水、清潔劑等,可同時用護手霜。

2. 請皮膚科醫生診治。

3. 要隨身攜帶油性軟膏,隨時塗抹。

七、頭 癬

1. 原因:黴菌增生引起。

2. 症狀:發生在頭部;邊界鮮明,白色、灰白色或淡紅色圓形落屑,毛髮失去光澤 易斷裂脫落。

3. 保養重點:請皮膚科醫師診治,使用適當抗黴菌藥物治療,及選用適合的洗髮精。

八、足 癬

（一） 原 因

足癬(tinea pedis)俗稱「香港腳」，是由一種或數種皮癬菌的感染，發生在趾間、蹠或足背部，在高溫多汗的夏季易惡化。

（二） 症 狀

腳趾間糜爛、長水泡或脫皮，有劇癢，久了會有惡臭，用手去抓香港腳也會傳染。

（三） 預 防

1. 保持乾淨及乾燥，有機會就把腳沖洗乾淨。

2. 盡量縮短穿鞋的時間，為通風可穿涼鞋。

3. 洗足擦乾後可使用痱子粉，襪子改用棉製品，便於吸汗。

九、尋常魚鱗癬 (Ichthyosis Vulgaris)

（一） 原 因

1. 魚鱗癬為遺傳性疾病，有許多類型，尋常魚鱗癬是最常見的一型。

2. 維生素 A 缺乏。

（二） 症 狀

1. 好發於手臂、大腿上，腹部也可見。

2. 皮膚表面乾裂如魚鱗狀，冬天較易惡化。

（三） 保養重點

1. 避免過度陽光照射。

2. 少用水、肥皂、清潔劑等。

3. 避免皮膚乾燥，注意使用柔軟化妝水及按摩。

4. 可隨時塗抹保濕軟膏。

5. 加強晚間皮膚的保濕，必須使用營養成分及油分高的營養化妝水或營養面霜。

十、痤　瘡

俗稱青春痘，嚴重時或處理不當，會留下疤痕，應請醫師診治。詳見本章 2-2 節之介紹。

十一、曬　斑

（一）　原　因

因日曬後，血管擴張，表皮細胞發生變化，基底細胞的黑色素增加。輕者僅有潮紅、色素增加、表皮肥厚，嚴重會有水泡。

（二）　症　狀

平常以衣服遮蓋的皮膚，在初夏時受到長時間的日光照射，存於表皮的黑色素會增加，先淡色再開始黑化，輕者有微熱感或緊繃感，嚴重者有灼熱感，更嚴重會發熱及起水泡等現象。

（三）　保養重點

1. 使用防曬霜（乳液）。
2. 停止化妝、按摩。
3. 不可立即敷臉及使用肥皂。
4. 使用消炎、鎮靜作用的收斂性化妝水。
5. 勿長時間曝曬於日光下，外出時盡量以帽子、傘、衣物來防止皮膚受紫外線照射。

十二、甲　癬

多發生於中年以上，以腳趾居多，手指也會有。

（一）　原因及症狀

患者大多因罹患長期的足癬（香港腳），趾甲前端逐漸變為黃色、增厚，數月之間會向趾甲後端蔓延，到最後整片趾甲變形、變厚，呈黃棕色，且有黃色脫屑，趾甲間會傳染，過一段時間，如全部趾甲都受損，即是甲癬，又稱「臭甲」或「灰指甲」。

（二） 保養重點

1. 請醫師診治。

2. 加速痊癒的方法是盡量減少癬的量，可用銼刀將變色指（趾）甲，在不痛之範圍內盡量的磨掉。

十三、脂漏性皮膚炎

　　脂漏性皮膚炎(seborrheic dermatitis)是一種原因較不明顯的濕疹性皮膚疾病，易發生於富含皮脂腺各部位，如頭皮、臉部的 T 區（即眉毛、鼻子兩側）之外、耳後、胸部正中央部位，陰部及腋下有時也可能出現，好發於嬰兒期及 30~60 歲之中年人。

（一） 原 因

　　原因不明顯，但有神經系統疾病如帕金森氏症，較易合併脂漏性皮膚炎，另外如開刀、住院或療養院的老人，免疫機能不全者也易發生此病。

（二） 症 狀

　　脂漏是指皮膚油膩的狀態，不會有發紅及鱗屑，主要出現於頭皮及顏面：

1. 臉部為紅色斑，有脫皮、略癢。

2. 脂漏性皮膚炎則有鱗屑及發紅症狀。

3. 頭皮屑：指頭部出現鱗屑、頭皮劇癢，有白至黃色、乾性或油性結痂的脫皮。

（三） 保養重點

1. 請醫師診治：有可能與乾癬、慢性濕疹或接觸性皮膚炎不易分辨。可能需做病理切片檢查。

2. 頭皮方面：可用含焦油的洗髮劑治療，洗髮時應倒足夠份量於頭髮上，並搓揉成泡沫，停留 5 分鐘後再洗淨。

3. 通常一星期可洗 2~3 次。必要時可每天洗頭。

（四） 建議事項

1. 避免飲酒及攝取辛辣刺激性食物。

2. 可用抗頭皮屑洗髮精洗髮，嚴重時由皮膚科診治，再考慮使用藥用洗髮精。

3. 選用低刺激性清潔用品清洗患部，再塗抹適當保濕用品。

4. 適當的運動、充足睡眠、規律生活、避免壓力或焦慮及不穩定的情緒，因壓力及不規律生活習慣是重要惡化因子。

十四、異位性皮膚炎

異位性皮膚炎(atopic dermatitis)是一種過敏性的皮膚疾病，是指一種反覆發生的搔癢性皮膚炎，常與遺傳有關。此種病患約 80%會逐漸合併有氣喘、結膜炎、過敏性鼻炎、過敏性皮疹，稱為異位性體質。

（一） 病因及定義

與遺傳有關，異位性皮膚炎的診斷條件須符合下列三項以上：

1. 慢性持續性或反覆發作性皮膚炎：指超過 6 個月以上。

2. 皮膚搔癢：濕疹樣皮膚炎或苔蘚化皮膚炎；病發部位，成人大多在關節的屈側，嬰幼兒大多在臉部及身體的伸側。

3. 個人或家族成員有異位性體質：如乾草熱、氣喘、過敏性鼻炎或異位性皮膚炎等。

（二） 症狀及特徵

癢是異位皮膚炎最主要的特徵之一，臨床上可分為三期。簡述如下：

1. **嬰兒期**：通常發生於 3 個月大時，持續約 2~3 年左右，發生部位大都在臉部雙頰、頭皮及前額。冬季兩頰皮膚會變得乾燥、發紅、脫皮。但嘴巴及鼻子周圍是正常。如有習慣性舔嘴唇的狀況，更會造成口唇周圍結痂、滲出液、脫皮的狀況。

2. **小兒期**：會呈現「苔蘚化」或「癢疹型」慢性濕疹的變化，主要出現於膝窩、頸部、手肘窩、手足關節等。呈對稱分佈，過緊的衣物在這些部位不斷摩擦會加重病情，另外皮膚在關節屈伸時常受摩擦刺激有關。平常為增厚性乾燥病灶，如搔抓嚴重後，會呈破皮、濕潤、結痂的濕疹病容。其他如冷、熱、乾燥空氣、情緒、壓力的刺激等也加重病情。

3. **青年期與成人期**：可能與荷爾蒙的改變及青春期的壓力有關。平時呈慢性濕疹性變化，好發於手肘窩、頸部、前胸部、手腕、膝窩、足關節等。皮膚表現的狀態有以下幾種：

(1) 手部濕疹。

(2) 眼睛周圍的濕疹。

(3) 四肢屈側的皮膚炎。

（三） 保健重點

避免皮膚刺激物，包括：

1. 沐 浴

(1) 清潔：不要用太熱的水或鹼性清潔劑，都易使身體變得太乾燥而更容易發癢。

(2) 洗澡時可在澡盆加一些沐浴油。

(3) 可選用皮膚炎專用的肥皂，以減少清潔時皮膚的水分散失。

2. 居住環境

(1) 保持濕度在 50~65%之間，並使用空氣濾淨器，需定期更換濾網，以減少黴菌生長。

(2) 盡量少用香水、芳香劑、樟腦丸、蚊香、殺蟲劑等刺激物。

(3) 避免接觸如羽毛、尼絨、羊毛、棉花枕頭，或寵物的毛、地毯製品、草蓆、榻榻米。

(4) 室內不養貓、狗、鳥。

(5) 每週要用熱水清洗枕頭、寢具，並經常打掃家中及環境，以減少灰塵。

3. 衣物：盡量穿著柔軟、舒適、不緊密的衣服，布料上避免毛料而多選棉質布料。

4. 溫度及季節

(1) 夏天盡量避免日曬或劇烈運動，應待在有冷氣空調的室內。

(2) 秋冬之際溫度下降會造成皮膚乾燥，會加重皮膚乾癢之感，因此應多塗保濕乳液或凡士林。

5. 飲食方面：雖然目前無醫學證實哪些食物易使病情惡化，如病情難以控制，應避免攝取下列食物：蛋、牛奶、花生、海鮮、小麥、魚、大豆等。

6. 感染：異位性皮膚炎的皮膚，因經常搔抓出傷口，易受細菌或病毒感染，如單純性疱疹等，相對的這些感染也會加重異位性皮膚炎的病況。一旦產生傷口時須特別小心處理，以免造成更嚴重的感染。

十五、扁平疣 (Verruca Planae)

多發生於青少年，通常在兩頰、額頭最常見。

（一） 原 因

病毒感染，具有傳染性。

（二） 症 狀

數個至數十個針頭至米粒大、晶亮的小丘疹，通常是無自覺症狀。手指抓過處會成一直線出現扁平疣，稱為「克氏現象」。

（三） 保健重點

1. 請皮膚科醫師診治。
2. 切勿亂抓，洗臉要輕輕的，否則會傳染得滿臉。

十六、裝飾品皮膚炎

飾品配件雖有增強美化造型的功效，但隨著追求時尚流行的風潮，因飾品配戴而得皮膚炎的病患也日益增多。大部分以年輕族群較多，好發部位為耳垂、頸、手指、腕部及肚臍。

（一） 原 因

這些飾品如手指為戒指、頸部為項鍊，腕部為手錶，耳垂戴了合金飾物。因這些合金所含鎳、鈷、鉻，如在夏季天熱多汗，金屬雖微量，但易溶於汗液中，汗多會增加金屬與皮膚接觸的機會，並促使金屬浸透至皮內而引起過敏性接觸性皮膚炎。以鎳引起的皮膚炎最常見。

（二） 症 狀

患部會有濕疹及劇癢。

（三） 保健重點

1. 避免穿戴合金飾物。
2. 請皮膚科醫師診治，由醫師處理治療。
3. 若非戴飾物不可，建議以純金或鑽石為宜。

十七、化妝品皮膚炎

　　如染髮劑引起或日常生活中，塗抹或噴灑各種物質於毛髮、皮膚、指甲等，及直接塗擦於皮膚等處被皮膚吸收的份量多了，而引起皮膚炎的機率增加。

（一） 原 因

1. 使用劣質化妝品。

2. 化妝品使用不當。

3. 好發在直接塗抹的部位或手指接觸引起。

（二） 保健重點

1. 盡量找出造成發病的化妝品，並立即停用該產品。

2. 對化妝品的使用、成分、目的、方法須詳細閱讀之才可使用。

小試身手

一、選擇題

（B） 1. 中性皮膚的角質蛋白含水量約多少？使皮膚有光澤彈性平滑、皺紋少
(A) 5~10%　(B) 15~25%　(C) 10~20%　(D) 25~30%

（B） 2. 乾性皮膚的角質蛋白含水量少於多少％？　(A) 20%　(B) 15%　(C) 25%　(D) 30%

（C） 3. 乾性皮膚在飲食應補充哪些維生素？　(A)維生素 A　(B)維生素 D　(C)維生素 B_1、維生素 E　(D)維生素 C

（A） 4. 皮脂分泌過少的皮膚是　(A)乾性皮膚　(B)中性皮膚　(C)混合性皮膚　(D)以上皆是

（A） 5. 乾性肌膚保養時應　(A)少蒸臉，多按摩　(B)多蒸臉，多按摩　(C)多蒸臉，少按摩　(D)少蒸臉，少按摩

（C） 6. 何種維生素具有還原已形成黑色素的作用？　(A)維生素 A　(B)維生素 B　(C)維生素 C　(D)維生素 D

（B） 7. T字部位是指　(A)額頭、臉部　(B)額頭、鼻子、下巴　(C)臉頰、鼻子、下巴　(D)臉頰、下巴

（A） 8. 洗臉宜使用下列何種為宜？　(A)溫水　(B)硬水　(C)熱水　(D)冷水

（A） 9. 皮膚吸收養分最好的時間在哪一時段？　(A)夜間　(B)白天　(C)春季　(D)冬季

（C） 10. 混合性皮膚應補充何種維生素？　(A)維生素 A、E　(B)維生素 C　(C)維生素 B、C　(D)維生素 D

（A） 11. 油性皮膚保養時宜　(A)多蒸臉，少按摩　(B)少蒸臉，少按摩　(C)多按摩，多蒸臉　(D)以上皆非

（B） 12. 面皰皮膚保養時應　(A)多蒸臉，多按摩　(B)少蒸臉，少按摩　(C)少蒸臉，多按摩　(D)多蒸臉，少按摩

（B）13. 如果臉上有嚴重青春痘時，下列例為何者不適合？　(A)注意飲食生活作息　(B)可濃妝掩飾　(C)保持皮膚清潔　(D)可去看皮膚科醫生

（D）14. 長青春痘時，洗臉宜選用　(A)油性洗面劑　(B)含香料的肥皂　(C)磨砂膏　(D)刺激性小的肥皂

（C）15. 嚴重面皰皮膚應補充哪些維生素？　(A)維生素 A　(B)維生素 A、C、E　(C)維生素 A、B_2、B_6　(D)維生素 A、D、E

（C）16. 敏感性肌膚的保養品，宜選用　(A)高養分　(B)高油度　(C)不含香料、色素、酒精　(D)抗過敏性的藥物

（A）17. 敏感性皮膚保養時宜　(A)少蒸臉，少按摩　(B)多蒸臉，多按摩　(C)多蒸臉，少按摩　(D)以上皆非

（B）18. 黑斑大多發生在何種年齡層的女性？　(A) 10~13 歲　(B) 20~50 歲　(C) 40~50 歲　(D) 50~60 歲

（C）19. 小皺紋、皺紋皮膚應補充何種維生素？　(A)維生素 B_2、C　(B)維生素 A、C　(C)維生素 B_1、E　(D)維生素 D

（A）20. 鬆弛皮膚應適當攝取哪些營養素？　(A)維生素 C、E 及動物性蛋白質　(B)維生素 A、E　(C)維生素 B、D　(D)維生素 B 群

二、問答題

1. 面皰產生的原因有哪些及如何改善？

2. 敏感性皮膚產生的原因及保養重點、建議事項有哪些？

3. 黑色素如何形成及常見原因？保養重點？

4. 日曬後皮膚的保養重點？

5. 乾燥皮膚有哪些原因及保養重點？

6. 倦怠皮膚的原因及保養重點？

7. 脂漏性皮膚炎、頭皮屑的產生原因及症狀、保養重點以及建議事項有哪些？

8. 異性皮膚炎的保養重點？

Chapter **3** 保養品的認識

隨著文明科技的進步，化妝及保養製品已成為生活中的必備品，基礎保養品大都是維持及增加皮膚的水分、彈性、預防鬆弛等目的。現將其目的、分類、成分、用途、如何選擇、使用方法及保存方法，分別敘述如下。

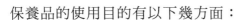

3-1　保養品的使用目的

保養品的使用目的有以下幾方面：

1. **清潔皮膚**：透過介面活性劑，將日常生活中所殘留在皮膚表面上及毛細孔的汙垢或細菌，徹底的清潔，以維持皮膚的正常代謝。

2. **促進皮膚新陳代謝**：過多的細胞累積及新細胞無法重生，都是皮膚老化現象，因此，如何加強細胞的新陳代謝，也是保養品使用重點之一。

3. **維持皮膚滋潤**：皮膚是由脂質層、皮脂膜、胺基酸等所構成而具有保濕功能的系統。保養製品可維持此系統的正常狀態。

4. **抗氧化**：細胞受到自由基氧化的傷害，加上紫外線的照射，易產生皮膚癌，紫外線、自由基、催化劑等充斥著危機，使皮膚系統加速分解，造成病變，因此在保養製品內添加抗氧化劑，以去除自由基，來阻斷細胞氧化。

5. **去面皰（青春痘）**：面皰形成的主要原因是皮脂分泌過剩。因此若要抑制皮脂分泌過多，還須有角質溶解、消炎、鎮定、殺菌及避免毛孔堵塞等，保養製品需將這重點考慮進去。

6. **防止紫外線傷害皮膚**：如何應用物理隔離及化學吸收紫外線之能量，將有害的紫外線有效的阻隔，使長波低能量的光線協助皮膚正常代謝。

7. **去斑**：皮膚產生黑雀斑、老人斑、肝斑等的原因很多，目前去斑的方法有物理方法及化學方法。物理方法如低溫療法、化學腐蝕、電燒、雷射等；化學方法有胎盤素、汞化物、維生素 C、麴酸、果酸療法、對苯二酚等，各種新的治療方法已陸續被研發出來。

8. **美白**：膚色的決定，主要是黑色素、紅血素、胡蘿蔔素，其中以黑色素的多寡來主導皮膚的健康指標。目前對黑色素數量的控制，仍以阻礙酪胺酸酵素程度的高低為主，一般仍以左旋維生素、熊果素、麴酸等產品。

9. **抗老化**：皮膚老化的因素很多，包括疾病、緊張、汙染物、光傷害、年齡增長等，皮膚呈現老化趨勢的特質有彈力纖維硬化、角質增厚、結構鬆弛。可透過化學或物理方法來進行局部或全面的調理治療，方法有補充維生素 E、膠原蛋白，也可用拉皮、雷射等方法，其中以化學理療安全性較高。

3-2　化妝品的種類及用途

保養製品的種類，一般業界分為清潔類、化妝品水類、化妝用油類、面霜乳液類、頭髮使用的化妝品，身體清潔用品、芳香用品、特殊目的化妝用品、彩妝用的化妝品等，分別敘述如下：

一、清潔用化妝品 (Cleansing Cosmetics)

清潔肌膚用的製品一般可分為皂類(soap)、霜型(cream)、凍膠型(gel)。依使用方法可分為卸妝用、洗臉用。

（一）　卸妝用 (Make-Up Removal)

主要是清除色彩及臉上汙垢的清潔用品，通常以擦拭的方法使用，分別介紹如下：

1. 卸口紅液(lips tick removal lotion)：能去除口紅色素之沉澱。

2. 卸眼影霜(eye make up removal cream)：卸除眼部的眼影色彩。

3. 卸妝乳液(make up removal milk)：屬於較清爽型，適合中性及油性肌膚者（目前市面上尚有加入保濕效果或美白成分者）。

4. 卸妝霜(make up removal cream)：屬於滋潤型，適合中性肌膚及乾性肌膚者。

5. 卸妝用油(cleansing oil)：分為植物油、礦物油，為了減少不必要的刺激性，目前市面上大部以溫和植物性來取代，並以清爽型為主、忌黏膩。

（二） 洗臉用 (Facial Cleanser)

1. 洗面皂(soap)：針對各種不同類型皮膚有不同的產品。

2. 清潔乳(cleansing milk/cleansing lotion)：屬於乳液型，較為清爽，適合混合性、油性及中性肌膚使用。

3. 清潔霜(cleansing cream)：是霜狀，較油膩，適合乾性肌膚者。

二、保養用化妝品 (Skin Care Products)

保養用的產品是用在滋養、調理、滋潤而使肌膚更年輕、健康，使皮膚恢復活力等，如保濕劑、乳液、日霜、晚霜及防曬產品等，敘述如下：

（一） 化妝水 (Lotion)

主要是調理中和、保濕、收斂肌膚，其型態多為水溶性溶液，依成分及功用不同可分為以下幾種類型：

1. 柔軟化妝水(smoothing lotion)：偏鹼性化妝水，具有清潔、補充水分、中和皮膚、軟化角質、使肌膚柔嫩等功能，適合不同類型的肌膚在清潔後使用，目前亦有廠商有加入保濕或美白成分。

2. 收斂性化妝水(astringent lotion)：含有陽離子、可凝固蛋白質的收斂劑，使在毛孔的蛋白質稍微凝固而達抑制油脂分泌、收縮毛孔的效果。如在乳液後化妝前使用，有固定妝之效果，適合油性肌膚。

3. 植物性化妝水(natural lotion)：將一些植物的萃取液如小黃瓜、絲瓜等加在化妝水中，具有保濕、滋潤、消炎的效果。

4. 保濕化妝水(moisture lotion)：在化妝水中加入保濕成分，如滋潤噴霧液之類產品。

5. 美容精華液(essence)：是高濃度的化妝水，以保濕為主，也有加入抗老化、美白等高效能的成分，可長時間保濕，在化妝水後、乳液之前使用。

（二） 乳化型保養品

1. 乳液(lotion, milk, emulsion)：乳液主要是由水相與油相藉著乳化劑而使其乳化成安定的液體。能供給皮膚表面水分、油分，具有滋潤的作用，以其所含油水比例不同可分為下列兩種：

   (1) 水中油型(O/W)：水的比例較高，屬於較清爽的乳液，適合一般肌膚。

   (2) 油中水型(W/O)：油的比例較高，較滋潤、油膩感、滋潤型的乳液，適合乾性肌膚。

2. 乳霜(cream)：霜狀，較滋潤、油膩感。依所添加的不同功能分類如下：

   (1) 日霜(day cream)：含有防曬、保濕成分，在白天化妝前使用，以保護肌膚。

   (2) 晚霜(night cream)：具有保濕、美白、抗老化、除皺等成分，如在製劑加入維生素 C、維生素 E、玻尿酸、果酸、彈力蛋白、膠原蛋白、胎盤素、再生素等營養成分。因此又稱為營養霜(nourishing cream)。

   (3) 隔離霜(isolating cream)：主要是保護皮膚避免外界空氣、陽光紫外線的傷害及色彩化妝品之色素的吸收，而能使化妝均勻、持久。

   (4) 保濕霜(moisturizing cream)：加入保濕劑，如甘醇酸、醣醛酸、玻尿酸等具有保濕效果的產品。

三、身體清潔用品 (Body Cleansing Products)

身體清潔用品其劑型可分為兩種，液體狀如沐浴乳，固體狀如肥皂類，分別說明如下：

（一） 沐浴乳

沐浴乳(cleansing lotion)的 pH 值為 5~7.5 之間，沐浴後有清香、舒適感，主要是使用合成界面活性劑－烷基硫酸鹽，洗淨力佳，但如過度去脂，易造成皮膚乾燥、粗糙及發炎的副作用。目前沐浴乳產品開始使用天然植物萃取液為原料的界面活性劑，及胺基酸系的界面活性劑，並加入美白、去角質、紓壓精油等成分。

（二） 肥皂類

肥皂(soap)一般以動植物油脂與鹼皂化而成，偏鹼性。對肌膚角質有軟化與皮脂有乳化吸附而達到清潔的作用。目前市面上依功能不同而研發出不同的香皂，分別說明如下：

1. 刮鬍肥皂(shaving soap)：供刮鬍用的肥皂，起泡性佳。

2. 化妝肥皂(toilet soap)：對肌膚無刺激性、滋潤性略差。主要成分是脂肪酸鈉鹽，常用副劑有：蔗糖、甘油、羊毛脂、高級醇，依產品訴求而定。

3. 超脂肥皂(super fatted soap)：在製造過程中加入羊毛脂類及高級醇，所以滋潤性佳，但洗淨力較低。

4. 藥用肥皂(medicine soap)：因加入少量的石碳酸、甲酚、消毒劑，不僅可洗淨，還具有消毒、殺菌的功能。

5. 透明肥皂(transparent soap)：易洗淨而且保濕效果佳，因在製造過程中加入酒精、甘油、糖漿、山梨糖醇、聚乙二醇等，如蜂蜜香皂。

四、特殊目的化妝用品 (Medicine Cosmetics)

此類產品大多以保護、促進、理療皮膚機能及恢復膚色的功效為目的，說明如下：

(一) 磨砂膏

磨砂膏(scrub cream)具有清潔、去角質、按摩等效果。

(二) 晚 霜

晚霜一般會加入具有保濕成分（如 NMF、PCA-Na hyaluronic acid、尿素、乳酸鈉等）、美白成分及植物萃取液等。

(三) 按摩霜

按摩霜(massage cream)是以蠟及油脂為基劑，再配合美白劑、營養劑、柔軟劑等組成，須具有清潔、美白、滋潤等作用。以按摩手技促進皮膚的血液循環，分別有滋潤型的 W/O、清爽型 O/W 等兩種劑型。

(四) 美白劑

美白劑(skin bleaches)抵抗黑色素的方法主要有三種：

1. **剝離麥拉寧色素**：如杜鵑花酸(azelaic acid)，市面的劑型有美白洗面乳(whiteness cleansing lotion)、美白霜(whiteness cream)、美白乳液(whiteness milk)、美白化妝水(whiteness lotion)。

2. **阻止麥拉寧色素的形成**：如熊果素(arbutin)、麴酸(kojic acid)、葡萄糖胺(glucosamine)、維生素 C 衍生物、glotathion、hydroquinone（對苯二酚）等。

3. **氧化分解麥拉寧色素**：如維生素 C、維生素 E，以過氧化氫(H_2O_2)為代表，效果佳，但不穩定，不易保存。

（五）　藥用化妝品

藥用化妝品(medicine cosmetics)是在化妝品中加入具有消毒、消炎、鎮靜、癒合傷口、疤痕、換膚、淡化色素等醫療成分。如抗生素、維生素、消炎抗菌、維生素 A 酸等成分之化妝品。

（六）　防曬劑

防曬劑(sunscreen products)可防止紫外線對皮膚的傷害，防曬效能取決於 SPF 係數，防曬製劑的應用依防曬方式主要分為化學性防曬及物理性防曬，另外以市售防曬劑功能及劑型，分別說明如下：

■ 防曬方式

1. 化學性防曬：主要機轉為吸收紫外線，其主要化學合成的成分為酯類，有水楊酸鹽(salicylates)、桂皮酸鹽(cinnamates)、對胺基苯甲酸鹽(para-aminobenzoic acid, PABA)、二苯甲酮(benzophenones)等，其他具有吸收紫外線效果的成分如：menthyl anthranilate、digalloy trioleate、butyl methoxydibenzoylmethane、2-ethyl-2-cyano-3,3'-diphenylactylate、3-(4-methylbenzylidene)camphor、2-ethylhexyl-2-cyano-3,3-diphenylacrylate。

2. 物理性防曬：主要機轉是光的折射及散射，防曬主要為無機粉體。常用的有氧化鋅(ZnO)、二氧化鈦(TiO_2)、二氧化矽(silica)、氧化鋁等，以二氧化鈦及氧化鋅的應用最廣。

■ 以防曬功能來分類

1. 化學性防曬劑

(1) 化學性防曬劑吸收 UVA 的有：oxybenzone、sulisobenzone、dioxybenzone、benzophenone-3、benzophenone-4、benzophenone-8、menthyl anthranilate。

(2) 化學性防曬劑吸收 UVB 的有：PABA、甲基水楊醇(homosalate)、octocrylene、octyl salicylate、glyceryl PABA、TEA-salicylate、octyl dimethyl PABA、

DEA-methoxycinnamate、 octyl methoxycinnamates、 ethyl dihydroxypropyl PABA、phenylbenzimidazole sulfonic acid。

註：目前被認為最安全的紫外線吸收劑有水楊酸鹽類(salicylates)、桂皮酸鹽類(cinnamates)，主要吸收 UVB；磷胺基苯甲酸鹽類(anthrailates)主要吸收 UVA。另外天然物中也有具防曬效果者，如繡線菊(*Spirea ulmaria*)最有效，吸收波長在 308 nm（UVB區），其他還有蒲公英及山金車。含有二苯甲酮衍生物(benzophenone derivatives)的有甘草、山金車、金縷梅(witch hazel)、蜂膠(propolis)，最有效吸收波長在 260~320 nm（UVB區）。另外，樟腦植物甘菊(chamomile)、蘆薈、類黃酮(flavonoids)，對 UVA 370 nm 波長有很好的吸收能力（資料來源：張麗卿，1998）。

2. **物理性防曬劑**：氧化鋅，具有收斂性的粉體，在中性及微弱鹼性溶液中可安全作用，主要吸收 UVA。另外，二氧化鈦在弱酸性環境下非常安全，主要吸收 UVB 的部分。

■ 市售防曬劑劑型

1. 防曬油(sun screening oil)。
2. 防曬液(sun screening solution)。
3. 防曬霜(sun screening cream)。
4. 防曬乳液(sun screening lotion)。

（七） 敷面劑

敷面劑(face mask/face packs)依使用目的及效能的不同，可分為兩類：一是以補充水分、保養、調理肌膚為目的的敷面劑；另一主要的效能是去除汙垢、皮脂，調節皮脂之分泌代謝、剝離老化角質的清潔式敷面劑。

依市面常見的劑型說明如下：

1. 膠狀型膜(gel mask)：是膠狀型態，類似透明果凍狀，屬水溶性，有冰涼感，用水洗去即可。

2. 敷面霜(mask cream)：以脂肪醇、脂肪酸為基劑作成霜狀，水洗即可，對肌膚有滋潤效果。

3. 面膜型(film mask)：屬高分子黏液質，代表原料 PVP (polyvinyl pyrolidine)、CMC (carboxymethyl cellulose)、PVA (poly vinyl acetate)等基質再配合保濕劑、植物萃取液等，使用後形成膜狀，只要剝下即可，適合油性肌膚。

4. 膏狀型(paste mask)：以粉狀為基質，如麵粉、黏土、高嶺土等添加清潔成分，或由動物萃取而成泥膏狀等添加滋養成分，大多以水洗式，適合乾性肌膚。

五、芳香用化妝品 (Fragranced Products)

芳香用的化妝品依香料來源不同，有各種的香調，如綠草調、花香調、東方調、醛調、薰苔調等，可分為化學特性及物理特性，香水是將香料以乙醇為溶劑作適當稀釋，通常將香水調成具有前、中、後段三味，漸次的釋出其不同的香味。草味及水果的香精較易揮發，其次是花香、木香精與動物香居後。以香精油(essential oil)含量比率分為五個等級，現將化學特性、物理特性及香膏、香粉、香水的香精油含量等級，分別說明如下：

（一） 化學特性

香料是由一些氮、氫、氧、碳、硫等芳香性有機物混合，以飽和、不飽和或環狀型態結合。

（二） 物理特性

1. 香料一般為棕色、淡綠色、淡黃色，具有揮發性的透明體。

2. 遇到光、熱、空氣或金屬離子，色澤及香調會起變化而變質。

3. 香料本身是一種溶劑，可溶解 PVC、PS 等塑膠及可塑劑。

4. 大多數比重都小於 1，可溶於酒精，但不溶於水、有機溶劑，也可溶於油脂中，是屬於油溶性的液體。

（三） 劑 型

1. **香水膏**(paste perfume)：將香精與凡士林、蜜蠟、石蠟為基劑，再加入適量的酒精調成膏狀，一般香精含量約 4~6%。

2. **香粉**(powder perfume)：如沉香粉、香草、安息香粉，配合高級香精油而成，在使用時可放在小袋內並慢慢散發香味。

3. **香水**(perfume)：以香精油含量比例分為 5 等級，簡述如下：

(1) 濃香水(perfume)：香精含量 20%以上。

(2) 香水(eau de perfume)：香精含量 15~20%。

(3) 香露(eau de toilette)：香精含量 8~15%。

(4) 古龍水(eau de cologne)：香精含量 4~8%。

(5) 花露水(floral water、toilette water)：香精含量 1~3%。

3-3　保養品的選擇與保存

　　為顧客選擇優良的保養品並能適用，而且正確指導保存的方法，是美容從業人員應具備的基本專業知識。

一、保養品的選擇

　　保養品選擇可分「適用性」的考量及「品質」的考量，敘述如下：

（一）　保養品的「適用性」

1. 對中性皮膚、乾性皮膚、混合性皮膚、油性皮膚、異常皮膚的選用做正確判斷。

2. 對膚齡及年齡，在選擇保養品時，須做適當的取捨。

3. 須考慮季節變化的考量因素。

（二）　保養品的「品質」

　　可分為洗臉用品、化妝水、乳霜類，如何判斷品質優劣的要點如下：

■ 洗臉用品（如加水混合後起泡型）

1. 含　皂

　(1) 易於沖洗。

　(2) 香味淡雅。

　(3) 鹼性不宜太強。

　(4) 起泡力良好且泡沫細緻。

　(5) 擦抹於皮膚時，須不刺激皮膚，要有柔滑細緻感。

　(6) 沖洗後，肌膚清爽不乾澀緊繃感。

2. 不含皂(no-soap)

(1) 易於沖洗、香味淡雅。

(2) 起泡力良好且泡沫細緻。

(3) 洗後皮膚上無殘留。

(4) 洗後皮膚沒有乾澀緊繃感。

3. 乳霜型

(1) 容易拭除、香味淡雅。

(2) 乳化應細緻均勻。

(3) pH 值接近正常皮膚 pH 4.5~6.5 者較佳。

(4) 使用時易塗抹且質地須不膩也不黏。

(5) 使用後應不會造成毛孔堵塞或衍生面皰。

■ 化妝水

1. 不宜酒精味太濃、香味淡雅。

2. 化妝水需清澈無雜質。

3. 使用後不黏膩而有清爽感。

4. 柔軟水 pH 值不宜太高。

5. 收斂水有柔軟兼收斂化妝水，應以弱酸性的製品較佳。

註：含有酒精的化妝水，其作用是移除少量皮膚油脂及收斂毛孔，因此適用於油性皮膚，
不適用乾性皮膚及敏感皮膚。

■ 乳液類

1. pH 值接近正常皮膚(pH 4.5~6.5)者較佳。

2. 手指沾取時觸感須柔細，香味淡雅。

3. 使用後需清爽不黏膩。

4. 擦在皮膚時有滋潤、柔軟、細緻感。

5. 倒出時應乳化均勻、無塊狀。

■ 面霜類

1. 需方便使用，香味淡雅，不宜濃郁。
2. 沾取時觸感需細緻。
3. 使用時不黏膩，有清爽感。
4. 擦在皮膚需易擦、易均勻、有柔軟感。
5. 使用後不應造成毛孔堵塞或衍生面皰。
6. 使用隔天後皮膚應有潤滑感及有光澤。

（三） 注意事項

　　塗抹化妝品後，如皮膚上有產生刺癢感，其可能原因有下列幾種狀況：

1. 皮膚上有脫皮、表皮有傷口等，因此遇到外來物質時會有刺癢感。
2. 近期做過去角質，因去角質後的皮膚與皮膚脫皮類似，因此反應也相似。
3. 化妝品本身受汙染或變質，塗抹在皮膚上後造成皮膚過敏，而產生刺癢感。
4. 皮膚上如有面皰，而且有破孔，遇到外來刺激物也會有刺癢感。
5. 如本身有敏感性皮膚者，對未曾用過的化妝品，一旦使用，易出現皮膚刺癢的症狀。

　　如果有以上情形，不應把此保養品冠上「劣質或不適合膚質」的罪名，如果保養品塗抹之後，會產生刺癢感，甚至還有紅腫、小水泡產生時，應立即停用，必要時請皮膚科醫師診治。

二、化妝品的正確使用及保存方法

（一） 一般化妝品的正確使用方法

1. 使用前要仔細閱讀說明書。
2. 化妝品不要沾到眼睛。
3. 化妝品倒出後不宜再倒回去。
4. 粉撲及刷子要經常保持清潔。
5. 有過期或變質的化妝品及有異狀時，應立刻停用。
6. 使用時盡量用刮棒。
7. 勿囤積化妝品，不可分裝到其他容器內。

8. 皮膚有異常時需停止使用。

9. 需注意擦香水的方法。

10. 勿放置於幼童可把玩的地方。

11. 對不可接近火源的化妝品須多留意，如古龍水、噴霧式產品。

12. 倒取化妝水時，化妝棉不可接觸瓶口，以免棉絮落入瓶中。

（二） 噴霧式化妝品的注意事項

1. 不要對著火噴。

2. 勿將空罐子投入火中。

3. 一定要完全使用乾淨。

4. 不要噴向眼睛周遭或黏膜。

5. 使用時距離需保持 10~20 cm。

6. 勿放置在高溫處所（40℃以上）。

7. 要注意勿直接吸入噴出來的氣體。

8. 不要同一部位連續噴霧 3 秒鐘以上。

9. 不要在有瓦斯爐、火爐及有火的地方或暖風扇附近使用。

（三） 化妝品保存的方法

1. 不可長期放在燈光太強的地方，太高溫或低溫皆不適宜，避免陽光直接照射。

2. 化妝品一打開使用後就應盡快使用完，尤其是季節性化妝品，長時間打開會變色、變質。

3. 使用後蓋子一定要蓋緊，不蓋緊會使香味變淡，水分、酒精易揮發，空氣中的雜菌、灰塵也易掉進去，而使化妝品變質。

 **小試身手**

一、選擇題

（ A ） 1. 在乳化型保養品中，乳液的比例較高，屬較清爽型的乳液是下列何種？
(A) O/W　(B)乳霜　(C) W/O　(D)以上皆非

（ C ） 2. 氧化分解麥拉寧色素以下列哪種為代表，效果最佳？　(A)維生素 C　(B)維生素 E　(C)過氧化氫　(D)以上皆是

（ D ） 3. 物理性防日曬：常用的防曬劑有哪些？　(A) ZnO、TiO₂　(B) ZnO、二氧化矽、氧化鋁　(C)二氧化鈦、氧化鋅　(D)以上皆是

（ B ） 4. 香水以含香精油比例可分為 5 等級，濃香水以含香精多少？　(A) 10%以上　(B) 20%　(C) 15~20%　(D) 8~15%

（ A ） 5. 古龍水含香精約多少？　(A) 4~8%　(B) 15~20%　(C) 15~20%　(D) 20%以上

（ A ） 6. 保養乳液中，不得含有下列哪種成分？　(A)類固醇、荷爾蒙類　(B)維生素　(C)香料　(D)界面活性劑

（ D ） 7. 易引起化妝品變質的因素有下列哪種因素？　(A)灰塵、空氣　(B)陽光　(C)細菌、黴菌　(D)以上皆是

（ B ） 8. 如使用化妝品有紅、腫、癢時應如何處理？　(A)用化妝水來濕布　(B)應立即停止使用　(C)用大量冷水來濕布　(D)立刻換牌子

（ A ） 9. 化妝品保存在何種溫度的環境中最適宜？　(A) 25℃　(B) 10℃　(C) 5℃　(D) 30℃

（ B ）10. 柔軟水的 pH 值屬於　(A)強酸性　(B)弱鹼性　(C)中性　(D)以上皆非

（ B ）11. 適合中性、乾性皮膚使用的是下列何種？　(A)收斂化妝水　(B)柔軟化妝水　(C)滋潤化妝水　(D)美白化妝水

（ A ）12. 按摩時應該使用　(A)按摩霜　(B)清潔霜　(C)面霜　(D)清潔乳

（A）13. 乳化的油質霜其水和油的狀態為　(A) W/O　(B) O/W　(C)水在油中　(D)油在水中

（A）14. 適合油性皮膚使用的是　(A)收斂化妝水　(B)柔軟化妝水　(C)滋潤化妝水　(D)美白化妝水

（A）15. 防曬劑需每隔多少時間使用一次，以維持防曬效果？　(A) 2~3 小時　(B) 4~5 小時　(C) 5~6 小時　(D) 7~8 小時

（B）16. 使用含汞的化妝品在短期內可使皮膚變白，但使用之後卻會產生　(A)肝毒性　(B)腎毒性　(C)排尿障礙　(D)過敏現象

（A）17. 下列何種製劑可決定保養產品的穩定性？　(A)乳化劑　(B)防腐劑　(C)水　(D)色素

（C）18. 防曬指數的英文縮寫是　(A) P.S.D　(B) P.S.F　(C) S.P.F　(D) E.D.A

（B）19. 下列何種是柔軟水化妝水的功能？　①清潔毛細孔　②補充水分　③使皮膚變得光滑　④柔軟角質　(A)①②　(B)①②④　(C)①②③　(D)①②③④

（C）20. 在擦乳液之前應使用下列何種有助於乳液吸收的物質？　(A)按摩霜　(B)敷面劑　(C)化妝水　(D)清潔霜

二、問答題

1. 保養品使用目的為何？

2. 美白劑有哪些？

3. 防曬劑其主要功能及劑型有哪些？

Chapter 4 皮膚的保養

皮膚保養的目的是藉助適當保養皮膚，以維持皮膚構造及功能正常的新陳代謝，減少皮膚發生異常狀況。在提供臉部護理服務之前，美容師應將一切準備就序，準備工作包括美容院的場地設備及所有的用品及器具。專業美容師如動作俐落、不匆忙、態度輕鬆、工作迅速、對自己有信心，相對地顧客也會對美容師的專業技藝有信心。

4-1 皮膚保養的準備工作

專業護膚保養的事前準備工作列述如下：

一、工作區域的準備

臉部護理所需使用的物品要有條理的排列整齊，可依使用先後順序排列，使用器具及用品應包括下列各項：

1. 保養品部分

(1) 眼部、唇部卸妝液。

(2) 清潔乳或清潔霜。

(3) 收斂水、柔軟水、調理化妝水等。

(4) 按摩霜、去角質。

(5) 乳液或營養霜。

(6) 特殊保養品：如保濕劑、精華液、去疤膏、美白劑等。

(7) 敷面劑（依顧客所需而定）。

2. **用具部分**

(1) 挖杓。

(2) 棉花棒。

(3) 化妝棉。

(4) 棉墊或棉花。

(5) 毛巾、面紙。

(6) 洗臉海綿或棉質紗布塊(4×4 cm)。

(7) 白色毛巾或紙毛巾。

(8) 洗臉用品，如臉盆。

(9) 美容儀器。

(10) 罩單或大浴巾。

(11) 蓋被或大浴巾。

(12) 紙拖鞋。

(13) 垃圾袋、待消毒物品袋。

(14) 顧客皮膚資料卡及筆。

(15) 素色頭巾、肩巾、背巾、足巾各一條（足巾須做不同的區別）。

二、美容從業人員與顧客的事前準備工作

（一）美容從業人員

1. 剪短指甲。

2. 身上不要抹香水。

3. 耐心、沉著、集中精神。

4. 工作服要乾淨、舒適、寬鬆、戴口罩。

5. 要洗淨雙手、擦乾、搓暖、除去手上飾品。

（二）顧客方面

1. 室溫調整在 24~27℃。

2. 請顧客更換美容衣、備紙拖鞋。

3. 請顧客取下耳環、眼鏡、項鍊、手錶等所有飾品，並請顧客自行保管。

4. 按摩部位需完全支持與放鬆。肢體近端勿有束緊的衣物。

三、美容椅的使用

1. 應確認美容椅能正常使用。

2. 在美容椅鋪上清潔的罩單或浴巾，使顧客的皮膚不直接接觸美容椅。

3. 要讓顧客安全、舒適的躺下，再披覆蓋被或浴巾。

4. 顧客的頭髮、肩膀、雙腳應以毛巾做適當的保護，避免直接與美容椅接觸。

5. 技術者的位置：身體中心點要正對著顧客的頭部。

6. 技術者與顧客的頭部，要保持約一個拳頭的距離。

7. 背脊要伸直，手肘要稍稍擴張。上半身不要靠向顧客的臉。

8. 按摩時能舒適懸臂及柔軟移動手腕，並能配合半身有韻律感的進行手技按摩。

四、頭巾、肩巾及足巾的使用

（一）包頭巾

　　包頭巾的目的是避免在護膚過程中，保養品沾染到顧客的頭髮。同時在操作過程也較方便。實施程序如下：

1. 包頭巾前要考慮拿下毛巾時不會破壞髮型。

2. 調整頭巾，使顧客的頭部位於頭巾中間。

3. 將顧客的頭髮全部往後向頭頂處攏起（圖 4-1）。

4. 毛巾重疊後，反折約 1 公分，讓它不會鬆掉，再以雙手將毛巾向後拉至快接近額部髮際處，並將耳朵露出（圖 4-2）。

5. 可用髮夾在前額或兩側做局部固定（圖 4-3）。

6. 詢問顧客，頭巾的鬆緊是否合宜，以免太鬆而鬆脫，或因太緊而造成顧客不舒服。

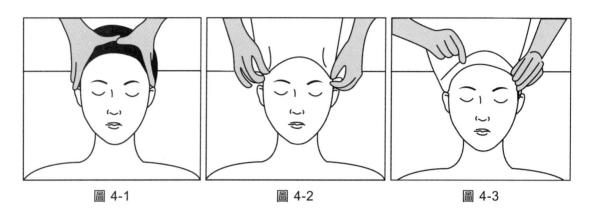

圖 4-1　　　　　　　　　圖 4-2　　　　　　　　　圖 4-3

（二）蓋肩巾

■ 蓋肩巾之目的

在為顧客做頸部、肩膀、前胸按摩保養時，避免保養製品沾染到美容衣的衣襟。

■ 實施的程序

1. 一字形肩巾

(1) 將肩巾弄平整理好（圖 4-4）。

(2) 取一長方形毛巾，將上緣折入美容衣的衣襟內（圖 4-5）。

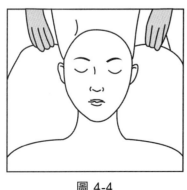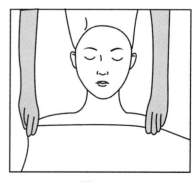

圖 4-4　　　　　　　　　　　　　　圖 4-5

2. V 字形的肩巾

　(1) 將長方形毛巾其一端的上緣折入美容衣的衣
　　　 襟內。

　(2) 將長方形毛巾的下緣向上，往顧客的另一肩膀
　　　 翻轉（圖 4-6）。

　(3) 再將被翻轉上來之毛巾下緣折入衣襟（圖 4-7）。

　(4) 最後再將肩巾弄平整理好。

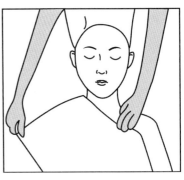

圖 4-6

（三）包足巾

1. 包足巾之目的：避免顧客的足部直接接觸蓋被，以
　 免足部皮膚病之傳染。

2. 包足巾之方法

　(1) 可做成腳套式。

　(2) 用長方形毛巾，將其兩端分別包覆顧客的左、
　　　 右腳。

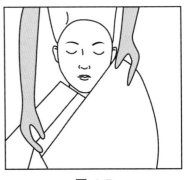

圖 4-7

五、面紙的折法

　　常見有兩種折法，可依個人喜好與方便擇一採用，分別如下：

1. 三角形

　(1) 將面紙折成三角形
　　　 後，夾在無名指與小
　　　 指間（圖 4-8c）。

　(2) 以拇指按住其中一端
　　　（圖 4-8d）。

　(3) 捲起來包住四指，以
　　　 拇指按住（圖 4-8e）。

　(4) 將前端向大拇指處折
　　　 起，並用大拇指按住
　　　 面紙，以免面紙鬆掉
　　　（圖 4-8f）。

(a)　　　　　　(b)　　　　　　(c)

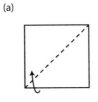 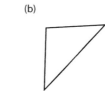 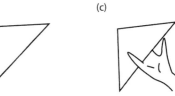

(d)　　　　　　(e)　　　　　　(f)

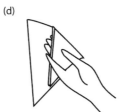 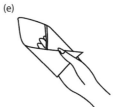 

圖 4-8　將面紙折成三角形的方法

2. 長方形：將面紙折成長方形的方法如圖 4-9 所示。

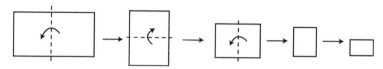

圖 4-9　將面紙折成長方形的方法

六、重點卸妝的方法

（一）眼部卸妝

1. 將眼部卸妝液倒在化妝棉上，放置眼瞼部數秒鐘（讓卸妝液充分溶於眼影）。

2. 將眼部卸妝液倒在化妝棉上，化妝棉放置睫毛上數秒鐘，等充分溶解睫毛膏後，再從睫毛的根部向睫毛前端擦拭（須多次反覆擦拭，才能完全洗落睫毛膏）。

3. 卸除眼線時可用棉花棒沾卸妝液，或用化妝棉折成四折，使用折角的部分，從眼尾向眼頭，再從眼頭至眼尾來回拭除（中指與無名指輕輕將上眼瞼往上拉，使眼皮部位露出）。

4. 下眼瞼之眼線以同樣方式拭除。可用中指或無名指輕揉的向橫的方向輕輕拉。同時請顧客將眼睛稍上看。

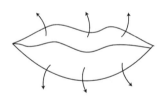

5. 另一邊的眼部位，以同樣的順序及手法進行。

（二）重點部卸妝

圖 4-10　唇部卸妝

1. 唇　部

   (1) 先將化妝棉折成二疊或三疊。交互換面使用，可從左邊口角至右邊口角，依下唇、上唇的順序擦拭。

   (2) 唇部的縱紋內如有殘留的唇膏時，把口角斜斜往上拉，再以化妝棉角（可折成四折），縱向的擦拭（圖4-10）。

2. 眼部：以眼部專用的卸妝油或液，徹底清除眼部（圖4-11）。方法如（一）眼部卸妝。

圖 4-11　眼部重點卸妝

七、臉部清潔

1. 乳液狀或面霜狀清潔乳的推抹方法
   (1) 如是液狀，可倒在小盤子或小碗上；面霜狀則用挖杓取出適量在手上。
   (2) 用右手指腹沾取適量點在額部、鼻尖、兩邊臉頰、下巴、頸部、前胸，再加以推抹，推抹動作如圖 4-12、4-13、4-14。

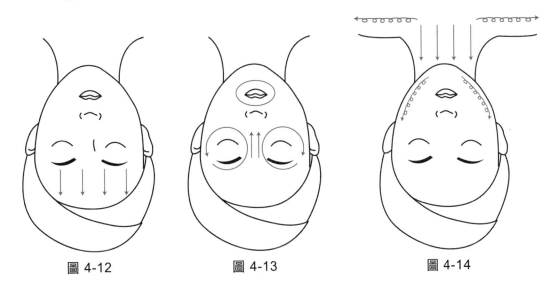

圖 4-12　　　　　　　　圖 4-13　　　　　　　　圖 4-14

2. 再做卸妝洗臉動作，方法如圖 4-15 到圖 4-21（皮膚清潔步驟如下）。

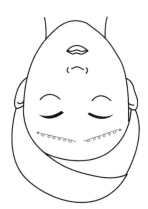 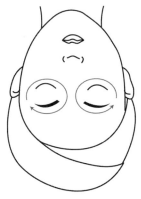 

圖 4-15　清潔乳在
額部的清潔方向

圖 4-16　清潔乳在
眼部的清潔方向

圖 4-17　清潔乳在
鼻子的清潔方向

圖 4-18　清潔乳在臉頰的清潔方向

圖 4-19　清潔乳在嘴部周圍的清潔方向

圖 4-20　清潔乳在下巴的清潔方向

圖 4-21　清潔乳在頸部的清潔方向

3. 面霜拭除法：用化妝紙由眼部開始，依圖 4-22 的順序，
   仔細擦拭每個部位，尤其鼻子、眼睛周圍、髮際處要仔
   細的清除乾淨。

八、化妝棉拿法及化妝水使用方法

（一）化妝棉拿法

　　將化妝棉橫放在中指指腹部，另以食指及無名指夾住。

（二）化妝水的使用方法

1. 左手將瓶子拿起，瓶子正面應朝外，右手拇指、食指打
   開瓶蓋。

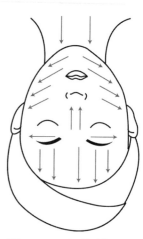

圖 4-22　面霜拭除法

2. 將商標向外，可讓顧客明瞭所使用的化妝水。

3. 取適量化妝水倒在化妝棉上，並立即將瓶蓋拴上。注意：使用化妝水或乳液時，勿將瓶口接觸到化妝棉，以免棉絮掉入，而使產品變質。

4. 化妝水擦拭程序如圖 4-23，順序如下：

    (1) 將二片化妝棉重疊，化妝水倒在化妝棉上，用食指與無名指夾住，由內往外擦，額頭及頸部由下往上擦拭。

    (2) 依下列順序擦拭：額頭 → 眼睛周圍 → 鼻子 → 頰部 → 唇部 → 頸部 → 下顎 → 前胸→ 兩耳。

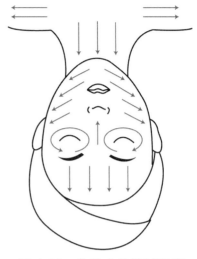

圖 4-23 化妝水的擦拭順序

九、乳液與面霜的擦法

1. 面霜的擦法：用指腹沾取面霜後，在臉部的額部、鼻頭、兩頰下巴點上，再從臉部的中心向外側至全臉均勻的推抹。依顧客需要也可擦到頸部。

2. 乳液的擦法：將倒在化妝棉上的乳液先點在兩頰上，再從額頭依序擦勻，與化妝水同樣順序。依顧客需要也可擦到頸部。

十、皮膚分析

為顧客卸妝後，清潔臉部之後，肉眼可仔細觀察，必要時可用皮膚檢查燈或冷光燈等儀器來輔助。

十一、填寫顧客皮膚資料卡

填寫顧客資料卡，藉由顧客留下電話、地址，可與顧客保持聯繫，記載的護膚日期、皮膚狀況、所用的保養品、所購買的產品、所做的服務項目等，都可提供美容從業人員作為日後加強及改善服務的參考依據。市面的樣卡很多，現舉二例供參考（表 4-1 及表 4-2）。

🍃 表 4-1　顧客皮膚資料卡（發給應檢人）

術科編號：　　　　　　　　組別：□A　□B　□C　□D（請勾選）

顧客姓名		建卡日期		婚姻	□已婚
		電話			□未婚
通訊地址				年齡	歲
職業別	□1.學生　□2.職業婦女　□3.家庭主婦　□4.其他				
皮膚類型	□1.中性　□2.油性　□3.乾性　□4.混合性				

1. 皮膚狀況	請於下表中勾出模特兒皮膚狀況，並在右圖臉上依下表指定符號標示出來。

皮膚狀況	項　目	表示符號
	粉　刺	以〝○〞表示出。
	毛孔粗大	以〝●〞表示出。
	痤　瘡	以〝×〞表示出。
	黑雀斑	以〝△〞表示出。
	敏　感	以〝＊〞表示出。
	皺　紋	以〝／〞表示出。
	乾　燥	以〝＃〞表示出。

2. 保養程序	根據模特兒皮膚類型與狀況，配合本次檢定護膚流程，選用下列化妝品，並以化妝品前編號寫出使用程序：1.特殊保養產品（請自行寫出），2.按摩霜，3.去角質霜，4.乳液（或面霜），5.敷面霜，6.清潔用品，7.化妝水。
3. 居家保養之建議事項	1.保養品使用方面： 2.飲食起居方面：

資料來源：美容乙級技術士技能檢定術科規範(2007)。

🌿 表 4-2　親密顧客資料卡

NO：	登錄時間：　年　月　日

姓名：	出生年月日：　年　月　日
職業：	血型：
地址：	

電話：(H) 　　　(O)	未 已　婚　子女　人

身體狀況	□循環正常　□腸胃疾病　□腎臟疾病　□心臟疾病　□時常 □婦女病（含妊娠）　　□其他_____　　　　□偶爾　經痛
運　動	□經常　　　□偶爾　　　□沒有　喜歡哪些運動：_____
睡　眠	每天平均睡_____小時　　就寢時間：_____
飲　食	菸酒：□每天　□偶爾　□很少　　酸辣：　　□每天　□偶爾　□很少 甜食：□每天　□偶爾　□很少　　咖啡、茶：□每天　□偶爾　□很少 蔬果：□每天　□偶爾　□很少　　開水：　　每天_____杯
化妝品	幾歲開始用化妝品： 使用過哪些產品： 目前使用品牌： 有沒有到護膚中心接受保養的經驗：□沒有　□有，多久前_____
如何知道本店	□朋友介紹　□無意中發現　□廣告 DM　□其他_____
煩　惱	現在最希望治療的部分：

以下美容師填寫

部位 ＼ 皮膚狀況	中　性	油　性	乾　性	混合性	過敏性	其　他
額　頭						
鼻　周						
兩　頰						
下　巴						
眼　下						

皮膚症狀（代號）：

1.黑白頭粉刺	2.青春痘	3.暗　瘡	4.膿　疱	5.毛孔粗大阻塞	6.凹　洞	7.疤　痕	8.肉　芽	9.桔　子
10.角質硬化	11.脫　皮	12.缺水敏感	13.雀　斑	14.黑　斑	15.黑皮症	16.皮膚鬆弛	17.皺　紋	18.老　化

🍃 表 4-2　親密顧客資料卡（續）

顧客回店記錄

回店日期 ＼ 服務項目												備　註
色彩化妝	1											
	2											
	3											
	4											
	5											
臉部保養	1											
	2											
	3											
	4											
	5											
身體保養	1											
	2											
	3											
妊娠紋	1											
	2											
	3											
健　胸	1											
	2											
	3											
減　肥	1											
	2											
	3											

表 4-2　親密顧客資料卡（續）

護膚診療卡

日期	美容師簽名	診療部位	診療效果（程度）	購買商品（貨號）	顧客簽名	備註
		臉 ＿＿＿＿＿ ＿＿＿＿＿ ＿＿＿＿＿ ＿＿＿＿＿ 身體＿＿＿＿＿ ＿＿＿＿＿ 化妝＿＿＿＿＿ ＿＿＿＿＿				
		臉 ＿＿＿＿＿ ＿＿＿＿＿ ＿＿＿＿＿ ＿＿＿＿＿ 身體＿＿＿＿＿ ＿＿＿＿＿ 化妝＿＿＿＿＿ ＿＿＿＿＿				
		臉 ＿＿＿＿＿ ＿＿＿＿＿ ＿＿＿＿＿ 身體＿＿＿＿＿ 化妝＿＿＿＿＿ ＿＿＿＿＿				

資料來源：瑞士嫩若，大餘貿易有限公司提供。

4-2 皮膚保養方法

居家皮膚保養與專業護膚兩者的程序不一樣，保養手技程序不拘，但皆需依肌肉紋理方向。至於使用日式、歐式、美式或綜合手法，可綜合應用。其護膚的原理皆同。

一、基本保養

每天早晚需做的基本保養步驟如下：

（一）清潔（洗臉）

如只用清水是無法將臉部的汙垢洗掉，須使用清潔品，現將不同用品及膚質的潔膚方法簡述如下：

■ 正確的洗臉法

1. 水溫：洗臉時建議用軟水，因無含礦物質，硬水則含有礦物質，因礦物質會滲透到毛孔內去，長期不斷的使用會妨礙皮脂的分泌，另洗臉的水溫應以溫水較適宜，因如洗冷水，易引起血管急速的收縮，減少皮脂腺的分泌，如使用香皂不易溶化，油汙洗不乾淨。溫度過高，則易使皮膚鬆弛，日久易產生皺紋，也減低皮膚的抵抗力，溫水能使血管擴張，刺激皮膚加速血液循環。因此洗臉時水溫以 30℃左右最適宜。使用溫水後，再以冷水 20℃左右來沖洗，可達收縮毛孔的效果。

2. 清潔乳洗臉法：乳劑型倒在手掌上，像面霜般的推開，擦拭時與面霜擦拭方法一樣。如是化妝水型，則倒在化妝棉上擦拭。

3. 蒸氣洗臉法：主要是利用蒸氣，使臉部毛細孔張開，讓蒸氣的熱慢慢的進入臉部毛孔內，將汙垢徹底清除，但此種方法須在沒有化妝的狀況下才可使用。使用方法如下：
   (1) 先用卸妝液將眼、唇部位拭除。
   (2) 用蒸氣蒸約 2 分鐘讓肌膚的汙垢溶入洗面霜中之後拭除。
   (3) 用毛巾輕拍，吸去殘存的水分，不能用擦的。

4. 香皂洗臉法：將洗面皂或香皂放在手掌上加水使其產生泡沫，以微溫的水將臉上的泡沫加以清洗。

■ **不同膚質的洗臉方法**

1. **中性肌膚的洗臉法**：此類型肌膚健康有光澤，紋路也柔細而濕潤，會隨著季節變化如冬天乾燥、夏天多油等情況，因此須藉著保養產品，方法如下：中性肌膚的人有些在 T 型區如鼻子、上額會稍傾向油性肌膚，眼睛四周會傾向稍乾性，因此，建議洗臉時可先由 T 型區域開始洗，然後逐漸的推抹雙頰部位，至整個臉部。保養品或洗臉用品要配合年齡及季節性的選擇。避免過於濕潤或清爽的類型。

2. **乾性肌膚的洗臉法**：水分及油分都少的肌膚，紋路細，毛孔小，沒有光澤而乾燥，易脫皮，方法如下：

    (1) 洗臉要用溫水。

    (2) 熱水會除去過多的皮脂，因此洗臉後肌膚易緊繃。

    (3) 以溫和方式洗臉，不要去除過多皮脂。

    (4) 洗臉時如用面霜類，沾的量要適量，同時要輕柔的拭除。如使用量過少，就易造成與肌膚「摩擦」、「擦拭」等物理性的刺激，而且汙垢也無法充分地拭除。

    (5) 使用水洗類型的洗臉品時要輕柔的洗。

    (6) 不要只用冷水洗臉，易使皮膚機能轉弱，使肌膚更加乾燥。

    (7) 洗臉後，要先擦上柔軟化妝水，即可使肌膚濕潤而減少緊繃感。

3. **油性肌膚的洗臉法**：因毛孔較大、紋理較粗、皮脂分泌旺盛，易附著灰塵細菌，而使毛孔受到汙染，洗臉方法如下：

    (1) 洗臉時使用溫水較易清除汙垢。

    (2) 在 T 型部位如額部、鼻子、下巴等，皮脂分泌較為旺盛，以按摩方式仔細的清洗。

    (3) 除了早晚洗臉外，白天如有出油嚴重也可再視狀況而洗臉。

    (4) 在眼睛周圍因較脆弱，注意勿過度清洗而使之變得乾燥。

■ **洗臉時應注意事項**

1. 洗臉時以軟水、溫水為佳。

2. 洗臉之前如能先用濕溫毛巾敷臉，會更易徹底洗淨肌膚。

3. 洗臉時如使用刷子，其材質應避免太硬，以免刺激過強。

4. 洗臉後勿忘了保養，因此時是補給養分最好的時機。

（二）化妝水的使用方法

將化妝棉夾在中指，再以食指與無名指夾住，沾取一茶匙量的化妝水，由內往外，以擦拭的方式使用（見前圖 4-23）。

（三）乳液或日晚霜的使用方法

乳液沾取約一茶匙量，以推抹的方式使之融入皮膚。霜類用挖杓取出適量以推抹的方式擦勻全臉。

二、個人特殊保養

可依個人的內外在因素及皮膚狀況而選擇特殊保養。

1. 重點卸妝：用眼、唇部專用的卸妝液或油。

2. 卸妝：取適量卸妝乳或卸妝油、卸妝蜜等均勻推抹於臉部，將汙垢或粉底溶解。

3. 洗臉：選用適合個人膚質的清潔用品，在臉部、頸部均勻清潔。

4. 柔軟與收斂水：選適合膚質的化妝水，適量倒在化妝棉後，再擦拭或輕拍全臉及頸部。

5. 日晚霜：可用來加強保濕，以維護皮膚的潤澤及彈性，防止皺紋加深，用挖杓取約一粒紅豆大小的用量，在臉上輕輕抹勻。

6. 調理按摩霜：以皮膚性質選擇，可促進新陳代謝，防止皮膚老化、鬆弛，使肌膚更具活力、朝氣。

7. 調理敷面霜：能維持肌膚彈性及張力、光滑滋潤的效果。

小試身手

一、選擇題

（B）1. 卸妝時，應由下列哪個部位先行卸妝？ (A)額頭 (B)眼、唇 (C)雙頰 (D)下巴

（B）2. 清潔肌膚的程序，下列何者敘述正確？ (A)化妝水先 (B)先使用清潔乳／霜 (C)敷面劑 (D)去角質

（B）3. 洗臉宜使用何種水質為宜？ (A)溫水 (B)軟水 (C)硬水 (D)熱水

（A）4. 臉上有化妝時，洗臉時應先如何？ (A)先卸妝再洗臉 (B)僅用溫水 (C)可直接用洗面皂洗 (D)使用蒸氣洗臉

（C）5. 暫時隔絕空氣可使毛孔收斂，以達到保養效果的是 (A)乳液 (B)清潔 (C)敷面 (D)蒸臉

（A）6. 蒸臉器的用水，須以 (A)蒸餾水 (B)礦泉水 (C)碳酸水 (D)自來水

（C）7. 最適一般肌膚的洗臉水溫是 (A) 0℃ (B) 10℃ (C) 30℃ (D) 50℃
（85 年保甄）

（A）8. 下列何者是乾性皮膚的保養重點？ (A)多按摩 (B)多蒸臉 (C)使用收斂化妝水 (D)常洗臉
（87 年四技二專）

（C）9. 洗臉後應先使用 (A)乳液 (B)冷霜 (C)柔軟化妝水 (D)面霜

（C）10. 下列皮膚的保養敘述何者正確？ (A)乾性皮膚不宜常做按摩 (B)乾性皮膚洗臉後應先用收斂性化妝水 (C)油性皮膚宜多補充維生素 B_2、B_6 的食物 (D)油性皮膚不宜選用收斂性化妝水

二、問答題

1. 乾性肌膚的洗臉方法為何？

2. 化妝水的使用方法？

Chapter 5 | 按摩的認識

雖然隨著化妝品科技的進步，廠商不斷強化高功能的商品，但若能再加上按摩來加強新陳代謝，則會使皮膚更加光滑細緻。茲將按摩對皮膚的好處，以及按摩的歷史、簡易按摩手法、手技按摩的效果等，分別敘述如下。

5-1 按摩的好處

按摩對臉部護理是非常重要的，可帶給顧客心理及生理的幫助。一般沙龍美容工作室，所使用的按摩手法很多，不過只要不斷的練習，就能熟悉此一專業技能。按摩時間不宜太長，力道也要適度，一切以顧客的舒適著想，適當的按摩對皮膚的好處有以下幾點：

1. 按摩可使皮膚更柔軟、滑順，使肌肉更健康，延緩皮膚老化。

2. 肌肉纖維更營養、健全。

3. 按摩可幫助消耗組織內過多的液體，而減低皮膚發生膨脹及下陷的情況。

4. 可減少皮下組織的脂肪細胞，使肌膚結實。

5. 按摩可使神經得到安撫及休息，使顧客充滿活力，恢復信心。

6. 按摩可使肌肉鬆弛，減輕肌肉的疼痛。

7. 可使表面壞死細胞及其他殘留物鬆散，易清除，使皮膚更加健康。

8. 按摩能促進血液循環，血液可將氧分帶至細胞，使細胞成長，也可將廢物及二氧化碳帶出體外，而保持皮膚乾淨。

9. 按摩可改善皮膚的外觀，可增加皮脂的分泌，有助於維持細胞適當的水分，有適當的水分可改善膚質，使皮膚更滋潤、更年輕。

10. 按摩可促進血液循環，增加體溫，同時也增加皮脂及汗液的分泌而使毛孔打開，使汗垢、油質等廢物及其他不潔物較易清除，使肌膚更加健康、漂亮、乾淨。

11. 讓日常的保養能效果加成，使肌膚不會暗沉無光澤，使上妝能持久，讓膚色更加亮麗。

12. 能使皮膚放鬆，解除緊張，預防肌肉衰老。

5-2　按摩的歷史

按摩"massage"的語源，出自於希臘語"masso"與"mash"，其意是「我在搓揉」也就是「慢慢的推動」。

在紀元前 3000 年，中國人的祖先就有了按摩術，在中醫方面，經由對人體各個經絡不斷的研究，而發展出揉、捏、搓、推等按摩手技。之後又傳到日本，日本人又將其方法加以改良、創新，應用手指力道加壓在經絡的交會點上，以刺激神經，改善血液循環，稱為「指壓術」。

在紀元前 3 世紀時，希臘有位醫師就採用按摩及運動的方法來減輕因運動後疲勞或運動傷害，紀元前 5 世紀時，希波克拉底(Hippocrates)醫師曾提出「適度的搓揉可使太緊或太鬆的關節恢復正常，中等的力道可增加肌肉的彈性」，同時也認為每位醫師都應接受按摩訓練。可見當時按摩已受到重視。

羅馬沿襲了希臘的沐浴法及按摩術，也應用在促進血液循環及清除局部水腫的治療上，醫師也發現：按摩時，向上（向著心臟方向）揉搓比向下揉搓來得有效。

在第一次世界大戰（西元 1914~1918 年）之後，因按摩被證實對受傷的治療有幫助，因此在各軍醫院中，以按摩來協助傷患復原，受到重視並廣泛的採用，漸漸發展成協助傷者復健，於是按摩就變成了醫學領域中物理治療的一種治療方法。

19 世紀末，此種技術經西歐東傳，並與中國漢方醫術結合，演變成今日的按摩技術。嚴格來區別，外來的按摩手法由末梢向著中心而來，傳統的按摩是由身體的中心向著末梢按摩。

依據身體的構造及活動能力，又發展出許多不同的按摩方法，常見的幾種方法敘述如下：

1. 芳香按摩(aromatherapy massage)：在按摩過程中使用精油滲入皮膚。也可應用在臉部的精油。

2. 反射按摩(reflexology)：是一種施於手部或腳部的治療性按摩，如腳底按摩。做反射按摩可為美容部位帶來附加價值。

3. 穴道按摩：在身體的穴道上進行按摩，指壓則結合四肢的伸展與穴道之施壓。如臉部及頸部的運動點都是有穴道的。在進行臉部按摩可應用此穴道按摩的技巧。

4. 瑞典式按摩(Swedish massage)：以一連串的按摩動作實施深層的肌肉按摩，大部分臉部的按摩都應用此一技巧。

5. 淋巴引流按摩：在淋巴系統上輕施壓力，可使廢物更快排出體外。

大多數的臉部按摩都結合芳香按摩、反射按摩、穴道按摩、瑞典式按摩等，為顧客做最好的服務。

5-3 簡易按摩方法

按摩能消除神經疲勞、緊張，使皮膚放鬆，預防肌肉衰老等效果，按摩前必須要有正確的美容知識，認識正確的按壓穴點，瞭解肌肉的紋路走向，臉部神經叢的分佈，且須依照肌肉生長的方向移動手指，運用熟練的按摩技巧。簡易按摩包括按摩前的手部運動，臉部肌肉紋理及神經分佈，按摩的基本動作及操作要領，及按摩的方法、效果、程序等，分別說明如下：

一、按摩前的手部運動

手部的柔軟性、速度的快慢，都會影響被按摩者的感覺與情趣。如要保持手部的靈活要多做手部的柔軟動作。以下的手部運動可改善雙手的靈活程度：

1. 抓球運動：雙手握拳與胸平齊，假想手中握有一小球，盡量握緊拳頭，然後假想把小球丟開，把手指伸開（圖 5-1a），從 1 數到 5。可重複 10~20 次。

2. 甩手運動：雙手齊胸，用力搖動（圖 5-1b），大約數 20~25 下即可。此運動可使手部柔軟靈活，增進血液循環，可使手部溫暖感。

3. 按摩手指：由左手的拇指開始按摩每一根手指，從指關節至指尖，直到每根手指都有按摩為止（圖 5-1c）。右手的所有手指也是同樣的按摩。此運動可促進血液循環，手部溫暖及柔軟。

4. 壓掌運動：雙手的手指需併攏，手掌盡量後壓手指直到極限（圖 5-1d）。

5. 手腕繞圈運動：雙手握拳，兩肘靠近身體，做腕關節及手部的運動（圖 5-1e）。

6. 雙手合掌做祈禱姿勢，然後將手置於胸前，盡量向下施壓力，保持合掌，直至下臂與手腕有感覺為止。

7. 手背互靠，手指互扣，施力使腕背互碰，並拉向手指。

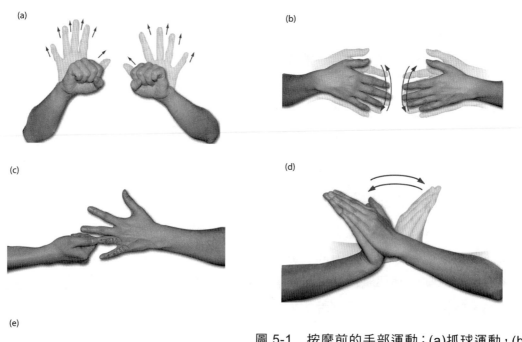

圖 5-1　按摩前的手部運動：(a)抓球運動，(b)甩手運動，(c)按摩手指，(d)壓掌運動，(e)手腕繞圈運動

資料來源：周志堅等譯(1995)。

二、臉部的肌肉及神經

　　臉部肌肉紋理的分佈方向各有不同，皺紋及鬆弛易發生在與肌肉方向成直角之處，因此在按摩時必須瞭解各部位的肌肉走向與牽動的狀況及神經層的分佈。

（一）按摩要順著肌肉生長的方向

　　因皺紋及鬆弛是針對肌肉的生長方向成垂直現象，因此按摩須順著肌肉紋理（圖5-2），說明如下：

1. 額部的肌肉是縱的紋路成長，因此要直的由下往上推或斜著半圓形由內往外的方向來做按摩。

2. 眼睛周圍的眼輪匝肌的走向是繞著眼睛周圍環狀紋理，因此要順著環狀紋理，用包著眼睛的方式來按摩。

3. 臉部肌肉是斜向的紋路，因此要斜著往上或以斜向畫螺旋的方法做按摩。

4. 口角周圍的肌肉是口輪匝肌走向，也呈環狀紋理，因此以用包著口角周圍的方法來按摩。

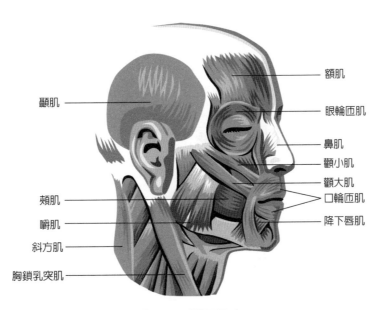

圖 5-2　顏面肌肉

（二）臉部的神經分佈

臉部神經主要有顳神經（太陽穴）、顏面神經（耳下）、眼神經（眉頭之下）等（圖 5-3），臉部神經頰部分支有鼻神經、上唇方肌神經、口輪匝肌神經，臉部下頷分支有口部三角肌神經、下唇方肌神經、頸神經。

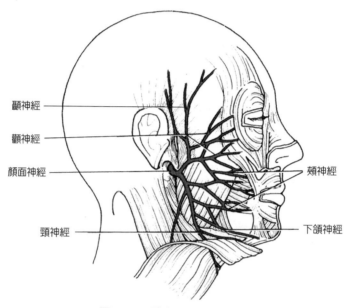

顳神經
顴神經
顏面神經
頰神經
頸神經
下頷神經

圖 5-3　臉部的神經分佈

資料來源：人體解剖學，高秀來、于恩華主編(2003)。

三、按摩的基本動作及操作要領

（一）按摩的基本動作

1. 撫摸：輕擦法是觸壓刺激，間接或直接的刺激，可促進血液或淋巴液的循環，具有放鬆肌肉及安撫神經的效果。

2. 敲打：藉著有節奏的振動刺激，來促進血液循環及新陳代謝，增加肌肉之收縮，而有效的消除肌肉的疲勞。

3. 震動動作(vibration)：用手指頭穩穩的壓在按摩的部分，利用手臂肌肉迅速收縮動作而做成震動的效果，每一按摩點只能施予數秒鐘。也可利用電子震動按摩器來代替。

4. 按壓－壓迫法：按壓時須慢慢的壓，施予一定的壓力，再緩慢的解除力道，按壓時間以 3~5 秒最適合，按壓的力道或增加力量的大小及時間長短的不同，其效果也一樣。如持續長時間的按壓，是具有鎮靜作用，如反覆短時間按壓，則有亢進作用。

5. 揉搓法：主要都是以肌肉為主要對象。藉著刺激淋巴腺、血管來促進動靜脈、淋巴液的循環，以增進肌肉的新陳代謝。除可消除肌肉疲勞之外，並具預防肌肉鬆弛的功效。

（二）按摩的要領

　　按摩時除肌肉紋理、神經分佈的瞭解，同時也須注意以下幾點：

1. 力量強弱要適中。

2. 手指移動方向要順著肌肉的紋理，以臉的中心向外移動，皮膚的下方向上方移動，只有鼻子部位由上往下移動。

3. 使用的手指：主要是無名指與中指，因兩指可柔軟的碰觸肌膚，可平均力量施以力道。

4. 速度：基本上與脈搏的速率相同來進行，配合按摩目的，速度可調整。

5. 回數：按摩的回數，基本上一個動作以 3~6 回的程度，每一回數的力道要相同，可配合顧客肌肉及肌膚的狀況來加減回數。

6. 按摩霜的使用：取適當的份量。

7. 時間：臉部按摩時間約 3~5 分鐘。

8. 其他方面
   (1) 皮膚敏感者，在按摩或是在擦拭面霜時，要特別放輕力量來進行按摩。
   (2) 按摩霜的拭除後，須乾淨，使肌膚沒有黏膩感。

四、簡易按摩的方法、效果及程序

　　簡易按摩是自己動手可做，以中指及無名指指腹在臉上滑動，藉助保養品來補給皮膚所需的油水及水分，以保持皮膚的彈性健康。約取 2 公克的按摩霜，均勻的塗抹在臉上，以中指及無名指第一關節在臉上滑動，時間約 3~5 分鐘後，再用面紙將面霜擦乾淨。現將方法、效果、順序分述如下：

（一）額　部

1. 方法：在額部中央，由下向上滑動，然後沿著髮際，滑止於太陽穴，輕輕的按壓（圖 5-4、5-5）。

2. 效果：可預防額部產生橫條皺紋，並紓解頭部的緊張。

圖 5-4　額部的按摩

圖 5-5　額部的按摩

（二）眼　部

1. 方法：以中指與無名指指腹，由眉頭→眉尾→眼尾→下眼袋→眼頭→眉，依序輕輕按壓，也可由眼角內側先輕按壓 3 次，然後再用手指輕輕的力量由上眼皮滑至下眼瞼，再回到原來的位置（圖 5-6、5-7）。

2. 效　果

(1) 可消除眼睛疲勞，間接紓解頭部緊張。

(2) 預防眼尾皺紋的產生，增加眼部的魅力。

圖 5-6　眼部按壓

圖 5-7　下眼皮滑至眉頭

（三）鼻 子

1. 方法（圖 5-8）

    (1) 以中指及無名指實施，在鼻樑兩側，由上向下輕擦。

    (2) 用手指置鼻翼兩側做順著鼻溝的劃半圓型的滑動。

    (3) 可重複 4~6 次

2. 效果：有助於改善鼻頭粉刺，預防鼻側皺紋。

（四）嘴角部位

1. 方法（圖 5-9）：利用中指及無名指的指腹，由下顎尖端向上推，將手指朝人中處
    放開，重複做 4~6 次。

2. 效果：預防嘴角下垂及皺紋的產生。

（五）臉頰部位

1. 方 法

    (1) 利用四隻手指及手掌，由下顎尖端稍用力向上推至眼尾下方，然後再將手由
        眼尾處放開，動作要大而柔，緩慢的放開，可重複 2~3 次（圖 5-10）。

    (2) 以拇指及中指指腹由下向上，以略向上彈的方式夾捏雙頰，可重複 2~3 次。

2. 效 果

    (1) 保持臉頰皮膚光滑細緻有彈性。

    (2) 防止臉頰鬆弛下垂。

圖 5-8　鼻子按摩

圖 5-9　嘴角按摩

圖 5-10　臉頰按摩

（六）下顎部位

1. 方法：以食指及中指分開，由右耳滑至左耳，再以食指及
   拇指從左邊再拉回來（圖5-11）。

2. 效　果

   (1) 可消除下巴多餘的贅肉。

   (2) 預防下巴鬆弛及雙下巴的形成。

（七）頸　部

1. 方法：利用雙手的手掌貼住頸部，由下向上，由頸部中央
   至兩側輕撫（圖5-12）。重複2~3次。

2. 效果：預防頸部產生橫條皺紋及肌膚鬆弛、下垂。

圖5-11　下顎按摩

（八）耳　部

1. 方　法

   (1) 可用拇指及食指的指腹以畫螺旋的方式由耳垂向上滑
   動4~6圈，再順著耳朵邊緣滑回（圖5-13）。

   (2) 以四指自耳後，把整個耳殼向耳前輕輕按壓，使呈閉合
   狀態，再慢慢的放開恢復原狀，可重複2~3次（圖5-14）。

2. 效果：保持耳朵血液循環良好。

圖5-12　頸部按摩

圖5-13　耳部按摩

圖5-14　耳部按摩：整個耳殼向耳前輕按壓

小試身手

一、選擇題

（B）1. 臉頰的肌肉是呈何種方向？　(A)橫向　(B)斜向　(C)縱向　(D)環狀

（C）2. 額頭的肌肉是縱的紋路成長，因此按摩時應採用何種方式　(A)弧狀滑動　(B)橫的由右往左　(C)直的由下往上　(D)直的由上往下

（C）3. 按摩時　(A)跳動多變化　(B)慢速有力　(C)輕柔緩慢　(D)重壓點

（B）4. 對淋巴最有效的按摩法是下列何種？　(A)叩打法　(B)輕壓法　(C)揉捏法　(D)摩擦法

（A）5. 皺紋最易出現在肌肉紋理哪個地方？　(A)垂直的地方　(B)平行的地方　(C)重疊的地方　(D)以上皆非

（A）6. 顏面皺紋常與肌肉筋脈生長的方向呈何種形態？　(A)垂直　(B)平行　(C)逆向　(D)同向　　　　　　　　　　　　　　　　　　　（85 四技二專）

（B）7. 下列何者不是按摩的功效？　(A)促進血液循環　(B)降低皮膚溫度　(C)促進皮膚張力和彈力　(D)延緩皮膚老化

（B）8. 為客人按摩時，按摩動作宜採用　(A)揉　(B)輕撫　(C)捏　(D)壓點

（D）9. 按摩可以影響的生理功能有哪些？　(A)促進血液循環　(B)使體溫上升　(C)促進淋巴循環　(D)以上皆是

（A）10. 按摩的禁忌有哪些？　①受傷皮膚　②面皰皮膚　③油性皮膚　④過敏皮膚　(A)①②④　(B)①②　(C)①③　(D)②③④

（B）11. 下列何者不是手技按摩的功效？　(A)消除疲勞　(B)去除黑眼圈　(C)清除堵塞毛孔內的汙垢　(D)增進皮膚的抵抗力　　　　　　（87 保甄）

（D）12. 下列何種皮膚情況不適合進行按摩？　(A)疲勞　(B)老化　(C)敏感性皮膚　(D)曬傷　　　　　　　　　　　　　　　　　　（87 四技二專）

（A）13. 按摩下列何部位時，力道應放輕？　(A)眼部　(B)下巴　(C)額部　(D)鼻子

（A）14. 下列何種情形不適合按摩？ (A)發炎及面皰皮膚 (B)有斑點皮膚 (C)疲勞皮膚 (D)乾燥皮膚

（B）15. 臉頰的按摩方向，宜 (A)斜著往下 (B)斜著往上 (C)左右來回 (D)由下往上

（B）16. 在臉部按摩神經叢的位置可消除神經疲勞，下列何者正確？ ①太陽穴 ②眼頭 ③耳下 ④鼻下唇上 (A)①② (B)①②③ (C)①③ (D)①②③④

（C）17. 臉部按摩最常使用的手指是： ①食指 ②大拇指 ③無名指 ④中指 ⑤小指 (A)①② (B)①②③ (C)③④ (D)①②③④

（B）18. 下列何種必須清除以免阻塞毛孔？ (A)日霜 (B)按摩霜 (C)眼霜 (D)美白霜

（B）19. 油性皮膚應選擇哪種按摩霜較適合？ (A)油性 (B)水性 (C)含藥性 (D)含酒精性

（B）20. 按摩的手指應主要是以 (A)指尖 (B)指腹 (C)手掌 (D)指節

二、問答題

1. 按摩的功效為何？

2. 按摩有哪些主要的動作？

臉部按摩、蒸臉及敷面之應用

19 世紀末，按摩由西歐傳來，並與中國漢方醫術合為一流。按摩於古代中國的記載則在紀元前 460~380 年的文獻上。目前市場應用而起的臉部保養，除了手技按摩的實行，再配合蒸臉及敷面效果會更好。手技按摩範圍很廣，有簡易、淋巴引流按摩、韻律按摩、歐式按摩、日式按摩、法式按摩、美式按摩等，如果按摩時沒有加入儀器，皆屬於手技按摩。專業護膚的應用較廣，依顧客膚質狀況，搭配特殊產品、儀器及手技按摩、蒸臉、敷面的應用，做不同的選擇。本單元僅對按摩手技的效果、注意事項及方法，以及蒸臉及敷面的應用，分別說明如下。

6-1 臉部按摩手技

按摩手技的動作，無論簡單還是複雜，只要是順著肌肉紋理並依操作的要領在神經叢按壓、揉搓，動作正確的話，定能達到預期的效果。現將手技按摩的效果、按摩注意事項，以及手技按摩的方法，介紹如下：

一、手技按摩的效果

綜合第 5 章按摩對皮膚的好處，手技按摩可使人體許多功能得到改善，簡述如下：

1. 按摩對皮膚系統之功能

   (1) 皮膚經由按摩後，促進血液循環，可加強肌肉彈性，並加強表皮細胞代謝。

   (2) 因皮脂腺及汗腺功能提高，使得膚溫上升 2~3℃左右，使皮膚表面光滑健康，並改善粗糙的皮膚。

2. 按摩對神經系統之功效：經常按摩能使神經鬆弛，恢復正常的平衡狀態，而且在一些神經叢的壓點按摩，能使神經疼痛、神經感覺敏感或麻痺症狀得到改善。

3. 按摩對肌肉及關節的功效：因局部肌肉硬化常會影響其他肌束功能，而引起肌肉僵硬、肌肉麻痺、疼痛等，還會影響內臟功能，如消化功能；腰肌酸痛會影響下肢關節活動；胸肌、肩胛肌及腹肌僵硬會影響呼吸。因此經常按摩可促進血液循環，預防或改善肌肉僵硬、疼痛、麻痺等。

4. 按摩對血液循環系統之功效

 (1) 按摩可促進血液循環，周邊血管適度擴張，有利於新陳代謝及各組織營養的輸送。

 (2) 周邊血管擴張也有利於心臟輸出及減少血管的阻力，因此按摩對血壓低或血壓高皆有良好的改善效果。

5. 按摩對新陳代謝系統之功效：可促進排汗及排尿，可將氮、氯化鈉及無機鹽排除。

6. 按摩對淋巴循環之功效：經由手的滑動來進行按摩，在肌肉上產生摩擦及重力，可使肌肉有壓縮感，進而促使淋巴循環加快速度。

7. 按摩對呼吸系統之功效：按摩對胸肌有直接及間接的作用。胸肌僵硬時會影響肺部活動，因此當呼吸系統有疾病時，如常按背肌及胸肌的穴道，可減輕呼吸系統的症狀。

二、手技按摩的注意事項及構成要素

在實施臉部手技按摩時，必須做好事前之準備工作，如注意事項、按摩前準備工作。關於手技按摩的注意事項及構成要素，分別說明如下：

（一）手技按摩的注意事項

在實行手技按摩時應注意下列幾點：

1. 幫助顧客盡量放鬆，按摩場地氣氛必須安靜，美容師語調須溫和。

2. 器具及運用物品必須排列整齊、乾淨、有系統、有程序。

3. 指甲須修剪，避免按摩抓傷顧客，並做好手部清潔。

4. 假如美容師的手很冰冷，在接觸顧客皮膚之前應先行摩擦取暖。

5. 確實做好按摩服務，並友善專業地回覆每一位顧客所提的問題。

6. 在按摩前應取下所有妨礙按摩施行的手鍊、戒指等飾物。

7. 顧客在被按摩前應取下所有妨礙進行按摩動作的物品，如眼鏡、隱形眼鏡、項鍊、耳環等飾品。

8. 在按摩前，顧客皮膚應先予以適當的清潔。

9. 必須使用適量的按摩霜。

10. 實施手技按摩時，應順著肌肉的紋理，在神經叢的匯聚點要適度按壓。

11. 按摩時，速度不宜太快，快慢要合宜。

12. 按摩時必須用指腹為主，切忌用指尖。

13. 在操作手技按摩時，雖以無名指及中指的指腹為主，但並不是一成不變，例如：在額部、頸部、前胸等面積較大的部位，可用整個手掌的掌心來按摩；另外鼻子及眼眶周圍可用中指指腹來做按摩。

14. 按摩動作一定要連貫，否則會造成顧客不能全然放鬆，而降低了按摩的效果。

15. 對於皮膚有輕微敏感或面皰者，按摩時間宜短，如有嚴重敏感皮膚、嚴重面皰皮膚或皮下微血管破裂的皮膚，就不宜按摩。理由如下：

    (1) 嚴重敏感皮膚：如再經搓、揉、摩擦、輕拍等物理性刺激，或是礦物油成分，皆會使皮膚更易產生過敏現象。

    (2) 嚴重面皰皮膚者：如施予按摩，因按摩霜大多含有礦物油成分，易造成毛孔堵塞而使面皰惡化。

    (3) 皮下微血管破裂的皮膚：如再經搓、揉、摩擦、輕拍等物理性刺激，會使皮下微血管破裂的狀況更加惡化。

16 按摩完成後，不管是使用營養霜或按摩霜，都須徹底清除乾淨。

17. 按摩過後應讓皮膚休息，不適合立刻上妝。

（二）構成手技按摩的要素

1. **方向**：有向心（日式按摩法）及離心（歐式按摩）等方式，不管是向心的或離心的方式，都要順著肌肉紋理方向。

2. **速度、節奏、連貫性**：按摩的速度要配合脈搏跳動的頻率，輕而緩慢的施行，每個手法都要有其獨自的節奏，也可依據想要得到的效果來決定每個技法的速度及節奏。在實施按摩時，每個部位及每個動作都要有連貫性，同時手指也不可離開臉部。

3. **力道**：力道的大小，會因所實施的部位、肌肉的大小及顧客的需求等因素，來決定由輕至重的力道，深而不感疼痛的手法。

4. **位置**：實施按摩時，不管技術者是站或坐在顧客旁邊，距離都須保持在最舒適的範圍內，而且技術者也要採最舒服的姿勢來操作。

5. **按摩時所需的介質**：按摩時，須利用一些油性潤滑劑如營養霜、按摩霜、甘油、精油等，也可用粉狀的來做，如粉壓。

6. **實施的期間及頻率**：要依顧客的皮膚類型、狀態、年齡、體質、習慣及個別需求來決定，專業護膚的時間約 45 分鐘左右。

三、按摩手法的種類、方法、效能及適用部位

按摩手法的應用，如果力道大小及部位適當，可促進血液循環，放鬆肌肉及神經系統，加速新陳代謝，這些效果都會增進身體健康。現分別說明如下：

（一）輕擦法

1. 方法及特性

　(1) 以手掌或指腹緊密服貼於皮膚。

　(2) 在操作的過程中，最常使用的手法，有如運動前和運動後的暖身運動。

2. 效 能

　(1) 可安撫、鎮靜皮膚，達放鬆、舒緩的效果。

　(2) 可促進、調整血液循環及淋巴循環。

3. 適用的部位：前額、雙頰及下巴。

（二）強擦法（深入摩擦動作）

1. 方法及特性

　(1) 以指腹或手掌服貼於皮膚，力道較重地搓、揉、擦於皮膚。

(2) 其作用部位在真皮。

(3) 有輕叩動作、碾壓動作、扭絞動作。

2. 效 能

(1) 可幫助皮脂順暢流出，以刺激活化真皮。

(2) 可促進血液循環及新陳代謝。

3. 適用的部位

(1) 適用臉部、頸部，力道要輕一點。

(2) 如使用碾壓動作、扭絞動作、輕叩動作，適用於手臂。

（三）揉捏法

1. 方法及特性：以拇指、食指、中指指腹服貼於皮膚，輕輕打螺旋揉燃。

2. 效 能

(1) 可促進表皮代謝正常，老化角質層剝離，使皮膚細緻有光澤，並增進肌肉的強健。

(2) 可改善血液循環，同時也可幫助油脂排泄正常。

3. 適用的部位

(1) 拇指揉：適用前額、下巴。

(2) 指揉：可由太陽穴沿髮際至頸部，太陽穴至肩部。

(3) 掌揉：可用於雙頰。

(4) 揉捏：主要用於手臂。

（四）振動法

1. 方法及特性

(1) 用左手中指、食指分開如剪刀狀服貼於皮膚，再以右手中指置於左手中指、食指中間振動。

(2) 也可用雙手掌緊密服貼於皮膚振動，其作用的部位在乳頭層與真皮之間。

2. 效　能

(1) 可刺激神經細小的末梢，有助於皺紋消除，對小部位的肌肉有刺激及改善作用。

(2) 可促使微血管緩和、放鬆、鎮靜，促進彈性。

3. 適用的部位：可適用於臉頰。

（五）捏　法

1. 方法及特性：以拇指、食指、中指輕捏皮膚，其作用部位在表皮、真皮層。

2. 效　能

(1) 可促進老化角質的代謝。

(2) 可促進血液循環，增加皮膚彈力及緊實效果。

3. 適用的部位：臉頰、手臂。

（六）打　法

1. 方法及特性

(1) 將手豎立、手指合併拍打，或用食指、中指、無名指、小指，如打浪花般一根根拍打輕彈皮膚。

(2) 其作用部位在真皮及皮下組織層。

2. 效　能

(1) 可刺激神經，提高肌肉功能。

(2) 可增加皮膚的張力及彈性，使皮膚細緻有光澤。

3. 適用的部位：臉頰。

（七）彈　法

1. 方法及特性：用雙手食指、中指、無名指，作用部位在真皮層。

2. 效　能

(1) 可幫助皮膚恢復彈性及張力。

(2) 敏感皮膚：若因皮膚呈不安定狀況而不適合做強擦法，可用此法代替加強效果，使肌肉放鬆。

3. 適用的部位：臉頰。

（八）穴道指壓法

1. 方法及特性：以指腹指壓穴道。

2. 效能：可消除疲勞，放鬆及減輕神經緊張，以達到紓解疼痛，以促進身體健康。

3. 適用的部位：臉部有神經層分佈的部位皆可。

（九）按撫動作 (Effeurage)

1. 方法及特性

    (1) 利用手指與手掌做緩慢、輕柔且有節奏的連續按摩動作。

    (2) 臉部較寬大的部位以手掌來按摩，較窄的部位以手指來按摩。

2. 效能：具有放鬆肌肉及安撫神經的效果。避免造成肌肉組織的傷害，通常會朝著肌肉的固定端按摩。

3. 適用的部位：額頭、臉部、背部、頭蓋、頸部、肩部、胸部。

（十）壓迫法

1. 方法及特性：以雙手掌服貼皮膚按壓。

2. 效 能

    (1) 可改善過度亢奮的皮膚。

    (2) 可使微血管達到舒緩，調整血液循環。

3. 適用的部位：額部、臉頰、頸部、前胸、手臂、背部、頭蓋等。

（十一）關節按摩

1. 方法及特性：輕輕螺旋按摩。被按摩者可放鬆手臂及手部。也微微使力抵抗。

2. 效能：放鬆筋骨，促進新陳代謝，避免關節僵硬。

3. 適用的部位：僅限於手臂及手部的按摩。

四、按摩的順序、方法與效果

按摩手法有各種不同的方式，如歐式、美式、日式，美容師可依不同商品、膚質及儀器應用而增減動作。無論何種方式，皆須按照肌肉紋理由內而外。

（一）額 部

1. 額部：額部螺旋狀輕擦，
   如圖 6-1。
   (1) 方法：以兩手的中指、
       無名指由額頭中央開
       始向兩側太陽穴螺旋
       畫圈。可做約 3 次。
   (2) 效果：預防額頭皺紋
       產生。

圖 6-1　額部螺旋狀輕擦　　圖 6-2　額部由下往上輕擦

2. 額部：額部由下往上輕
   擦，如圖 6-2。
   (1) 方法：以兩手的中指、無名指，由額頭中央開始，至兩側太陽穴，由下往上，
       交互撫搓，至太陽穴輕輕壓。來回做約 3 次。
   (2) 效果：可紓解頭部緊張，清除額部的抬頭紋。

3. 額部：額部中央部分螺旋狀輕擦，如圖 6-3。
   (1) 方法：將左手指、無名指放在額部中央固定，用右手的中指和無名指以螺旋
       畫圓慢慢往上滑動至髮際，可做 3 次。
   (2) 效果：防止額頭中央部位與兩眉間的皺紋。

4. 額部：額部中央部分的滑
   上輕擦，如圖 6-4。
   (1) 方法：用左右手的中
       指及無名指，由眉間
       到髮際交互輕撫滑
       上。各做 3 次。
   (2) 效果：防止額頭產生
       橫條皺紋。

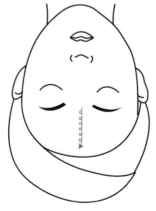
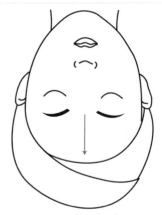

圖 6-3　額部中央部分螺
旋狀輕擦

圖 6-4　額部中央部分的
滑上輕擦

5. 額部：額頭的半圓狀輕擦，如圖 6-5。

   (1) 方法：用兩手的中指和無名指，在額頭中央即兩眉頭之間交互畫半圓。

   (2) 效果：防止額部橫向皺紋產生。

6. 額部：眉骨下方的按壓與眉間的交叉輕擦，如圖 6-6。

   (1) 方法：以無名指和中指輕輕地將眉頭下方往上輕按，交叉式輕擦。可做 3 次。

   (2) 效果：紓解眼部的疲勞及預防額頭部位的皺紋。

圖 6-5　額頭的半圓狀輕擦

圖 6-6　眉骨下方的按壓與眉間的交叉輕擦

7. 額部：額部螺旋狀按摩，如圖 6-7。

   (1) 方法：以一手的中指及無名指的指腹撐開固定額部皮膚，另一手由一側近太陽穴處，螺旋狀畫圈至另一側太陽穴處。可做 3 次。

   (2) 效果：預防額部橫向皺紋產生。

8. 額部：額部壓點，如圖 6-8。

   (1) 方法：兩手的四指腹可由下往上輕壓至髮際。約做 3 次。

   (2) 效果：可紓解頭部緊張。

9. 額部：額部交叉輕撫，如圖 6-9。

   (1) 方法：用兩隻手的四指合併及手掌合併，由額部的中央、由下往上、由左至右輕撫動作。可做 3 次。

   (2) 效果：可預防額部皺紋。

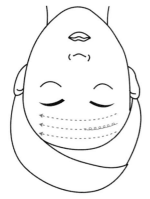

圖 6-7　額部螺旋狀按摩

圖 6-8　額部壓點

圖 6-9　額部交叉輕撫

（二）眼　部

1. 眼部：眼圈肌肉輕擦，如圖 6-10。
   (1) 方法：用中指及無名指，由下眼袋輕滑往眼尾至眉毛方向，滑至眼頭，再輕壓眉頭。
   (2) 效果：消除眼睛疲勞，防止眼尾紋產生。

2. 眼部：輕壓眉骨，如圖 6-11。
   (1) 方法：輕壓眉骨後，沿著下眼瞼至上眼瞼再回到眉頭，輕壓眉頭、眉中、眉尾，可做約 3 次。
   (2) 效果：消除眼睛疲勞，防止眼尾紋產生。

3. 眼部：輕捏眉骨，如圖 6-12。
   (1) 方法：輕捏眉骨後，沿著下眼瞼至上眼瞼再回到眉頭。可做三回。
   (2) 效果：消除眼睛疲勞，防止魚尾紋產生。

圖 6-10　眼圈肌肉輕擦

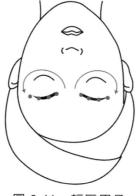

圖 6-11　輕壓眉骨

圖 6-12　輕捏眉骨

4. 眼部：輕壓眼部，如圖 6-13。

    (1) 方法：利用中指及無名指的指腹輕壓眉骨至太陽穴，再從太陽穴至下眼瞼回到眼頭，可做 3 回。

    (2) 效果：可促進眼部循環代謝，消除眼部疲勞。

5. 眼部：沿鼻樑兩側至下眼瞼的按摩，如圖 6-14。

    (1) 方法：沿鼻樑兩側向下滑至下眼瞼，以螺旋式由下眼瞼至太陽穴輕壓再滑回至鼻樑。

    (2) 效果：消除眼部疲勞，促進循環代謝。

6. 眼部：眼部輕擦，如圖 6-15。

    (1) 方法：利用中指、無名指的指腹由下眼瞼繞眼睛向上至上眼瞼，至太陽穴輕壓。

    (2) 效果：消除眼部疲勞、眼圈周圍小皺紋。

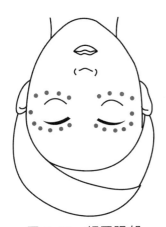 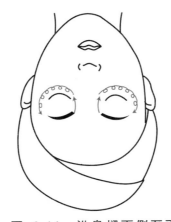 

圖 6-13　輕壓眼部　　　　圖 6-14　沿鼻樑兩側至下　　　圖 6-15　眼部輕擦
　　　　　　　　　　　　眼瞼的按摩

7. 眼部：下眼瞼輕擦至眉骨，如圖 6-16。

    (1) 方法：利用中指、無名指，由下眼瞼往鼻，再由眉骨至眉尾按壓三點（眉頭、眉中、眉尾），可做 3 次。

    (2) 效果：促進眼部新陳代謝，消除眼睛疲勞。

8. 眼部：眼部劃 8 字，如圖 6-17。

　(1) 方法：用兩手中指指腹交替畫「∞」，可做 3 次。

　(2) 效果：消除眼睛疲勞，防止眼尾紋產生。

9. 眼部：太陽穴的輕擦，如圖 6-18。

　(1) 方法：利用中指、無名指，在眼角外側至太陽穴處，螺旋畫圈，可做 3 次。

　(2) 效果：防止眼尾紋產生。

圖 6-16　下眼瞼輕擦至眉骨　　圖 6-17　眼部劃 8 字　　圖 6-18　太陽穴的輕擦

（三）鼻　部

1. 鼻部：鼻子輕擦，如圖 6-19。

　(1) 方法：可利用中指、無名指的指腹，由鼻樑兩側由上向下輕擦，至鼻翼兩側再打半圓型滑動。可做 3 次。

　(2) 效果：可防止鼻側皺紋產生，並預防或消除鼻頭粉刺。

2. 鼻部：在鼻樑中央輕擦，如圖 6-20。

　(1) 方法：利用中指、無名指在鼻樑中央由上往下輕撫，可做 3 次。

　(2) 效果：預防鼻中皺紋的產生。

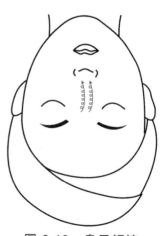

圖 6-19　鼻子輕擦

3. 鼻部：鼻樑兩側至鼻翼的輕擦，如圖 6-21。

  (1) 方法：利用中指、無名指的指腹，在鼻樑兩側以螺旋方式向鼻頭打螺旋，至鼻翼處上下來回滑動鼻翼兩側。可做 3 次。

  (2) 效果：防止鼻側紋產生，預防或消除粉刺。

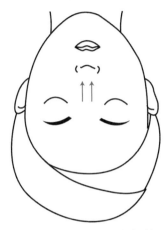

圖 6-20　鼻樑中央輕擦

圖 6-21　鼻樑兩側至鼻翼的輕擦

（四）嘴 唇

1. 唇：唇環肌肉的輕擦，如圖 6-22。

  (1) 方法：在下唇中間往上畫半圓至人中，可做 3 次。

  (2) 效果：預防嘴角下垂及皺紋產生。

2. 嘴唇：嘴唇及下顎的輕擦，如圖 6-23。

  (1) 方法：利用中指及無名指的指腹，由下顎往嘴角方向輕擦及下顎輕擦，可做 3 次。

  (2) 效果：預防嘴角下垂及皺紋產生。

圖 6-22　唇環肌肉的輕擦

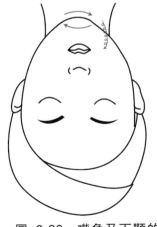

圖 6-23　嘴角及下顎的輕擦

（五）臉 頰

1. 雙頰：雙頰螺旋狀輕擦，如圖 6-24。

    (1) 方法：在雙頰分成三段的位置上，以螺旋式由內
    向外畫圈來進行。重複做 3 次。

    (2) 效果：促進血液循環，防止臉頰肌肉鬆弛。

2. 雙頰：雙頰的上滑輕擦，如圖 6-25。

    (1) 方法：利用手掌由下巴至耳下，嘴角至耳中，鼻
    翼至太陽穴輕擦。可重複 3 次。

    (2) 效果：促進血液循環，預防臉頰肌肉鬆弛。

圖 6-24　雙頰螺旋狀輕擦

3. 雙頰：雙頰的壓迫，如圖 6-26。

    (1) 方法：在雙頰分三段位置上，以中指和無名指指腹沿著肌肉紋路，由下向上
    輕捏。可重複做 3 次。

    (2) 效果：可增加雙頰的潤澤及彈性，防止肌肉鬆弛。

4. 雙頰：雙頰的輕彈及指壓，如圖 6-27。

    (1) 方法：

    　　A. 用手指指腹在雙頰由下往上輕輕彈拍。可重複做 3 次。

    　　B. 由下顎內側至耳下按壓 6 點，然後再由耳中至鼻翼處按壓 6 點。可重複
    做 3 次。

    (2) 效果：可增加雙頰的潤澤及彈性，預防肌肉鬆弛，消除疲勞。

圖 6-25　雙頰的上滑輕擦

圖 6-26　雙頰的壓迫

圖 6-27　雙頰輕彈及指壓

（六）下顎、頸部、耳朵

1. 下顎：下顎肌肉輕擦，如圖 6-28。
   (1) 方法：以右手及左手的食指和中指夾住下顎，左、右來回輕擦。左右來回做約 3 次。
   (2) 效果：預防雙下巴的產生。

2. 下顎：下顎肌肉輕擦，如圖 6-29。
   (1) 方法：利用手掌左右來回服貼輕擦。左、右手交互著進行。左右來回做約 3 次。
   (2) 效果：預防雙下巴的產生。

3. 下顎：下顎肌肉螺旋輕擦，如圖 6-30。
   (1) 方法：利用雙手的中指及無名指的指腹，由下顎中間分別至兩側耳下，以螺旋方式輕擦。可重複做 3 次。
   (2) 效果：預防產生雙下巴。

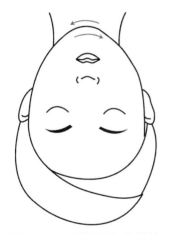 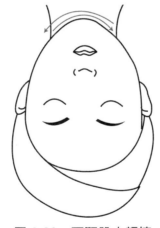 

圖 6-28　下顎肌肉的輕擦　　圖 6-29　下顎肌肉輕擦　　圖 6-30　下顎肌肉螺旋輕擦

4. 頸部：闊頸肌的輕擦，如圖 6-31。
   (1) 方法：以手掌於頸部中央由下向上輕撫，來回約做 3 次。
   (2) 效果：預防頸部肌肉鬆弛。

5. 頸部：闊頸肌肉輕擦、強擦，如圖 6-32。
   (1) 方法：以雙手在頸部中央由下向上輕撫，頸後側向下稍用力輕撫。
   (2) 效果：預防頸部肌肉鬆弛。

6. 耳朵：耳朵輕擦，如圖 6-33。
   (1) 方法：輕彎食指撐住耳朵，然後用拇指的指腹由耳垂至耳朵以螺旋式向上畫
       圈。可做 3 次。
   (2) 效果：可促進血液循環。

圖 6-31　頸部肌肉輕擦　　圖 6-32　闊頸肌肉輕擦、強擦　　圖 6-33　耳朵輕擦

7. 耳朵：耳朵的開閉，如圖 6-34。
   (1) 方法：將手掌的小指側面放在耳朵後，將耳殼軟骨由外向內輕輕上提後輕壓。
       其次攤開手掌回到原處。可做 3 回。
   (2) 效果：可刺激耳後神
       經，以紓解頭部緊張。

8. 耳朵：耳朵的指壓，如圖
   6-35。
   (1) 方法：利用中指、拇指
       的指腹將整個耳朵做
       指壓，約可做 3 回。
   (2) 效果：可刺激耳部穴
       道，可促進血液循環，
       以紓解頭部的緊張。

圖 6-34　耳朵的開閉　　圖 6-35　耳朵指壓

（七）前胸、肩膀、背部的按摩

1. 胸部及背部的按摩，如圖 6-36。

    (1) 方法：運用螺旋的方式，按摩胸部與肩部，然後由肩膀至背部脊骨滑動手指至頸的底部，重複 3 次。

    (2) 效果：美化胸部，促進血液循環、新陳代謝，紓解壓力。

2. 肩部及背部的按摩動作，如圖 6-37。

    (1) 方法：以螺旋方式在肩部按摩 6 下至肩膀，然後由肩膀至頸底部。以割圈的按摩動作向上移至耳後方。然後滑動手指至耳垂正面。重複 3 次。

    (2) 效果：使顧客放鬆、紓壓。

3. 前胸部的輕擦，如圖 6-38。

    (1) 方法：用手掌緩慢的輕輕按摩前胸部，再以手指在胸大肌處，如打開似的輕輕按摩。

    (2) 效果：美化胸部，促進新陳代謝，預防粉刺、黑雀斑等。

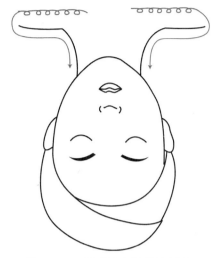

圖 6-36 　胸部及背部的按摩

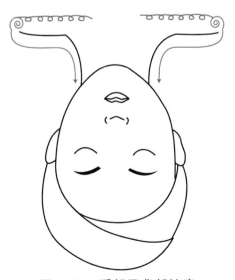

圖 6-37 　肩部及背部按摩

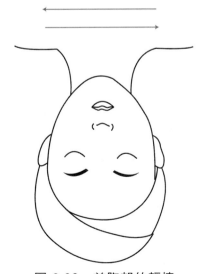

圖 6-38 　前胸部的輕擦

五、按摩的禁忌症

1. 如患有肺結核的顧客，不宜做胸部按摩。

2. 體溫高於 37.5℃時，不宜從事按摩動作。

3. 有腎炎者，腰部不宜按摩，在經期或懷孕期間的婦女，不宜做腹部按摩。

4. 如有皮膚發炎，癌症、腫瘤、有受到灼傷的皮膚、受傷之後的急性期、身體有部位出血中、關節或骨頭有凸出等情況，均應避免做按摩。

 6-2　蒸臉及敷面

一、蒸　臉

（一）蒸臉的認識

在皮膚的保養過程中，蒸臉是不可缺的步驟。蒸臉所使用的儀器在專業美容上稱為蒸臉器，是將水加溫至高熱，而使之產生蒸氣，使之吹至臉時，能使臉部的毛細孔張開，讓蒸氣慢慢的深入皮膚內部，將汙垢徹底清除，使臉部的血液循環旺盛，使皮膚表面濕潤，並有軟化角質層的效能。另外蒸臉器有附臭氧設備，而此臭氧是由 3 個氧原子結合而成，味道比無味的氧氣易分辨，應用在皮膚上可達消毒、殺菌、防止皮膚異常等功能。現將專業蒸臉的目的、儀器構造、操作方法、使用時機、注意事項介紹如下：

■ 蒸臉的目的

目前市面上有些儀器利用香精油與蒸氣結合，即所謂芳香保養療程。現將蒸臉主要的效能整理如下：

1. 蒸臉溫熱時的目的

   (1) 安撫神經緊張。

   (2) 可促進血液循環，改善細胞的新陳代謝。

   (3) 促使皮脂分泌、排泄順暢，減少皮脂硬化阻塞毛孔而形成粉刺的機會。

2. 水蒸氣的目的

    (1) 水蒸氣噴到皮膚上可軟化角質細胞，促進角質代謝。

    (2) 水蒸氣噴到皮膚可滲透到毛孔中，軟化毛孔中所堆積的汙垢及化妝品殘留物，易於清潔。

3. 紫外線的目的：含有紫外線的蒸臉器有消毒、殺菌的作用，對面皰皮膚有利。

■ 蒸臉器的構造

    專業蒸臉器在構造上，有一個玻璃水瓶，水瓶中有加熱器，水瓶中加入適量的蒸餾水後，插上插頭並打開開關，約數分鐘（約 5~7 分鐘）後，水就會沸騰，蒸氣即從噴嘴噴出，待蒸臉器的蒸氣噴出後，再打開臭氧燈也就是紫外線燈，紫外線燈所釋放的紫外線，可將空氣中無味的、游離的氧氣(O_2)，轉化成有特殊氣味的臭氧(O_3)，對皮膚有殺菌的功能，尤其有局部面皰者（圖 6-39、6-40）。

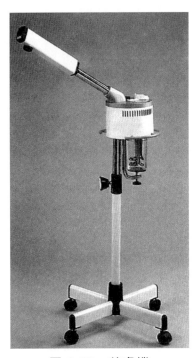

圖 6-39　美膚機

圖 6-40　四大功能綜合美容儀器：(1)蒸氣美膚，(2)真空吸油垢／噴霧，(3)高週波電療，(4)放大燈

■ 蒸臉器的操作方法

1. 將玻璃糟的蒸餾水加至不超過紅線的位置為止。

2. 將電源開關打開，指示燈亮，約 5~7 分鐘，蒸氣會自動噴出。

3. 蒸氣噴出後，再開臭氧燈。

4. 調整適當位置及距離（約 40 公分），以全臉可均勻噴到為原則。

5. 注意蒸氣不要對鼻孔吹，以免引起呼吸不順暢。

■ 使用蒸臉的時機

　　蒸臉在美膚實務上應用很廣，現將常見的狀況整理如表 6-1。另外，不適合蒸臉的膚質有下列幾種，其餘大部分皆可蒸臉：

1. 曬傷皮膚。

2. 嚴重面皰皮膚。

3. 嚴重敏感皮膚。

4. 皮下微血管破裂的皮膚。

表 6-1　蒸臉的時機

類　別	目　的
皮膚清潔後蒸臉	在皮膚清潔後蒸臉，有利於毛孔深層清潔
去角質之前蒸臉	先蒸臉軟化角質，可使去角質的操作更為溫和有效
先按摩後蒸臉	先按摩後蒸臉，有如運動後做「蒸氣浴」，可使運動後肌肉得到休息，也可舒緩緊張的神經，而達到放鬆、紓壓的目的
先蒸臉後按摩	先蒸臉後按摩，可軟化角質，促進皮下血液循環。有如運動前的「暖身」運動，可達按摩效果
清理粉刺前蒸臉	利用蒸臉器所提供的水蒸氣及溫熱來軟化角質及使毛孔張開，有利於其清除粉刺及在毛孔上的硬化皮脂
邊按摩邊蒸臉	利用蒸臉器所提供的溫熱及水蒸氣，可促進皮膚血液循環，一方面潤濕可能將乾涸的按摩霜，對按摩有正面的效果

資料來源：作者整理(2008)，引自李翠湖、李翠珊(2006)。

■ 注意事項

1. 清洗玻璃槽時，不要使用清潔劑。

2. 須依肌膚性質來決定所需的蒸臉時間。

3. 玻璃瓶的水位如超過紅線位置時，將會阻礙電源通過。

4. 入水口應經常保持清潔，預防玻璃瓶中的水質受到汙染。

5. 儲水玻璃瓶在使用時，如須再加水，務必使用熱水，或等稍冷卻後再加蒸餾水。

6. 在加熱器上如有發現黏著石灰質時，可用軟性的金屬線刷來刷落，或用白醋加水
   浸泡一夜即可清除。

（二）不同皮膚類型的蒸臉程序、方法及距離

在專業護膚程序，先蒸臉後再按摩，或先按摩再蒸臉，須視皮膚性質狀況來建
議，去角質也不是每次保養都需要，須視膚質狀況來決定。現將不同肌膚蒸臉的程
序及方法分別敘述如下，並將蒸臉距離及建議時間整理於表 6-2。

表 6-2　不同肌膚類型的蒸臉距離及建議時間

肌膚類型	蒸臉距離	蒸臉時間
中性肌膚	約 40 公分	約 10 分鐘
乾性肌膚及敏感性肌膚	約 35~40 公分	約 5 分鐘
乾燥型油性肌膚	約 35~40 公分	約 5 分鐘
油性肌膚	約 35~40 公分	約 10~15 分鐘

■ 中性或混合性皮膚

1. 洗臉：以中性或混合性肌膚之洗臉保養品來清潔肌膚。

2. 柔軟水：清潔、軟化角質，補充水分。

3. 按摩：可用簡易按摩，也可手按摩肌膚。

4. 蒸臉：蒸臉時間約 10 分鐘，使毛孔張開達到軟化角質，以便深入清潔。

5. 敷面：可用膏狀或粉末狀等敷面劑，時間約 15~20 分鐘。

6. 收斂性化妝水：以中性化妝水來調理肌膚，T 字區可用收斂化妝水。

7. 滋養霜：以中性滋養霜來保養皮膚，使皮膚滋潤柔軟。

■ 黑斑、雀斑的皮膚

1. 洗臉：以具有美白效果、能徹底清除汙垢的洗臉保養品。

2. 柔軟化妝水。

3. 按摩：以美白按摩霜按摩，以活化皮膚。

4. 蒸臉：蒸臉時間約 5~10 分鐘。

5. 敷面：使用具有保濕、美白效果的敷面劑。

6. 柔軟化妝水：具有美白效果的保養品。

7. 滋養霜或乳液：具有保濕、美白、柔潤效果的保養品。

■ 粗糙皮膚

1. 洗臉：選用具有保濕效果、能深入清潔的產品。

2. 去角質：用霜狀，可用搓的方法。

3. 柔軟化妝水。

4. 蒸臉：時間約 5~10 分鐘。

5. 按摩：較滋潤的按摩霜。

6. 敷面：可用霜狀。

7. 滋養霜：使用保濕、賦活效果高的保養品。

■ 油性皮膚

1. 洗臉：使用清爽、不油膩的洗臉產品。

2. 柔軟化妝水。

3. 蒸臉：約 10~15 分鐘（如有缺水及脫皮狀況，就須再減短時間）。

4. 按摩：以清爽性按摩霜做簡易按摩。

5. 乳液：以清爽性乳液來保養。

6. 敷面：可用蠟狀、酵素、膠狀、不油膩、可收縮毛細孔等的敷面劑，敷臉時間視產品性質約 20~30 分鐘。

7. 收斂化妝水：使用能抑制皮脂分泌的化妝水來調理肌膚。

8. 乳液或霜類：可使用清爽型乳液或抑制皮脂分泌又有滋潤效果的霜類。

■ 輕微敏感皮膚

1. 洗臉：以溫和性、無刺激性的洗臉保養品。

2. 化妝水。

3. 按摩：做簡易按摩。

4. 蒸臉：蒸臉時間約 5 分鐘。

5. 敷面：使用天然植物性無刺激的敷面劑。

6. 敷臉後保養品：使用溫和、無刺激性的保養品。

■ 輕微面皰皮膚

1. 洗臉：可用面皰專用的清潔製品來清潔肌膚。

2. 化妝水。

3. 按摩：可做簡易按摩及重點指壓，並用面皰專用的按摩霜。

4. 電療：使用儀器如高週波三合一或賈法妮。

5. 蒸臉：蒸臉時間約 5~10 分鐘。

6. 吸油。

7. 敷面：以面皰專用的敷面劑，時間約 15~20 分鐘。

8. 收斂化妝水：使用具有消炎、鎮靜、殺菌效果的化妝水。

9. 面霜：使用面皰專用的霜類。

二、敷面美容法

　　無論居家的基礎保養或沙龍的專業護膚，敷面都是重要程序之一，敷臉的目的除了輔助基礎保養的不足外，同時也加強基礎保養的效果。因此，我們在此將敷臉的功效、原理、敷面劑種類及操作程序，分別說明如下：

（一）敷臉的功效

　　敷臉具有在短時間內提供肌膚調理及潤澤的功效，其原理有下列幾點：

1. 敷臉的效果，從物理方面來看，是藉著敷面的薄膜，水分無法散發而停留在薄膜下，而滋潤皮膚。

2. 因皮膚溫度增高，細胞中的間隔擴張，皮脂腺、汗腺會變得易吸收敷面劑中的營養成分，可依不同的成分而得到多種效果。

3. 面膜中含有水分，因體溫升高能被蒸發，以至薄膜顯著收縮，此收縮會帶給皮膚緊繃感，有化開皺紋的功能。

4. 因血液循環旺盛，會隨著皮膚機能的促進及毛孔張開，汗垢及老舊廢物較易被排出。因此，當敷面劑經過一段時間變乾後，可將這些老舊汗垢廢物被乾的敷面劑吸住而一起被清除。

（二）敷面的原理

敷面劑塗在臉上主要目的是要有徹底清潔、去角質、刺激、緊收、爽膚、濕潤及滋養等功效。其過程原理整理如下：

皮　膚
↓
膜
↓
遮斷空氣
↓
皮膚的體溫上升
↓
保留水分使皮膚柔軟
↓
使血液循環良好
↓
營養成分及油分滲透
↓
乾　燥
↓
真空狀態
↓
血液循環良好，新陳代謝正常
↓
適當刺激、緊張
↓
緊繃後去除汗物、角質
↓
清　潔

（三）敷面劑的種類及主要成分

敷面劑依其使用目的及功效可分為兩大類，一類具有去除汗垢及皮脂、剝離老化角質、調理皮脂腺的分泌代謝等功效；另一類是以補充水分及調理、滋潤和保養肌膚為目的的護膚敷面劑。今日各廠牌化妝品在市面上出售有多種不同的劑型，現將市面上較常見的敷面劑敘述如下：

■ **敷面劑種類**

1. 霜狀敷面劑

   (1) 霜狀敷面劑：能調理皮膚，立即達到保濕、滋潤的效果。不會變得乾硬，可先用化妝紙拭淨，再用溫水清洗。內含有豐富的多醣類保濕劑及油分，是保濕效果非常好，能有效預防老化的霜狀敷面劑。適合肌膚粗糙者。

   (2) 酵素敷面：酵素敷面能去除壞死角質、舊廢物及分解皮膚黑色素，而且能強化細胞功能。適合油性肌膚及面皰肌膚。

2. 膠原紙面膜：膠原面膜是一略具有厚度的紙狀面膜，大多含有膠原蛋白、美白、保濕劑的成分。適合肌膚粗糙、有黑雀斑肌膚者。敷面時間約 15~30 分鐘不等。

3. 剝離式敷面劑：可分為膠狀敷面、蠟敷面、膏狀敷面，分別敘述如下：

   (1) 膠狀敷面劑（半透明或透明）：此敷面劑同時可含有營養成分，在敷臉過程中能被皮膚吸收，而使肌膚滋潤、柔軟、有彈性。使用後有清爽舒暢感。適用於疲勞皮膚、乾性肌膚、皮脂分泌少者、油性及混合性肌膚等皮脂分泌旺盛或不平衡的肌膚。

   (2) 蠟敷面：蠟敷面須用火熔軟後（約 60℃）再行使用，因會保持著熱度，密封性很強，因此會促進發汗，皮膚的汗垢也易排出。冷卻後呈一種凝固狀態，可給肌膚強力的緊張感。適用於油性及面皰性肌膚。乾性及眼尾皺紋肌膚者須先抹上營養霜再塗蠟。敷面時間約 30~40 分鐘，須用紗布墊在臉上再塗適溫的石蠟。

   (3) 膏狀敷面（不透明）：除了含有基本成分外，並配有多量油分及保濕劑，使用後有濕潤感，剝離時觸感顯得溫和。適合任何肌膚，尤其有粉刺者。

4. 塗抹狀敷面劑：屬於凝結式的敷面劑。粉末狀敷面劑使用範圍很廣，可自由調配，並依自己的肌膚性質加入化妝水及乳液來均勻調理使用，給予肌膚清淨、美白、滋潤，而達到不同效果的保養。敷面時間約 15~20 分鐘，再用溫水洗淨，適合於任何肌膚。

■ **敷面劑的主要成分**

　　隨著科技的進步，化妝品製品的製造方法、成分及品質已經日益進步，化妝品廠商在生化研究室製造產品，且不斷在改良中，但主要的成分大致如下：

1. 精製水。

2. 醇類。

3. 可溶化劑：如甘油、蘆薈膠、荷荷芭油。

4. 多醣類保濕劑及油分：使皮膚濕潤、柔軟。

5. 維生素 A：促進皮膚細胞的活力及活性化。

6. 維生素 C：促進美白作用。

7. 維生素 E：抑制過氧化脂質，保護皮膚。

8. 硬脂甘草酸：具有消炎作用，可幫助因紫外線傷害的皮膚回復。

9. SA 胺基酸：微生物體內的保濕成分，有助於皮膚潤澤，並使角質層柔軟。

10. 活性複合胺基酸：具有抗氧化效果的賦活效果，可使膠原纖維更有活性，可預防皮膚功能減弱。

11. 粉末：如滑石粉、高嶺土、氧化鋅、氧化鈦、碳酸鎂、膠體狀黏土、無水硅酸等。

　　綜合以上敷面劑的劑型及主要成分，各類敷面劑適用的皮膚類型及狀況，整理如表 6-3。

表 6-3　敷面劑適用的狀況

面　膜	適用的皮膚類型或皮膚狀況
補充水分、油分的面膜	中性、乾性、混合性皮膚
緊實皮膚的面膜	老化、鬆弛、倦態的皮膚
美白皮膚的面膜	黑斑、雀斑、膚色暗沉的皮膚
油性皮膚調理面膜	混合性或油性皮膚
鎮靜、安撫皮膚的面膜	日曬後發紅、敏感皮膚或乾燥的肌膚
加強肌膚再生、恢復生機、使細胞賦活的面膜	老化、倦態、黑斑、雀斑、晦暗無光澤的皮膚

資料來源：引自李翠瑚、李翠珊(2006)。

（四）敷面時應注意的事項

1. 不可使敷面劑侵入眼睛。

2. 剛曝曬或曬傷的皮膚，不可馬上敷臉。

3. 有敏感時及刮臉後，不可馬上敷臉。

4. 敷臉不一定要在晚上，白天也可以。

5. 在敷臉時，要心平氣和，不可表情太多。

6. 敷面劑在使用前才調製，勿事先調製。

7. 敷面前應將臉洗淨，並做好按摩後再敷臉，即使按摩是用營養霜或晚霜，按摩後都須清除洗淨。

8. 敷臉時應遵守製造廠所建議的使用方法及時間。

9. 敷面後應清除殘留在皮膚上的面膜。

10. 無論選擇哪一種敷面法，一星期使用 1~2 次即可，敷完臉後，必須抹上化妝水、乳液或面霜。

三、濕布美容法

　　濕布美容主要是在輔助基礎保養的不足，增加基礎保養效果。現將濕布美容的目的、種類、準備用具及應用、保養順序、局部濕布美容應注意的事項，分別說明如下：

（一）濕布美容之目的

　　依所使用的化妝水不同的功能，來發揮其效果，如強健、消炎、收斂等，又如日曬後皮膚的紅腫、炎症等的處理。

（二）濕布美容的種類

　　可分為冷濕布美容及熱濕布美容法，而依使用部位可分為局部性及全部濕布美容。

（三）準備的用具

1. 毛巾。

2. 水或冰塊。

3. 化妝棉：大的，2 塊以上。

4. 保護眼睛用化妝棉 2 塊。

5. 收斂效果高的收斂化妝水。

6. 紗布 1 塊（長約 100 公分，寬約 30 公分）。

（四）濕布美容法的使用時機、效果及保養順序

使用的時機依皮膚狀況可分以下四個狀況，分別說明如下：

■ 皮膚乾燥、缺水、脫皮、紅腫

1. 使用效果：舒緩皮膚的乾燥、緊繃的情況。

2. 保養的順序

    (1) 先將臉部溫和清潔爽膚後。

    (2) 將脫脂棉墊用蒸餾水沾濕，不要太濕，覆蓋保護眼睛。

    (3) 用化妝棉沾取潤膚油做濕布，使肌膚潤滑。

    (4) 再以化妝棉沾取清爽性乳液敷貼在臉上，也可用紗布；用適量植物油濡濕紗布，覆蓋臉部、頸部。

    (5) 照射紅外線燈 5 分鐘。

    (6) 將紗布、眼墊取下丟掉。

    (7) 用熱毛巾徹底清除皮膚上殘餘的植物油。

    (8) 基礎保養：化妝水、乳液或霜類。

■ 油性肌膚紅腫、發炎

1. 使用效果：鎮靜、消炎、安撫。

2. 保養的順序

    (1) 用清水洗臉。

    (2) 用吸濕、吸油、消炎、鎮靜作用的化妝水，先輕拍皮膚後，再用化妝棉沾取做濕布，以收斂毛細孔，並消除日曬後的炎症，使肌膚能強壯、更加細緻。

    (3) 基礎保養：化妝水，化妝棉沾取清爽性乳液擦拭全臉。

■ 眼眶倦怠乾澀、暗沉無光澤

1. 效果：改善眼眶皮膚乾澀、暗沉狀況，使之滋潤度提高。

2. 保養順序

    (1) 用清水洗臉及爽膚後。

    (2) 在眼眶部位抹勻適量眼霜。

(3) 使用不含酒精的化妝水或蒸餾水沾濕脫脂棉墊，覆蓋眼眶區域。

(4) 在眼眶部位停留 10~20 分鐘。

(5) 將眼墊取下丟棄。

(6) 再使用熱毛巾溫和的清除眼眶上殘餘的眼霜。

(7) 基礎保養：化妝水、乳液或霜類。

■ 日曬後皮膚紅腫、發炎、發熱

1. 使用效果：安撫、鎮靜、冷卻過熱的肌膚。

2. 保養順序

(1) 以用清水溫和洗臉。

(2) 將脫脂棉沾濕（用蒸餾水或不含酒精的化妝水）覆蓋保護眼睛。

(3) 用 2~3 層紗布，大小足以覆蓋臉部，鼻孔處剪一小洞，再取適量在冰箱中冷卻過的不含酒精的化妝水（溫度約 5℃），然後將紗布完全沾濕。

(4) 將沾濕的冷紗布覆蓋臉部及頸部。

(5) 紗布可停留在皮膚上約 10 分鐘。

(6) 將紗布、眼墊取下丟掉。

(7) 再用冷毛巾將皮膚擦淨。

(8) 基礎保養：化妝水、乳液或面霜。

（五）濕布美容的使用方法及注意事項

■ 使用方法

1. 局部濕布：使用大小適當的化妝棉沾適量的化妝水後敷上。

2. 冷敷：將毛巾包上冰塊後壓置之。

3. 全臉濕布

(1) 可用化妝棉沾濕後蓋於眼睛上。

(2) 再將 2 塊化妝棉或紗布沾上化妝水後，先將一塊蓋於髮際至鼻頭。

(3) 再將另一塊化妝棉或紗布蓋在鼻下至下顎間，放置時間約 15~20 分鐘。

■ 注意事項

1. 冷濕布美容法注意事項

　　(1) 在操作的過程中，須確認使用濕布者的呼吸順暢。

　　(2) 沾濕的濕布的化妝水份量須適當，避免過量進入眼、鼻、口之中。

2. 熱濕布美容法注意事項

　　(1) 在操作過程中，注意使用者呼吸順暢。

　　(2) 紅外燈的照射距離要適中，須注意使用者的安全及舒適。

　　(3) 沾濕的濕布植物油分量要適當，避免操作過程滴落或進入眼、鼻、口。

四、熱毛巾與海綿的使用方法

（一）熱毛巾

　　保養時使用熱毛巾敷臉的效能及注意事項，說明如下：

■ 效　果

1. 熱敷後，可使臉部感到舒適。

2. 促進血液循環，使皮膚紅潤、柔軟。

3. 促進血液循環，滋養皮膚組織。

4. 促進皮脂腺分泌及幫助汗腺排除不潔物質。

5. 可使表皮死細胞軟化，便於將其清除。

6. 可使毛孔張開，在毛孔之汙垢、油脂、黑頭及其他不潔物易於被清除。

■ 注意事項

1. 毛巾要經保持清潔。

2. 毛巾經常準備充足。

3. 毛巾大小尺寸最好是寬 40 公分、長 60 公分，可以覆蓋整個臉部。

4. 一定要用手先確認毛巾溫度後再使用，避免臉部燙傷。盡量使用較厚或不易散熱
的毛巾。

5. 如因使用洗面霜的因素，毛巾易被油弄髒，一定要用中性洗淨劑清洗。

■ 熱毛巾的折疊方式及使用方法

1. 使用前折疊法

    (1) 將毛巾對折。

    (2) 再對折。

    (3) 由一邊先折成弓形。

    (4) 折成弓形。

2. 顧客使用時

    (1) 弓形。

    (2) 將成弓形毛巾打開。

    (3) 決定中心點後，左右向前折。

    (4) 然後放在臉上。

3. 熱毛巾之使用方法

    (1) 使用白色毛巾。

    (2) 注意顧客的安全保護及衛生。

    (3) 熱毛巾擦拭方向正確，由裡往外壓。順序是：額頭 → 眼瞼 → 鼻子 →兩頰 → 鼻下 → 唇四周 → 頸部 → 前胸 → 耳朵等。

4. 伸手入毛巾旋轉一圈將毛巾扭轉並固定。一邊拭除頸部的部分，須注意另一邊不要讓毛巾的前端接觸到皮膚的其他部分。

（二）海 綿

海綿清潔臉部的程序、使用方法及注意事項，介紹如下：

■ 海綿使用方法

1. 額部：用雙手拿著海綿，將海綿平放在額頭，由額頭中央開始，雙手再慢慢往兩邊太陽穴方向輕輕擦拭。

2. 眼睛：將海綿輕輕的貼在眼睛上，兩手同時由眼頭向著眼尾方向輕擦。

3. 鼻子：兩手交替在鼻樑→鼻尖、鼻樑兩側輕輕擦拭。

4. 唇 部

    (1) 上唇部：兩手同時由鼻子下方（人中處）向嘴角處輕輕擦拭。

    (2) 下唇部：兩手同時由下唇中央向嘴角處輕輕的擦拭。

5. 頰部：兩手同時由鼻側往外略斜向上的方向輕輕擦拭。

6. 下巴：兩手同時由下巴向著耳下的方向輕輕擦拭。

7. 頸部：兩手交替由下往上、往兩側輕輕擦拭。

8. 前胸：將海綿貼在前胸部，兩手同時由中央向外的方向輕輕擦拭。

9. 肩膀：兩手同時由肩膀沿著頸側向上的方向輕輕擦拭。

10. 耳朵：用海綿沿著耳朵邊緣，再以螺旋狀的方式由耳垂向上輕輕的擦拭。

■ 海綿擦拭的程序

　　額頭 → 眼睛周圍 → 鼻子 → 嘴唇周圍 → 頰部 → 下巴 → 頸部 → 前胸部 → 肩膀 → 耳朵（圖 6-41）。

■ 使用海綿的注意事項

1. 海綿的擦拭動作要長，接觸面積要大，才能減少顧客不舒適感。

2. 擦拭時，應以手指充分控制海綿，避免海綿邊緣因隨著手部擦拭，在顧客臉上有拖拉的情況，而造成顧客不舒服。

3. 海綿擦拭時，含水量須適當，以免因太乾不易擦拭，太濕造成水滴在顧客臉上。

4. 海綿擦拭後如已汙穢，應立即清洗乾淨，等清潔乾淨後再使用。

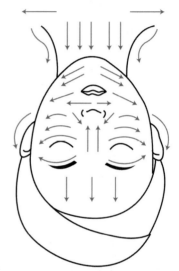

圖 6-41　海綿擦拭的方法（全臉）

小試身手

一、選擇題

（D） 1. 專業皮膚保養，應多久做一次？ (A)每週 (B)每年 (C)每月 (D)視肌膚狀況而定

（C） 2. 嚴重面皰的肌膚按摩宜 (A)每週2次 (B)每週1次 (C)不做 (D)每天做

（A） 3. 敏感性肌膚按摩的時間及力量應如何？ (A)輕、短 (B)重、短 (C)輕而長 (D)重而長

（C） 4. 美容從業人員工作前，應以 (A)自來水 (B)酒精 (C)肥皂水 (D)礦泉水 來做洗淨雙手

（B） 5. 在為客人做皮膚保養時，美容從業人員正確坐姿為何？ (A)上半身緊靠顧客的臉 (B)背脊伸直 (C)兩腿交疊 (D)手肘靠身體

（B） 6. 按摩的起源是黃帝的時候，在哪一朝代才有文書記載？ (A)商 (B)隋 (C)漢 (D)夏

（A） 7. 專業皮膚保養時，顧客應持何姿勢？ (A)躺著 (B)站著 (C)蹲著 (D)坐著

（A） 8. 嘴巴周圍肌肉是呈 (A)環狀 (B)斜向 (C)橫向 (D)縱向

（A） 9. 按摩的速度應如何效果會較好？ (A)配合心跳速率 (B)愈快愈好 (C)隨客人喜好 (D)隨美容師喜好

（B）10. 按摩可促進皮膚表皮內的 (A)汗液 (B)淋巴液 (C)皮脂腺 (D)血液 的循環而順暢加速新陳代謝

（C）11. 按摩的功能有哪些？ ①延緩皮膚老化 ②促進血液循環 ③使皮膚降低溫度 ④促進皮膚的彈力及張力 (A)①② (B)①②③ (C)①②④ (D)①②③④

（A）12. 蒸臉噴霧有消炎、殺菌作用，是因噴霧中含有 (A)臭氧 (B)酸氧 (C)過氧 (D)雙氧

（B）13. 當在蒸臉時，水面低於最小容量刻度時，應如何？ (A)先加水再關電源 (B)先關電源再加水 (C)繼續使用 (D)使用中加水

（A）14. 蒸臉器電熱管上有水垢沉澱時，應以何種液體處理浸泡 2 小時即可？ (A)醋 (B)酒精 (C)汽水 (D)鹹水

（C）15. 具有美白作用的敷臉素材是下列何種？ (A)蛋白 (B)維生素 A (C)維生素 C (D)硫磺

（B）16. 暫時隔絕空氣、使毛孔達收縮效果的是何種保養方法？ (A)去角質 (B)敷臉 (C)清潔 (D)蒸臉

（A）17. 可快速抑制炎痘，收到最好的保養效果應採用下列何種方法？ (A)濕布法 (B)蒸臉法 (C)按摩法 (D)去角質

（D）18. 下列何者可在最短時間內達最高保養效果？ (A)去角質 (B)乳液 (C)蒸臉 (D)敷面

（D）19. 不適合馬上敷臉的情形為何？ ①曬傷 ②剛刮臉 ③脆弱 ④正過敏中 (A)①② (B)①②③ (C)①③④ (D)①②③④

（A）20. 在使用濕布美容法時，如使用於乾燥、缺水、脫皮、紅腫皮膚時，使用紅外線燈照射，約多少分鐘？ (A) 5 分鐘 (B) 10 分鐘 (C) 15 分鐘 (D) 12 分鐘

二、問答題

1. 手技按摩應注意哪些事項？

2. 構成手技按摩有哪些要素？

3. 蒸臉器操作方法為何？

4. 敷面時應注意哪些事項？

5. 海綿的清潔方法？

專業護膚儀器的應用

臉部護膚雖然可以用純手工來完成，但如運用特殊儀器，美容師可提供更快、更好的服務，更能呈現專業水準。美容的儀器很多，包括利用光能、聲能、電磁能及熱能等的儀器，皆可應用在專業護膚。

7-1 專業護膚常用的儀器

美容的主要目的是抗老化，而抗老化牽涉較廣泛，也是屬於預防醫學的範圍。近代美容儀器與許多電療儀器幾乎是相同原理，主要差別在其精確度、劑量限制、安全管制的不同。廣義的美容儀器應分為兩大類，一是臨床檢驗類，另一是療程操作類。現將美容儀器的定義、一般專業護膚所使用的儀器設備、如何正確使用實務的應用、如何應用臉部護理等，分別說明如下：

一、美容儀器的定義

凡是利用光、熱、聲、電、磁等不同的能量形式，採用非破壞性及非侵入性的方法，有劑量的參考及安全標準，應用來臨床檢查，或用來維持、改善顧客的局部皮膚、皮下脂肪、肌肉、淋巴流動、循環狀況及某些生理系統的健康狀況，或能使外表美觀的儀器設備，稱之為美容儀器。

二、各種美容儀器的認識

用於臉部及身體的儀器可有各種不同的功能及組合，分別介紹如下：

（一）多功能綜合美容儀器

各部名稱簡介如下：

1. 開　關
2. 白色電源開關
3. 導出入開關
4. 導出入切換鈕
5. 吸力強度控制鈕
6. 吸粉刺開關
7. 調週波開關
8. 按摩刷開關
9. 電源座
10. 導出入輸出座
11. 噴氣口
12. 吸氣口
13. 按摩刷出力座
14. 高週波輸出座
15. 導出入儀器
16. 調週波開關
17. 按摩刷握把
18. 噴霧瓶
19. 按摩刷零件
20. 蒸氣噴出口
21. 蒸氣離子美膚機
22. 放大燈
23. 玻璃管插入口
24. 定時開關

（二）放大燈

放大燈是具有放大及照明功能的儀器，能協助美容師針對顧客的皮膚狀況提供正確的護理。常在清除黑頭粉刺、白頭粉刺及丘疹時使用。放大燈通常以落地型較為方便，是使用冷式的螢光。其光線較刺眼，使用時須用眼墊遮蓋顧客的眼睛。

（三）皮膚檢查燈：吳氏燈

美容師可用吳氏燈(Wood's Lamp)來檢查皮膚情形。不同的物質在吳氏燈的深紫色光線照射下，會呈現出不同顏色的光，而不同皮膚情況在吳氏燈下所呈現情形，整理如表 7-1。另外如是健康的頭皮及頭髮，在吳氏燈下會呈現出白灰紫色，頭皮屑會呈白色斑點。在使用時要注意吳氏燈不可過熱，燈光也不可直接接觸到皮膚。美容師及顧客都不可以直視吳氏燈的光源。

表 7-1　不同皮膚情況在吳氏燈下所呈現情形

皮膚情況	吳氏燈下的顯示
正常健康的皮膚	藍白色
水分充足的皮膚	很亮而螢光
乾燥性皮膚	藍紫色
水分不足而較薄皮膚	紫色螢光
過敏性的皮膚	紫　色
厚角質層	白　色
皮膚角質及壞死細胞	白色斑點
皮膚上色素沉澱	暗褐色
臉部油性皮膚及粉刺、面皰	黃色或粉紅色

（四）蒸臉器

蒸臉器(facial vaporizer)的構造、使用方法及時機請詳見第 6 章的介紹，此處補充微溫的蒸氣對蒸臉的益處：

1. 促進血液循環。

2. 改善細胞並促進新陳代謝。

3. 蒸氣可以暫時軟化皺紋、角質層。

4. 蒸氣可協助毛孔張開、排泄毒素及深入清潔。

5. 可軟化皮膚表面壞死細胞，然後可再用電刷或簡易按摩清除之。

6. 蒸氣可滲透毛孔中，軟化毛孔中所堆積的汙垢、黑頭粉刺、油垢、化妝品殘留物等，以便於清除。

（五）電　刷

電刷的形狀及大小不一，電刷旋轉的速度也不一樣，刷子的質料由軟至粗可配合需要而使用。電刷在臉部使用的目的、方法、使用時的注意事項以及清潔消毒方法，敘述如下：

1. 清除皮膚上的壞死細胞和附著於皮膚上的汙垢。

2. 使用前須先將臉部清洗乾淨，再用蒸臉器或用熱毛巾敷臉來軟化表面的壞死細胞以便於清除。

3. 因電刷的旋轉速度高達每分鐘數千次，對皮膚而言是最好的按摩，具有刺激皮膚及清潔皮膚的效果。

4. 有些電刷的速度可變速，低速用於乾性及敏感皮膚；高速用於較粗糙的皮膚。

5. 較粗的刷子通常用在油性或較粗糙的皮膚；較柔軟的刷子較適合乾性或細嫩的皮膚。

6. 皮膚若有微血管破裂的情形，使用電刷時要輕一點；如微血管破裂較嚴重時，應避免使用電刷。

7. 有面皰（青春痘）的皮膚禁止使用。

8. 電刷使用後要用肥皂及清水洗淨，放在酒精中消毒 20 分鐘，不用時應放置消毒櫃中。

9. 使用前須先將刷毛沾濕並以低速轉動電刷，把刷子上的水分除去。

（六）噴霧機 (Spray Machine, or Atomizer)

■ 功 能

1. 噴霧機可以刺激神經末梢，促進細胞新陳代謝，微血管破裂的皮膚也可以用。

2. 可徹底清潔皮膚表面，也可使皮膚有清爽、舒適、芬芳之感。

3. 噴霧機可以造成極佳的輕柔按摩效果，促進微血管管壁的膨脹與收縮，進而能強化微血管管壁。

4. 噴霧機噴出細霧時所形成的衝擊力量可將毛孔沖乾淨，尤其是擠出黑頭粉刺及白頭粉刺。

5. 噴霧機所噴出的細霧有助於覆蓋在皮膚上的天然酸性膜的恢復。

■ 使用方法

1. 兩個塑膠瓶裝約 2/3 滿的蒸餾水，另一瓶裝收斂水或潤膚液。

2. 通常會預備好兩個只做為噴霧用的瓶子，一瓶裝潤膚液，供乾性、老化或敏感皮膚使用；另一瓶裝收斂水，供正常或油性皮膚使用。

3. 缺水或老化的皮膚，使用噴霧機的時間較長，應在顧客肩部放一條毛巾，在頸部兩側塞進面紙，以防水滴滴入頸部。另外，最好在顧客胸前用面紙遮蓋，或在顧客下巴用彎盆形狀的接水盤，以免碰到水滴。

4. 如在臉部護理之前已用海綿清潔皮膚，就不要將收斂水或潤膚液滴在海綿上，臉部應以噴霧機沖洗。另一隻手可拿著海綿，將多餘的噴霧輕輕拍乾。

5. 噴霧機必須用蒸餾水，勿用普通的自來水，因其含有礦物質易阻塞噴霧機的噴霧口，而造成噴霧機故障。

■ 使用時機

1. 清除面膜之後。

2. 在擠出及吸出黑頭粉刺及白頭粉刺之後。

3. 如一開始就使用海綿來清潔臉部皮膚，可以用噴霧機來做第二階段的清潔工作。

（七）吸引機 (Suction Machine)

■ 功 能

1. 主要功能是將毛孔中的汗垢吸起，但卻無足夠的力量將黑頭粉刺吸起。

2. 吸引機同時可提供深入的滲透性按摩，因可將血液引至皮膚表面，供給細胞養分及氧氣，並將毒素排出。

3. 如時間充裕，做臉部護理時可省略按摩而以吸引機代替，以達到適當的刺激皮膚的效果。

4. 吸杯的節律作用對皺紋皮膚及法令紋雖無法除去，但可促進血液循環及補充表皮皮膚的水分。

■ 使用方法

1. 護理面皰皮膚時，須直接將吸杯置於一處患部。護理正常皮膚時，可在臉上滑動。

2. 使用時，可在皮膚上塗抹薄薄一層清潔液做為保護，以利吸杯在皮膚上滑動而不至於將皮膚拉起。

3. 吸杯為金屬或玻璃製品，大小不一，有些機型的吸力是由套住吸杯的把柄所控制。有些機型備有刻度轉盤，可控制及調節吸力強度。玻璃吸杯有個小孔，在操作過程時可用手指抓住小孔，如鬆開手指，吸力就中止。

4. 通常只用兩個吸杯來運用，小一點的吸杯用來吸引下巴、鼻子與嘴唇之間、鼻子兩側及兩眼之間等部位；大一點的吸杯是用來吸引頸部、顎部、額部、面頰等部位。

5. 美容時應配合顧客皮膚類型，調整好吸力強度，使用時可先在手上或手臂內側做試驗。

■ 使用時機

1. 乾性及老化皮膚，應使用較小的吸力。

2. 油性皮膚可使用較強的吸力。

3. 患有玫瑰痤瘡（rosacea，俗稱酒糟鼻或酒渣鼻）的皮膚不適合使用吸引機。

■ 吸引機的保養

1. 有些玻璃吸杯備有一個小空間，可放上一小塊的棉花，用來過濾及防止吸引機吸入雜物。使用完畢立即關掉。

2. 吸杯的邊緣易從毛孔所吸汗垢黏附著清潔液，完成護理後須將吸杯取下，用清水及肥皂清洗乾淨，並放入備有酒精的碗盤中，或放在乾燥的消毒櫃中。下次要使用時再取出。

7-2 利用電磁能的美容儀器

電磁能的應用上，與美容相關的電療部分有高頻率電流、法拉第電流、低頻率電流（低週波）、電子拉皮與微電流刺激、賈法尼電流與離子導入等，現分別敘述如下：

一、高頻率電流

高電壓／低電流方式，應用於美容保養時，一般使用 150~200 KHz 之間較多，很少超過 500 KHz 以上的頻率。其電極有許多不同的形狀，如香菇型、圓弧型、梳子型、圓柱型等，材質由石英玻璃或玻璃來製作。此種電極有的內部會抽成真空，有的則填入低壓氖等氣體，真空石英玻璃電極中含有微量的汞(Hg)原子。因此當高壓高頻電流通過電極管時，會出現紫藍色的紫外線來分解氧分子，而形成臭氧。

（一）作　用

將電極置於皮膚時，保持約 3~5 mm 或與皮膚直接接觸，會有下列幾點作用：

1. 充血作用

　(1) 真空玻璃電極的微放電功能，能適當刺激活化皮膚表面，而擴張血管，加速局部血液循環，增加皮膚表層的氧合作用。

(2) 在使用過程，電極與皮膚的距離須保持 3 mm。

(3) 對掉髮、毛髮復生很有幫助。

2. 鎮靜及鬆弛作用：使用氖電極（發出橙色的光）、金屬電極都可達到鎮定及鬆弛皮膚表面的作用，此乃是微溫熱效作用。

3. 電擊作用：如使用尖型金屬電極，因其尖端會火花放電效應非常強烈，具有分解、破壞性及腐蝕，美容不可使用，以免造成灼傷或其他的傷害。

4. 乾燥與滅菌作用

(1) 對脂漏性皮膚、頭皮屑的處理很有幫助。

(2) 高頻率電流的熱效作用能促進皮膚表面的水分加速蒸發，有相當程度的乾燥作用。

(3) 當真空石英玻璃電極通電時，周圍的氧分子先被解離成氧原子，經隨機碰撞後會與其他的氧分子結合成臭氧，擴散出去。石英玻璃中的微量汞原子會放射出紫外線，而且會加速解離氧分子。臭氧對皮膚表面上的厭氧細菌（如類白喉菌）有滅菌效果；對面皰性的痤瘡桿菌、酵母菌、葡萄球菌、皮膚芽孢菌屬、面皰油酸菌等，都有滅菌的功能。

（二）在實務上的應用

1. 一般保養：可在按摩後，敷臉之前或之後，用滾輪電極或扁圓形電極做 2~3 分鐘。

2. 油性肌膚：使用半弧形電極，電流強度不可太強，以免刺激皮膚的末梢神經而促進皮脂分泌。臭氧功能很重要，在敷臉前做 2~3 分鐘。

3. 老化肌膚：使用香菇型電極，以極微的間隙和皮膚保持間隔，使電極對皮膚做擴散性的微放電，而刺激末梢神經，促進局部的血液循環。

4. 面皰肌膚：應選石英玻璃電極，能產生更多的臭氧來殺菌，同時也促進血液循環。

■ 注意事項

1. 操作進行前，顧客及美容師身上的金屬飾物要取下，以免發生意外。

2. 高頻電流不適合用於體內有金屬植入物者及裝有心律調整器者；此外，患有心臟血管疾病及高血壓者，有開放性傷口、水腫、燒燙曬傷的皮膚，以及孕婦、皮膚過敏者，皆不適合使用。

3. 皮膚表面不可有任何易燃性質的揮發性液體，以免造成灼傷。

■ 使用方法

　　要將電極換成低電壓感應線圈電極，交由顧客用手握住，美容師的手接觸顧客身體時，就會使高頻電流釋放出來（用手來當做電極），流遍全身。對表淺皮膚產生溫和刺激及加熱，而促進血液循環。如配合按摩手技，顧客身體就會變成一個不斷快速蓄電與放電的高頻電極。此種按摩方式稱為高頻電流的「間接按摩」。在按摩時，美容師的手最好與顧客身體保持接觸，以免產生放電的刺痛感。

二、法拉第電流

　　在美容方面的應用，為避免尖銳的刺激，須將波形修改得溫和一點，稱為「擬法拉第電流 (psuedo-Faradic current)」，主要功用如下：

1. 使肌肉產生收縮，不會穿透骨骼，而非熱作用。

2. 美容師常利用來做減肥用，但實際上減肥須配合運動及飲食控制，有時器質性的問題，須經過醫師治療。

3. 單以法拉第電流無法達成減肥目的，但對身材的局部緊實及曲線重塑仍能達其效果。

三、UL 低頻波動儀（低週波）

　　目前純法拉第電流儀器已不多見，較常用低頻電流（低週波）。現將其功能及使用方法敘述如下：

1. 功　能

    (1) 針對水腫型纖維組織及橘皮組織，能促進新陳代謝。

    (2) 可緊實肌肉(toning up or firming up)、塑造曲線。

    (3) 可消耗熱量、排除浮肉、促進循環、減少細胞間液水分滯留、減少水腫情況。

    (4) 也可做胸部緊實的保養。

2. 使用方法：不用手技，不用人實際操作，只要接觸(touch)，也就是利用 8 片低頻超音波，頻率為 28~32 KHz，做深層韻律按摩。具 8 種強度及 4 種波動，每低頻超波具有 LED 指示燈。

四、電子拉皮與微電流刺激

　　電子拉皮在醫學上比較正式的名稱為微電流刺激 (microampere electrical stimulation, MES)，各廠商名稱不一。微電流刺激的主要特色是以低於閾值，幾乎是無感覺的電流，來刺激穴道點或是身體的某些特殊的觸發點。微電流有正負二極，黑色代表負極（陰極），紅色代表正極（陽極）。正極通常會產生酸化作用，較富含氧分子，有鎮痛、止痛及癒合效用；負極通常是產生鹼性作用，比較有刺激性。現依其美容方面的應用、適應症狀以及實務上的應用，分別說明如下：

1. 美容方面的應用

(1) 緊實鬆弛肌肉。

(2) 面皰後疤痕癒合。

(3) 調理並促進肌膚的新陳代謝。

(4) 促進 DNA 與膠原組織的合成，修護疤痕及皺紋組織。

2. 其他適應症狀

(1) 骨折不癒合。

(2) 運動傷害。

(3) 挫傷、扭傷及外傷性傷害。

(4) 缺血性皮膚潰瘍，如壓瘡、褥瘡等。

(5) 神經痛、足痛、下背痛、坐骨神經痛、關節痙攣病。

(6) 關節炎、肌腱炎、滑囊炎、肌纖維炎、手術後疼痛、黏液囊炎。

3. 實務上的應用：實務上微電流的電極，有以下幾種形式（圖 7-1）。

(1) 人手電極：又稱為「微電流按摩」(microcurrent massage)。這是將電極分別放在美容師及顧客身上，美容師再用手去按摩顧客。

(2) 滾輪電極：最常見，尤其對大面積的部位或是肌肉群較多者。極為方便。

(3) 導電極片：一般使用極片時，採用組合式，使用時，一次將許多極片用導電凝膠固定於操作部位。

(4) 棉花電極：以濕海綿球或濕棉花球置於電極棒前端，這種類型的電極最為常見。缺點因海綿球或棉花球的水分易乾燥，需經常保持濕潤以確保導電度，否則太低的電流是無法通過水分不足的棉花球或海綿球。使用棉花電極時的基本操作原則如圖 7-2。

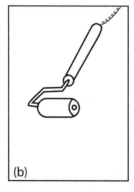
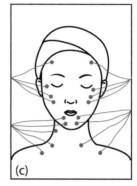
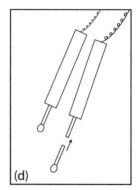

圖 7-1 微電流的電極。(a)人手電極，(b)滾輪電極，(c)導電極片，(d)棉花電極

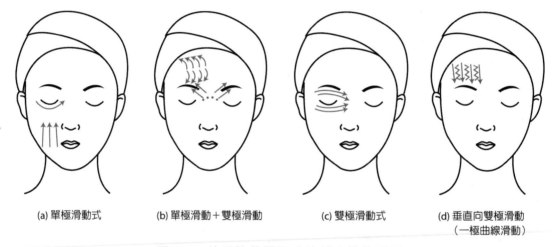

(a) 單極滑動式　　(b) 單極滑動＋雙極滑動　　(c) 雙極滑動式　　(d) 垂直向雙極滑動
　　　　　　　　　　　　　　　　　　　　　　　　　　　　　　　　　（一極曲線滑動）

圖 7-2 使用棉花電極時的基本操作原則

五、CS 微波拉皮

　　CS 微波儀不需打針或開刀，只要幾分鐘就可達到緊實肌膚的效果。如果同時配合負離子療程，能淨化皮膚、活化細胞、提高肌膚的含水量而達美膚效果。

1. 手套拉皮：可促進淋巴引流，皮膚新陳代謝，增強產品的滲透倍數。

2. 深層拉皮：可增生膠原蛋白，提升眼皮，補充水分，改善魚尾紋、臉部紋路、色素斑及眼睛疲勞。

3. 測水分含量：可在護膚前、後測試皮膚飽水度。

4. 負離子導入：可調節皮脂分泌、平衡 pH 值，以及脂化 C、左旋 C、玻尿酸的導入。

六、賈法尼電流與離子導入

（一）賈法尼電流

賈法尼電流應用在人體的低強度直流在 10 mH 以下。作用於人體的低強度直流非常廣泛，在電療學上主要有下列五大類，分別說明如下：

1. 離子導入(lontophoresis)：離子導入較正確的名稱為「經皮離子導入(transdermal lntophoresis)」，美容業慣稱「離子導入導出」，其主要功能是驅動離子，增加經皮吸收，強調導入某些「有效」而無副作用的物質。

2. 分解作用：因電子的移動，在負極會產生類似去角質的分解作用，在角質層上因電解而產生鹼性反應及皮脂產生乳化作用，可清除一些皮脂及溶解在其中的一些廢物。

3. 直流除皺 (lalvanopuncture or ridopuncture)：也稱為謝夫洪式除皺 (Chevron method)。此種直流除皺不屬於美容師使用的範圍，它是使用 0.5~2 mH 的電流強度，200~400 Hz 的頻率，用針將電流導入皺紋部位。其原理是當電流通過負極針時產生鹼性反應，而使周圍組織部分的蛋白凝結，形成一層補償式的顆粒層或纖維化而增厚的膠原蛋白來充填皺紋的凹折處。

4. 電泳(electrophoresis)：主要是用於生化大分子蛋白（如 RNA、DNA 等）的純化及分析。這類分子雖不帶電荷，但因具有鹼性或酸性的胺基酸，如：天門冬胺酸(aspartic acid)、離胺酸(lysine)、麩胺酸(glutamine)等，因此整個分子還是帶有淨電荷。

5. 刺激肌肉收縮：一般以使用高電壓(300~500 V)脈衝式（微秒）直流方式最普遍，可穿透較深。主要用途是做為「失神經的肌肉電刺激治療或檢查」，失神經的肌肉只對脈衝直流反應，對交流電不起反應。

（二）離子導入

離子導入應用在美容上已有一段時間，它必須使用可離子化或帶淨電荷的物質進入體內，離子物質進入人體後還須經過再組合。離子導入的電極或極性是很重要的，一般直流的陽極（正極）屬酸性反應（如 HCl），含氧量高，有鎮痛效果，比較沒有刺激性，有緊實作用；陰極（負極）屬鹼性反應(NaOH)，含氫量高，比較有刺激性，較有柔軟作用。

現將其導入途徑、操作方法、影響因素、離子導入的電極、注意事項及離子導入的功能，分別說明如下：

1. 離子導入的途徑：可歸類為以下兩個途徑。

    (1) 經由細胞膜(cell membrane)透入。

    (2) 經由毛孔透入(transfollicular penetration)：經由此途徑透入的產品，大致不會超過 Malpighi 層。

2. 操作方法

    (1) 離子導入的基本只能使用液狀(solution)及膏狀(ointment)兩種劑型的物質。膏狀的水性凝膠(aqueous gel)，外相一定要是水，才可離子化，濃度也不可超過 5%，不能使用很高的濃度，因高濃度反而會阻礙導入離子的再組合。

    (2) 在導入前，應將使用的部位適度去角質，再將膏狀物質均勻按摩於患處。如使用液狀產品時，濃度控制在 10~20% 之間，可視需要而定。可使用吸攝水分能力強的紙巾或高吸水力的膠原纖維面膜，來確保離子的自由移動性。

    (3) 鹼性太強的溶液不可用於導入，因易產生負極化學傷害。

    (4) 大分子的物質如胜肽類，導入比較困難，導入的比率較低。離子導入可能性與分子量大小會成反比。

3. 影響離子導入的因素：影響因子很多，與導入物質的分子量大小、極性、電荷價數、劑型、濃度、純度等都有關。

4. 離子導入的電極：大致上可分成二大類。

    (1) 橡膠極片：以導電矽膠片導電，較適合大面積及系統性的導入。

    (2) 美容業用的主電極有圓桿型、滾輪型、圓球型、扁輪型等，依不同的部位選擇。

5. 離子導入應注意事項

    (1) 須瞭解離子導入所欲達到的目的及療效，是局部性或系統性的。

    (2) 不同的物質或電荷相反的物質，不應一次一起導入。

    (3) 對使用的劑型、純度、濃度、極性、電荷及導入的時間要先處理好。

    (4) 電流強度並非越強越好，往往電流太強時，導入效率反而降低。

    (5) 電極不要壓在平躺身體下，尤其是負極，因循環與散熱較差，易產生熱及化學傷害。

(6) 如有下列症狀者不適合導入：懷孕婦女、過敏患者、皮膚有傷口者、皮膚有燒燙曬傷者、腫瘤病患者、微血管破裂的皮膚、患有心臟病者。

(7) 被使用者身上不得配戴金屬類的物品。

(8) 使用導出入時，由一個部位移至另一個部位之前，須將電流強度先歸零，然後再慢慢加強電流，直到顧客再度有刺痛感後，便可停止加強電流。在處理額頭、鼻子、下巴等部位時，只需 5~7 分鐘；油性皮膚或青春痘皮膚則需 10 分鐘左右。使用滾輪時，須緊貼著臉部滾動，電流強度以不超過一個電流強度為準。

7-3　利用光能的美容儀器

在美容應用上，常用的光能種類有紅外線及紫外線，此處說明其定義、功能及使用注意事項，並介紹光能生物儀及美容業的光譜美容應用。

一、紅外線

紅外線(thermal radiation)是極簡單、經濟、方便又好用的基本美容設備。紅外線的分類極為紛亂，工業應用及理論光學的研究都有各自的分類。現將其定義、應用的領域、醫療功能及注意事項，分別敘述如下：

（一）定　義

可分為一般定義、國際電氣組織(IEC)及國際照明委員會(CIE)的定義，簡述如下：

1. 一般定義

(1) 近紅外線(near infra-red)：波長 0.77~1 μm。

(2) 普通紅外線(ordinary infra-red)：波長 1.5~5.6 μm。

(3) 遠紅外線(far infra-red)：波長 5.6~1,000 μm。

2. 國際電氣組織(IEC)定義

(1) 短波紅外線(short wave infra-red)：波長 0.7~2.6 μm。

(2) 平均波長紅外線(mean wave infra-red)：波長 2.6~4,000 μm。

(3) 長波紅外線(long wave infra-red)：波長 4.0~1,000 μm。

3. 國際照明委員會(CIE)定義

   (1) IR-A：波長 0.7~1.4 μm。

   (2) IR-B：波長 1.4~3.0 μm。

   (3) IR-C：波長 3.0~1,000 μm。

（二）應用的領域

1. 偵測應用：用來分光的技術測定，解析物質。

2. 能量應用：也就是熱應用，以紅外線做為熱輻射源，被照射物質的溫度升高。

（三）紅外線的醫療功能

    人造的紅外線放射源有很多，如氧化物(ZrO_2)、鎢絲、碳化矽(SiC)等，光源可分為非發光式(non-luminous)及發光式(luminous)，非發光式的紅外線是由如熱石塊、陶瓷、熱敷袋等不發光的物體所產生；發光式的紅外線則由像火爐、燈泡、電熱絲等發光體所產生。紅外線的人體穿透率取決於波長，波長愈短，穿透能力愈強。人體的皮膚在 32℃時，其紅外線放射率為 0.98，是良好的紅外線放射體及吸收體。一般來說，近紅外線發光是由光源產生，其人體穿透深度可達 1.8~3 mm 左右；普通紅外線可穿透 0.05~1 mm；遠紅外線的穿透力較低，光粒子的熱量也較小，通常由不發光的物體發射。同時要注意的是，在同樣的瓦數、照射距離及入射角度時，非發光紅外線的照射會給人感覺較熱，這是因波長較長，在皮膚表層被吸收較大的緣故。

    無論何種紅外線，在物理治療上皆屬於「表淺熱」，主要是使組織的水分子類的物質增加，其主要作用如下：

1. 在治療過程，可保暖身體。

2. 促進血液循環，增進產品吸收率。

3. 促進排汗及排除身體的廢棄物，提高網狀內皮的活力。

4. 有放鬆及降低肌肉緊張度的作用，可有效鎮定表淺神經末梢而達到溫和鎮痛的效果。

5. 可提高電療時電子肌肉刺激的神經傳導速度。

6. 可提升電離子導入，超音波導入的穿透性。

7. 增強運動及按摩治療的功效，也可增進皮膚的呼吸作用。

（四）紅外線治療應注意事項

1. 對於患有光敏感症者不可使用。

2. 不可直接照射眼睛，長時間照射會造成傷害，因此照射時要遮蓋眼睛。

3. 對正進行藥物治療者不可使用，因為有可能會產生光毒作用。

4. 紅外線燈應距離照射部位至少 60 公分，不要超過 90 公分，照射時間以 10~30 分鐘為佳。但對較細嫩敏感的皮膚部位，如臉或頸部等部位，照射時間最好減半。至於身體部位，如背部，則可視情況調整為 20~40 分鐘。

5. 使用非發光式紅外線時，如果患者感覺較熱時，可調整角度由 90°調整成銳角，距離可調整為 70~100 公分，照射時間可維持不變。

6. 美容師要特別瞭解肌膚顏色較紅及較黑者，其反射率較低，吸收率較高，可達 70~75%（可能更高，依情況而定）；而肌膚較白者，對可見紅外線或近紅外線，其反射率非常高，但吸收率較低，約有 25~30%左右。

二、紫外線

　　到達地球表面的太陽輻射有紅外線、可見光及紫外線(ultra-violet light, UV)，其中以紫外線對生物的傷害最大，在離地表 15~50 公里高的平流層，尤其在 20~30 公里處，陽光中的高能紫外線（波長約 150 nm）能將氧分子鍵打斷而形成單獨的氧原子狀態，再與另一氧分子結合生成不安定的臭氧(O_3)，稱為臭氧層，能吸收陽光中波長在 200~300 nm 的紫外線，特別是波長 260 nm 的吸收量最大。紫外線一般依其能量分為三個波段：波長 320~400 nm 為紫外線 A (UVA)；波長 290~320 nm 之間為紫外線 B (UVB)；波長 100~290 mm 為紫外線 C (UVC)。

　　現將紫外線對人體的傷害、紫外線在醫療上的應用、紫外線在美容保養上的應用、紫外線使用時應注意事項及使用時的禁忌症，分別說明如下：

（一）紫外線與人體的作用

　　紫外線的作用是「化學性」的生理作用，對人體的傷害是因人而異、因波長而異，歸納起來有下列幾點：

1. 表皮層的細胞組織如受到紫外線的傷害，真皮層裡的細胞會釋放出一種血管擴張物質，使血管擴張，皮膚會產生發紅的現象。

2. 人體血液中含有吡咯紫質(porphyrine)，紫外線照射到微血管後，porphyrine 會變為增光劑，光化作用之後，就會造成皮膚發炎現象。

3. 紫外線會刺激表皮層的黑色素細胞製造黑色素，過度曝曬時，皮膚只能進行褐化(taining)，但過度曝曬達某種程度時，會出現紅腫甚至起水泡，這是急性曬傷。

4. 慢性的紫外線傷害，會造成皮膚增殖新細胞，角質增厚、皮膚乾燥、脫屑、彈力消失、皺紋增加等老化現象。

5. 紫外線對生物所造成的傷害中，最嚴重的是對核酸的破壞，輕則引起酵素不活化，重則引起染色體異常或遺傳基因突變，也可造成細胞死亡或致癌。

6. 核酸遭破壞後，需一定的時間來修補，但 DNA 過度的受損是無法修護的。DNA 被破壞外，會產生自由基，如羥基自由基(hydroxy radical)及超氧自由基，會破壞脂質及膠原蛋白。

7. UVC 波長為 250~260 nm，會造成 DNA 產生致命性的突變；UVB 波長為 290~320 nm，會曬傷及致癌，其中以 280~290 nm 波長最易傷害 DNA，使細胞變異，造成致癌，尤其是惡性黑色素細胞瘤。

（二）紫外線的應用

1. 紫外線在醫療的應用

   (1) 消毒(sterilization)。

   (2) 殺菌(bactericidal)。

   (3) 軟骨症(osteomalacia or calphosphorus disease)的治療。

   (4) 有些皮膚疾病的治療。

2. 紫外線在美容上所造成的生理作用

   (1) 褐變。

   (2) 消毒。

   (3) 適當的刺激能增加新陳代謝，增加肌肉張度。

（三）紫外線使用的注意事項

1. 須注意紫外線照射的治療劑量及相關因素：如個人的感受、照射距離、入射角、紫外線光源強度、角質層厚度、膚色、中間有無化學氣體、塵粒或化學物質的障礙及總照射時間。

2. 大人、老人及小孩所使用的劑量也不一樣，對膚色照射可分為下列幾類：

   (1) 黑色人種：不會曬黑，會深度曬傷。

   (2) 地中海型膚色白種人：易曬黑，不易曬傷。

   (3) 深膚色白種人：易中度曬傷，緩慢曬黑。

   (4) 紅髮、雀斑型者：易曬傷，不易曬黑。

   (5) 藍眼、一般膚色白種人：易曬傷，可稍曬黑。

3. 操作室須有專人照顧，禁無相關人士進入。

4. 患部以外的身體部位，要遮蓋好，並注意可能的散射及反射物。

5. 須注意被操作者的眼部保護，一定要配帶眼罩及特殊護目鏡，以免引起結膜黃斑、白內障、光角膜炎等眼部病變。

6. 要注意距離與角度的調整，注意遵循二個定律：

   (1) 照度與距離的平方成反比定律。

   (2) 距離不變時，照度等於入射角的餘弦函數。譬如光源與目標成垂直狀態時，入射角為零時，其照度如設為 100%時，當入射角傾斜為 60°時，照度只剩 40%左右，入射角傾斜 30°時，照度只剩 80%左右。

7. 紫外線治療的禁忌症

   (1) 肺結核。

   (2) 紅斑性狼瘡。

   (3) 嚴重糖尿病。

   (4) 急性皮膚病。

   (5) 多形性光疹。

   (6) 著色性乾皮症。

   (7) 陽光性蕁麻疹。

   (8) 吡咯紫質沉著症(porphyria)。

   (9) 嚴重心臟血管障礙者。

   (10) Cockaney 氏症候群(Cockaney's syndrome)。

   (11) 其他有光過敏者。

(12) 進行藥物治療中，有可能產生光毒作用，如：phenothiazines、tetracycline、allopurinol、奎寧、磺胺類、焦油等藥劑。

（四）日光浴床

在美容沙龍使用日光浴床(sunbed)時，須注意事項如下：

1. 是否懷孕。

2. 平日皮膚保養的狀況。

3. 欲達成的膚色與時間。

4. 注意年齡、職業、種族、皮膚老化情況。

5. 要先檢查顧客的皮膚狀況、膚色類別、皮膚乾燥的程度、黑色素聚集的部位、角質厚度等。

6. 要詢問是否正進行藥物治療，有無光敏感性的病史，是否易中暑或有其他紫外線的禁忌症狀。

7. 在設計課程時，每次採漸增劑量的方式，不可超過製造廠商的規定；時間一般為5~10 分鐘，也有 20~30 分鐘，須依燈源種類及瓦數不同而異。次數最多不要超過 10~12 次，依廠商規定，最好隔天一次。

8. 在操作前，日光浴床應先預熱約 2 分鐘，在顧客的額頭、眼部、鼻子、頸部、腹部、臀部等部位或敏感處，須作防曝的保護。

三、光能生物儀在美容沙龍的應用

（一）LED 冷光(Light Emitting Diode)及紅、綠、藍光的原理及效能

光能生物儀可釋放三種不同顏色的冷光，分別是紅、綠、藍。不同顏色的光線對人體有不同的功能。利用光能刺激經絡穴位或特殊部位，藉以調整細胞的生物光子(biophotons)，可把訊息帶入經脈器官，加上負氣壓的功能，以活化深層神經、靜脈、肌肉組織、肌腱、淋巴腺等，也有調整內分泌功能，加強淋巴液排毒，釋放身心壓力，以平衡身心靈能量。同時也能刺激改善細胞呼吸率，脂肪細胞被氣壓吸啜時而即時打散。

1. 紅色：生命的顏色，可刺激血液循環、新陳代謝和神經系統，補充能量，活化細胞代謝，更新肌膚。

2. 綠色：大自然的顏色，治療一般肌膚問題，改善傷口疤痕，鎮靜皮膚，減少皺紋，對抗衰老肌膚。臉部回春。

3. 藍色：平靜和永恆的顏色，能抗菌、抗敏、舒緩、止痛，也能減輕過敏反應及治療暗瘡。

（二）光能生物儀幻光頭的應用

有 2 個大小不同的光頭，適合臀部、大腿、腹部、背部、手臂、眼部及面部。大頭擁有 14 組光纖。

（三）光能生物儀的使用方法

1. 照射距離：緊貼肌膚及輕軟掃射。

2. 照射部位：壓痛點、穴位、運動刺激點、皮膚阻抗較低點，直接照射部位或傷口。

3. 照射時間

   (1) 如照射點為穴位，每穴位照射 40 秒至 2 分鐘，每次可照射多個穴位，視個案需要。

   (2) 每次不超過 30 分鐘，照射 10 次為一課程，可隔日照射一次；嚴重者可重複課程，每個課程須間隔一週。

7-4　利用聲能的美容儀器

超音波的物理特性是在頻率固定時，音波在不同介質中傳遞速度不一樣，波長也不一樣；介質密度愈高，音速愈大、波長也愈大。超音波的調變控制，有許多種不同的設計方式，常見的有頻率調變方式、振幅調變方式、同步複頻調變方式、交互變頻的複頻調變方式等。在醫學與美容上的應用及使用注意事項，分別敘述如下：

一、超音波在醫學上的應用

1. 殺菌：低頻(10~20 KHz)。

2. 洗淨、清潔。

3. 結石的擊碎。

4. 超音波手術：可破壞患部組織，劑量恰當時可使局部組織蛋白質熱凝固而變性破壞。

5. 白內障手術。

6. 超音波除牙石。

7. 超音波透析：利用超音波可加速透過功能，可縮短洗腎時間。

8. 製作血流計，超音波診斷器。

9. 水療。

10. 聲能導入：利用細胞的可透性增加導入特定的處方藥物，替代皮下注射或靜脈注射。

11. 復健醫療：對風濕症、關節炎、腫瘍、肩痛、自律神經失調症、僵硬、神經痛、肌肉酸痛及運動傷害等皆有療效。

二、超音波在美容上的應用

1. 洗淨、清潔。

2. 按摩：可促進局部微血管擴張，促進新陳代謝，加速氧化作用。

3. 超音波浴：超音波在水中的微振動，對肌膚有微按摩的效果，同時所產生的氣泡可促進熱水將毛皮中的汙垢去掉，有清潔及消除疲勞的效果。

4. 聲能導入：聲能導入也稱為超音波導入。

   (1) 聲能導入法與離子導入法的目的都是相同的，但原理不同。聲能導入是利用細胞薄膜可透性增加的原理，離子導入則是利用電場的作用力。

   (2) 有效的超音波導入，可透入皮下 1~2 公分深度。

   (3) 超音波導入的劑型應選用乳膏或凝膠劑型，不適合使用液態劑型。

   (4) 利用超音波導入時，應注意產品成分與純度，對有敏感反應的患者，宜避免使用。

5. 超音波美容導入儀

(1) 營養導入。

(2) 導入性佳，能活化細胞膜。

(3) 深層肌膚按摩，促進血液循環，淋巴腺循環順暢。

(4) 消除暗瘡癒後疤痕。

(5) 防止皺紋、眼袋及黑眼圈。

(6) 配合除斑霜，抑制色素沉澱的皮膚。

(7) 軟化血栓，消除血液循環障礙。

(8) 配合除皺霜可清除細紋、妊娠紋及魚尾紋。

(9) 也具有減肥及健胸的效果。

(10) 軟化肌膚組織細胞，改善肌膚的彈性、分解局部多餘脂肪，排泄老廢物質，促進新陳代謝。

(11) 對青春痘、粉刺有殺菌作用，可減少發炎及感染。

7-5　利用熱能的美容儀器

熱能在美容護膚上的應用包括三溫暖（如遠紅能量屋、窟式遠紅外線）及電毯等。

一、三溫暖

三溫暖可分為乾式與濕式兩大類，現將其種類、作用、注意事項及禁忌症等，分別介紹如下：

（一）三溫暖的種類

1. 乾式三溫暖：可分蓬蓋式遠紅外線美容艙、太空艙型及箱型遠紅能量屋等較為普遍。

2. 濕式三溫暖：有蒸氣浴、俄羅斯個人蒸氣浴。

（二）三溫暖的作用

1. 可使衰弱細胞和皮脂腺感應振動，加速新陳代謝，排出老化物質、膽固醇，促進淋巴液和荷爾蒙的分泌，而達健康、減肥、美容的效果。

2. 促進流汗，汗液經過汗管時，部分物質會被再吸收回去，汗的成分裡除水分外，含有相當數量的 NaCl、K^+、尿素、乳酸等。適度的排汗，可排除一些尿素、乳酸及 NaCl 等，可使肌肉消除疲勞。

3. 如大量排汗會造成體內細胞間液中的電解質大量流失，而造成脫水及電解質失去平衡，因此須適當補充水分。

4. 適當使用三溫暖可幫助排除廢棄物：水、鹽、氨、尿素、乳酸、磷酸鹽、硫酸鹽等，減輕腎臟負荷，可提高新陳代謝，降低體內 CO_2 的含量，改變血液的 pH 值，使偏向鹼性，增加白血球，以增加免疫力。

5. 可促進食慾或減肥，對手腳冰冷、肩部或腰部疼痛有改善的效果。可解除精神上壓力，可放鬆肌肉及增加全身的柔軟性。

（三）三溫暖的使用注意事項

1. 使用時要注意電源、溫控、急救、防水、清潔及衛生等安全事項。

2. 一般使用三溫暖的溫度範圍約在 50~60℃ 之間，使用時間為 10~30 分鐘，可依溫度、濕度、對流以及個人的耐受性而定。

3. 如過熱時，下視丘的恆溫調控功能會失調，會產生熱中暑症狀，如未採急救措施，會有致命的危險。

（四）三溫暖的使用禁忌症

1. 有發炎或腫脹時。

2. 患有癲癇者。

3. 有發燒者。

4. 氣喘病患。

5. 糖尿病患。

6. 腫瘤患者。

7. 有心臟血管病變者。

8. 血壓過高或血壓過低。

9. 月經期間或懷孕期間。

10. 正在接受藥物治療者。

11. 有開放性傷口或傷口潰瘍時。

二、電　毯

　　電毯是一種可熱敷或裹覆的熱療方式，其熱的傳輸經由輻射與傳導二種形式同時存在。其原理、效果和三溫暖雷同。電毯有局部式、單張式、睡袋式，現將電毯的效能及使用注意事項敘述如下：

（一）電毯的種類

1. 局部式：可穿或包紮在腹部、臀部、大腿的局部用電毯。

2. 單張式：尺寸並非絕對，各廠牌有差別，設有低、中、高溫度控制器，恆溫裝置及操作指示燈。

3. 睡袋式：側面設有拉鍊或其他閉合裝置，人進入袋內後再加熱。

（二）電毯的效能

1. 保養或按摩時，可使顧客放鬆睡著。

2. 寒冬保暖、老年人禦寒、病患復健、肥胖者瘦身。

3. 促進排汗、去除脂肪、消耗多餘熱量、維護健康。

4. 刺激微血管、增進血液循環、促進細胞新陳代謝。

5. 促進皮脂線及汗腺分泌、排除皮膚雜質及毒性物質而達到清潔毛孔、淨化細胞組織。

（三）使用注意事項

1. 使用電毯應注意清潔衛生，以避免傳染病的感染。

2. 通常先在電毯上鋪上毛巾，或身體包裹在保鮮膜內，避免直接接觸。

3. 加熱或預熱時不可將電毯折疊，因折疊處易產生高溫而引起燃燒。

7-6　利用機械能的美容儀器

機械能在美容領域中的應用，主要有振盪按摩、壓力淋巴引流、真空吸引，分別說明如下：

一、振盪按摩

振盪按摩(vibratory massage or cycle massage)可分為臉部用（小型）與身體用（大型），有時還須加熱，其振動的方式有兩種，一種是利用馬達來作偏心旋轉，而產生線性簡諧運動來產生振盪；另一種是電磁式的振動。振盪按摩也是正規按摩方法之一，按摩很少以一種手法可達到完整效果，因此應用振盪按摩作為輔助按摩，再配

合其他的按摩手法，效果會更好，現將其操作方式、工具的應用、效果及不適合做振盪按摩的情況等，說明如下：

（一）工具的應用及操作注意事項

1. 按摩頭共有六種形式：四粒半球型、半球型、細齒型、錐突型、圓體型及天鵝頸型。

2. 實際按摩時，如使用按摩油作潤滑劑，按摩頭易藏汗垢，因受身體的皮脂角質、汗垢、灰塵、按摩手及細菌等所形成的汗垢，因此建議用痱子粉類來做滑動劑，但也須注意避免粉塵飛揚。

3. 使用的時間及強度，須由美容師觸診來決定，視部位面積、狀況及需要而定，約5~30分鐘不等。

4. 正確的振盪按摩方式是不可過分加壓，過度加壓會造成皮膚的過度收縮，反而會傷害一些皮膚纖維或鬆弛。

5. 滑動時速度宜慢，以使組織能充分吸收動能，尤其對肥胖組織，如下半身大腿內外側的浮肉。

（二）振盪按摩的效果

1. 放鬆肌肉，促進局部循環。

2. 局部充血、促進體液的流動。

3. 根據實驗，如施予30分鐘振盪按摩後，皮膚溫度可提升約2~2.5℃，肌肉只提升約0.3℃。在體液方面，皮膚的鈉離子的排除率約可提升50%，肌肉層就不明顯了。

（三）振盪按摩的不適症

1. 皮膚病患。
2. 月經期間。
3. 懷孕婦女。
4. 腫瘤病患。
5. 有靜脈炎者。
6. 心律不整者。
7. 男性生殖器。
8. 紅腫或發炎部位。
9. 淋巴腫脹或淋巴炎。
10. 有開放性傷口或潰瘍。
11. 灼燒、曬傷或燙傷部位。
12. 有靜脈曲張及靜脈滯留的患者。
13. 太瘦者或皮下組織太薄部。
14. 頭部、頸脊背部、脊椎部位、腹腔等部位不適做。

二、壓力淋巴引流

　　壓力淋巴引流是目前被廣泛用於美容學、體液循環學及物理治療等方面的治療方法。壓力治療能促進淋巴循環及血液循環，刺激細胞內的體液吸收過濾，排除有害之體液毒素，也能有效改善水腫性蜂窩組織，並可加強生理健康。壓力淋巴引流按摩儀通常有多種不同的按摩療程，現將其各種模式、生理作用、美容作用及不適症等，分別說明如下：

1. 壓力淋巴引流按摩常見模式

(1) 肥胖型。　　　　　　　　(5) 靜脈水腫。

(2) 淋巴排液。　　　　　　　(6) 輕微型蜂窩組織。

(3) 增強運動。　　　　　　　(7) 嚴重型蜂窩組織。

(4) 基礎代謝。　　　　　　　(8) 深層組織（血管浮腫）。

2. 生理作用

(1) 增加細胞組織的活力及彈性。

(2) 改善細胞組織內體液的吸收，及排除毒素。

(3) 按著順序做排水治療，可暢順中樞神經及預防淋巴瘤的形成。

(4) 促進淋巴循環及血液循環，並使血液及淋巴液通過體內過濾系統。

(5) 因為壓著神經之皮膚水腫組織給疏通改善，因此可有暖身及鬆弛的效果。

3. 美容作用及適應症

(1) 改善肥胖、外傷性水腫。

(2) 預防血管栓塞、靜脈曲張。

(3) 改善靜脈水腫及淋巴水腫。

(4) 產後體型護理、瘦身。

(5) 蜂窩組織性肥胖者。

(6) 手術後的水腫、排除體內毒素。

(7) 促進體液回流（淋巴及靜脈）。

(8) 促進皮膚組織在手術後回復原形態。

(9) 改善含氫量過高，尤其是腳部酸痛者。

(10) 神經系統疾病或受損者，如截癱、偏癱者。

(11) 加速淋巴蠕動，增進防禦系統，適應於脂肪囤積，免疫力低者。

(12) 有紓解肌肉、神經緊張的壓力，平衡自律神經，適合有失眠、神經衰弱、神經性肌肉及關節痠痛者。

(13) 在能量方面可調節荷爾蒙，平衡分泌。適應於經期不順，疲勞、斑、痘、皺紋、老化及體弱多病者。

4. 淋巴引流按摩的不適症

(1) 受傷中的人。

(2) 皮膚病患者。

(3) 月經期間或孕婦。

(4) 有潛伏性腫瘤時。

(5) 淋巴結腫或痛者。

(6) 靜脈曲張或靜脈炎者。

(7) 其他因疾病引起的水腫。

(8) 如患有淋巴炎、關節炎、心臟性疾病及皮膚敏感者，須先請醫生認可後才可實施。

三、真空吸引

真空吸引的原理，來自中國的「拔罐」，拔罐的原理是將吸罐置於穴道或經絡上抽氣，並將局部肌肉吸起，使表皮微血管破裂，使皮下瘀血，皮下瘀出來的血，其中白血球及紅血球會破壞，並經由代謝而產生的組織胺類物質。此種物質能增強免疫力，並循環至全身各處。在美容保養，用滑罐技巧來替代按摩與推拿是很好的選擇，現列舉提脂美雕儀的特點、儀器原理、功效、使用方法、不適症分別說明如下：

（一）提脂美雕儀的特點

提脂美雕儀的特點是經由 7 個設計成各種大小的吸放器，可符合人體曲線且緊貼肌膚，可增強吸放減脂效果，不同大小的吸放器能護理纖細部位，包括臉部及胸部的細嫩皮膚，進行縮緊並提升治療效果。

（二）儀器原理

1. 其原理改良具有節奏控制的氣壓，能提供強度恆定、延長而且持續不斷的韻律按摩，而不影響微細血管破裂、瘀血或使毛孔擴大。

2. 真空吸引按摩於特定的穴位，透過適當的頻率及強度，會產生動脈協同共振，可降低血管外周阻力，增加器官的血流量，改善深層不健康部位的循環。

3. 壓力及方向正確的韻律性負壓真空吸引按摩，可以幫助淋巴流動，特別是表淺淋巴，使淋巴引流作用順暢，加速局部瘀塞體液及毒素的排除，並使局部細胞滲透更平衡、清淨、健康。

4. 利用空氣壓縮及真空吸引按摩的原理，針對微血管與淋巴循環加以適當負壓吸引，而產生局部組織充血，可打通瘢痕組織的梗塞，促進皮膚微血管脈的氧與靜脈的代謝後物質交換量及營養物質的供應量，活化及恢復局部組織，使細胞健康有活力。

（三）提脂美雕儀使用效能

可分為生理循環（表淺層次：表皮及真皮）、皮下脂肪（裡）、深層肌肉（深），分別敘述如下：

1. 生理循環（表淺層次）：五大循環平衡法，針對淋巴、神經、動脈、靜脈及能量等五大生理循環失調所引起的症狀，平衡其生物能量。適應症狀有下列幾點：

   (1) 緊張壓力。　　　　　　　　　(5) 蜂窩組織炎。

   (2) 代謝不良。　　　　　　　　　(6) 疲勞、便秘。

   (3) 免疫力低。　　　　　　　　　(7) 內分泌失調。

   (4) 浮腫、水腫。　　　　　　　　(8) 自律神經失調。

2. 皮下脂肪（裡）：強效解脂瘦身療法，針對皮下組織細胞肥厚、脂肪囤積異常，強力解脂、排脂、燃脂，其適應症如下：

   (1) 臉部的肥胖。

   (2) 手臂、腰部、腹部、大腿等肥胖部位。

3. 深層肌肉（深）：深層按摩緊實療法，針對皺紋、鬆弛、老化之肌肉，深層有效的激勵、活化其細胞及組織，緊實其肌膚。其適應症有老化、瘦身、肥胖紋、妊娠紋、產生的皺紋。

（四）使用方法

1. 打開電源，設定好吸力強度、時間、頻率。

2. 依需理療的部位，選適用吸杯，配合適當的理療產品。

3. 按下開始鍵後，用手操作吸杯，順著淋巴循環的方向移動，幫助加速調理部位廢物的排除。

4. 進行深層放鬆時，吸力調強，頻率調慢；進行結實理療時，吸力調弱，頻率調快。

5. 利用吸杯「定點吸引」及「滑動走杯」做按摩，滑動杯可促進循環，定點吸引可激發調理部位的能量。

（五）不適症

1. 發炎部位。

2. 水腫病患。

3. 皮膚病患處。

4. 手術後部位。

5. 月經期間或孕婦。

6. 淋巴結發炎時。

7. 體質虛弱的人。

8. 有血栓病史或低血壓患者。

9. 靜脈滯流、靜脈炎或靜脈曲張患者。

10. 吸力太大時，易起泡破皮發生感染。

11. 有曝傷、灼傷、燒傷、潰瘍及開放性傷口。

12. 皮膚細薄、微血管密度太高部位，以及皮膚敏感者。

7-7　利用水能的美容儀器

在美容應用上，利用水能的儀器可分為水療及噴霧，現分別敘述如下：

一、水　療

水療也就是利用水的化學及物理特性，可分為氣態（蒸氣）、固態（冰）、液態（水）。應用其所產生的熱力作用及機械作用來治療或改善身體的健康狀況。藉熱或冷來刺激使人體四周的溫度環境改變，而維持體內的環境的恆定，這是水療的主要目的。

水療可分為冷療或熱療，項目有：足浴、渦漩浴、酒精浴、超音波或氣泡浴、壓力式水柱噴浴，現分別說明如下：

1. 足浴(foot bath)
   (1) 原理及效果：以 38~45℃之間的熱水浸泡雙足，可加入芳香劑，水面須蓋過足踝，浸泡約 5~10 分鐘，可改善血液循環，尤其是對胸部、內臟、腦部的循環有改善的效果。如加入芳香成分，可使促進循環及消除疲勞的效果更好，足浴後可再配合足部按摩及腳底按摩。
   (2) 適應症：適合過度運動、長期站立、睡眠失常、四肢冰冷、下肢循環不良等情形，但高血壓患者宜避免使用。此外，應注意衛生安全的處理，尤其香港腳或癬之類的傳染病。

2. 渦漩浴(whirlpool bath)
   (1) 原理：以渦漩器驅動浴桶中的水使之旋轉，將患部泡入，以熱水進行。如患部有傷口，使用渦漩浴可做良好的患處外表清潔。
   (2) 效果：有鎮靜、按摩、軟化肌肉的效果。

3. 酒精浴(alcohol bath)：在醫療上應用於發燒患者，酒精濃度調為 40~45%，用紗布塊沾濕輕拍四肢、背部，在心臟、腹部、頭部避免使用。

4. 壓力式水柱噴浴(percussion)：又稱為蘇格蘭式噴浴。
   (1) 以壓力水柱噴擊身體，水柱的壓力有輕扣、敲擊、拍打等功能，可依需要而調水量及強度來達到全身按摩的效果。應避免噴到頸部及頭部。
   (2) 如使用冷熱水交替的方式，效果會更好。
   (3) 須特別注意有下列症狀者應避免使用：患有高血壓、心臟病、動脈疾病者，皮膚有外傷、靜脈曲張或滯流者，以及健康狀況不佳或虛弱者。

5. 超音波浴或氣泡浴(super-sonic bath)：應用空氣作用所產生的氣泡有微按摩作用，在熱水中可幫助熱水透入來清除角質、皮屑及毛孔垢塵，以恢復疲勞。如再配合芳香成分，效果會更好。

6. 臭氧蒸氣浴(hydro-ozone bath)：將水在水箱中加熱成蒸氣，而蒸氣在進入保養艙前，通過一大型紫外線燈管，游離濕熱空氣中的氧分子，使之產生臭氧，而隨蒸氣進入保養艙。

7. 水床式的按摩床：水床式有結合了壓力式水柱噴浴、熱療及按摩各項優點，可使用遙控器來調整水溫（25~40℃之間），此種按摩因結合了水的溫度，因此對循環幫助很大，可去除運動後酸痛，消除疲勞也很有功效。

二、噴 霧

噴霧機於美容保養中是必要的設備,較常見的有熱噴機、冷噴機及芳香噴霧機。使用噴霧應建立正確觀念,現分別簡述如下:

(一)冷噴機(Cold Spray)

傳統的冷噴機使用壓縮幫浦,將冷水噴出,作為保養時的清潔、安撫、鎮靜及收斂之用;新式冷噴機已採用超音波原理,將適當的頻率及功率的超音波射向容器中的水面,使水面產生霧化或噴水的現象,由超音波所產生的霧狀水滴粒子微細,效果比傳統更好。使用冷噴的效果,除了可收縮、緊實肌膚外,可使人有精神充沛的感覺。

(二)熱噴 (Vaporizer)

一般稱蒸臉器,其原理、功能及注意事項如下:

1. 原理:將水加熱產生高壓蒸氣,來協助清潔、軟化角質、毛孔舒張、放鬆肌肉,可促進血液循環等,如在噴霧口加裝紫外線燈管來產生臭氧,可作為殺菌之用,針對油性皮膚或面皰性的肌膚。加熱鍋最好使玻璃器,但易有沉澱且沉澱易汙染水質而損害加熱器;可用白醋定期除垢,但要注意玻璃易破裂。

2. 注意事項

  (1) 對比較乾燥、缺水及敏感皮膚者,避免使用臭氧以免刺激。

  (2) 臉部有微血管擴張或有酒糟鼻者最好不要蒸臉。

(三)芬香噴霧

1. 原理:在蒸臉器的加熱鍋中,加裝一個網狀金屬容器,可將香精油滴在棉花上放入網中,或將芳香類植物,以粉末等不同方式放入網中,加熱噴出,可達特定療效。

2. 注意事項:每次用畢後都應將水換新。

小試身手

一、選擇題

（A） 1. 使用吳氏燈時，正常健康的皮膚是呈何顏色？ (A)藍白色 (B)紫色 (C)藍紫色 (D)暗褐色

（B） 2. 乾燥性皮膚使用吳氏燈檢查時，呈現何顏色？ (A)紫色 (B)藍紫色 (C)藍白色 (D)白色

（A） 3. 過敏性皮膚，使用吳氏燈檢查時呈現何種顏色？ (A)紫色 (B)黃色 (C)藍白色 (D)暗褐色

（B） 4. 噴霧機使用咭爾瓶塑膠瓶約裝多少的蒸餾水？ (A)三分之一 (B)三分之二 (C)四分之一 (D)四分之二

（D） 5. 噴霧機必須用何種水質？ (A)自來水 (B)礦泉水 (C)鹽水 (D)蒸餾水

（A） 6. 何種皮膚不適合使用吸引機？ (A)酒渣鼻皮膚 (B)油性皮膚 (C)乾燥皮膚 (D)混合性肌膚

（A） 7. 電頻率的電流因真空石英玻璃電極中含有微量的汞原子，會出現何種顏色的紫外線？ (A)紫藍色 (B)紅色 (C)藍色 (D)黃色

（C） 8. 高頻率電流有哪些功能？ ①充血作用 ②電擊作用 ③乾燥及減菌作用 ④鎮靜及鬆弛作用 (A)①② (B)①③④ (C)①②③④ (D)③④⑤

（D） 9. UL 低頻波動儀，低週波有哪些功能？ (A)針對水腫型纖維組織、橘皮組織，可促進新陳代謝 (B)可做肌肉緊實，胸堅實的保養 (C)清耗熱量排除厚肉，促進循環、代謝 (D)以上皆是

（B）10. 低週波的頻率為多少？ (A) 20~30 KHz (B) 28~32 KHz (C) 35~40 KHz (D) 40~45 KHz

（D）11. 電子拉皮與微電流刺激在美容方面的應用有哪些？ ①緊實鬆弛肌肉 ②面皰後疤痕癒合 ③調理及促進肌膚的新陳代謝 ④促進 DNA 及膠原組織合成 (A)①②③ (B)①③④ (C)③④ (D)①②③④

（B）12. 離子導入有哪些途徑？ ①由細胞薄膜 ②汗孔 ③由毛孔透入 ④由皮脂腺 (A)①②③ (B)①③ (C)③④ (D)①②③④

（A）13. 光能應用的儀器，一般定義紅外線一般波域為 770~11,500 nm，稱為 (A)近紅外線 (B)普通紅外線 (C)遠紅外線 (D)紅外線

（C）14. 紅外線一般定義波域為多少稱遠紅外線？ (A) 700~11,500 nm (B) 1.5~5.6 μm (C) 5.6 μm~1,000 μn (D) 700~2,600 nm

（A）15. IEC 對紅外線的定義波域為 0.7~2.6 μm 稱為 (A)短波紅外線 (B)長波紅外線 (C)平均波長紅外線 (D)普通紅外線

（C）16. 紅外線在物理治療上，是屬表淺熱，主要作用有哪些？ ①可保暖身體 ②可促進血液循環 ③促進排汗 ④增加運動及按摩治療功效，促進皮膚的呼吸作用 (A)①②③ (B)②③④ (C)①②③④ (D)③④

（D）17. 紫外線在醫療上的應用有哪些？ (A)消毒、殺菌 (B)軟骨症治療 (C)有些皮膚疾病的治療 (D)以上皆是

（D）18. 紫外線在美容生理作用有 (A)褐變 (B)消毒 (C)適當的刺激可增加新陳代謝，增加肌肉張度 (D)以上皆是

（B）19. 光能生物儀在美容的應用是平靜和永恆的顏色，可抗菌、抗敏、舒緩、止痛，其屬於何種顏色？ (A)紅色 (B)藍色 (C)綠色 (D)黃色

（A）20. 光能生物儀在美容的應用是生命的顏色，可刺激血液循環、新陳代謝，其是何種顏色？ (A)紅色 (B)黃色 (C)綠色 (D)藍色

（B）21. 光能生物儀為大自然顏色，治療一般肌膚問題，可改善傷口疤痕、鎮靜皮膚，對抗衰老肌膚，其是何種顏色？ (A)黃色 (B)綠色 (C)藍色 (D)紅色

（D）22. 超音波在美容的應用，有下列哪些？ ①洗淨、清潔 ②按摩 ③營養導入 ④清除暗瘡癒後疤痕 ⑤防止皺紋、眼袋及黑眼圈 (A)①②③ (B)②③④ (C)①②③④ (D)①②③④⑤

（B）23. 熱能導入對何種情況應避免？ (A)油性肌膚者 (B)高血壓或低血壓 (C)混合性肌膚者 (D)乾性肌膚者

（D）24. 下列何者情況不宜使用三溫暖？ ①有發燒者 ②氣喘病者 ③有癲癇患者 ④糖尿病、心臟病 ⑤血壓過高、月經期間或懷孕者 ⑥開放性傷口、傷口潰瘍時 (A)①②③ (B)①②③④ (C)②③④⑤ (D)①②③④⑤⑥

（A）25. 使用機械態應用的振盪按摩時，使用時間、強度、視狀況、面積及需要而定，可由多少分鐘？ (A) 5~30 分 (B) 20~30 分 (C) 30~40 分 (D) 10~20 分

（D）26. 對壓力式水柱噴浴，下列哪些症狀宜避免？ ①高血壓 ②心臟病、動脈疾病 ③皮膚有外傷 ④靜脈曲張式滯流 ⑤健康不佳或有疾病、虛弱者 (A)①②③ (B)①②④ (C)①②③④ (D)①②③④⑤

二、問答題

1. 離子導入應注意哪些事項？

2. 紫外線治療的禁忌症有哪些？

3. 美容沙龍在使用日光浴床時須注意哪些事項？

4. 使用三溫暖應注意事項？

5. 振盪按摩有哪些不適症？

6. 提指美雕儀使用效能？

7. 芳香噴霧的原理及注意事項？

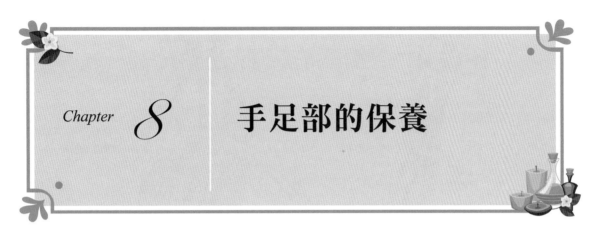

Chapter **8** 手足部的保養

　　雙手經常曝露在外，隨時都會遇到化學及物理的傷害，或受到不良天氣（如乾燥）的影響。如果缺乏保養，可能會引起乾燥、皺裂，甚至導致病變。另外，足部的護理往往易被忽略，足部具有支撐全身、保持身體平衡的功能，如果長時間走動或站立，則易造成血液循環方面的疾病以及其他併發症，例如靜脈曲張、結繭、雞眼等，因此，手足部的保養是不容忽視的。

8-1　手部的認識

　　要做好手部的保養及美化，首先必須瞭解手部的構造，如部位名稱、神經、骨骼、肌肉、血管等系統的分佈，現一一介紹如下：

一、手部的解剖構造

（一）神經系統

　　手部分佈著豐富的神經，當遇到冷、熱刺激時會自動縮回，這就是神經系統的自然反射。手部的主要神經分佈如圖 8-1。

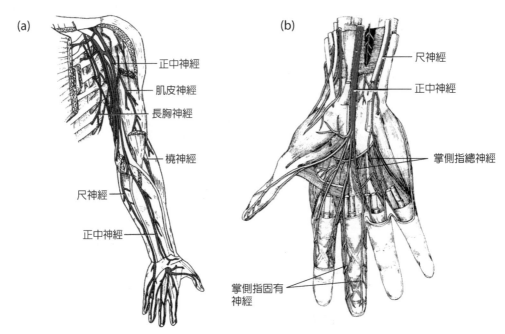

圖 8-1　上肢神經。(a)上肢前面的神經（左側），(b)手掌的神經（右側）

資料來源：人體解剖學，高秀來、于恩華主編(2003)。

（二）手部的骨骼

手部的骨骼如同手部的支架，支撐著手部的活動。現將手部主要骨骼及其名稱介紹如圖 8-2。

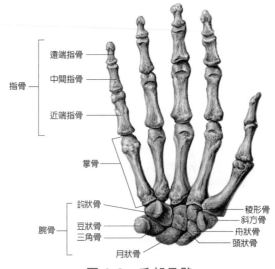

圖 8-2　手部骨骼

資料來源：系統解剖學彩色圖譜，徐國成、韓秋生、霍琨主編(2004)。

（三）手部的肌肉

　　肌肉系統的活動是仰賴神經系統的支配，同時肌肉組織因物質所含的化學及礦物質的成分，也會受到冷熱及按摩的刺激。按摩可增加肌肉的張力及彈性。手部的主要肌肉分佈如圖 8-3。

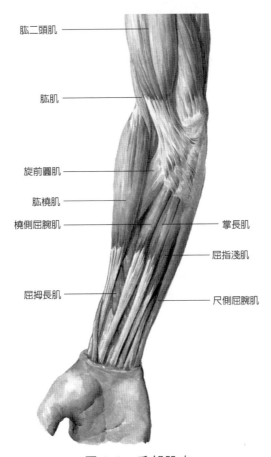

肱二頭肌

肱肌

旋前圓肌

肱橈肌

橈側屈腕肌

掌長肌

屈指淺肌

屈拇長肌

尺側屈腕肌

圖 8-3　手部肌肉

資料來源：系統解剖學彩色圖譜，徐國成、韓秋生、霍琨主編(2004)。

（四）手部的血管

　　供應手部的血管主要有橈動脈、尺動脈及掌動脈等，如圖 8-4。

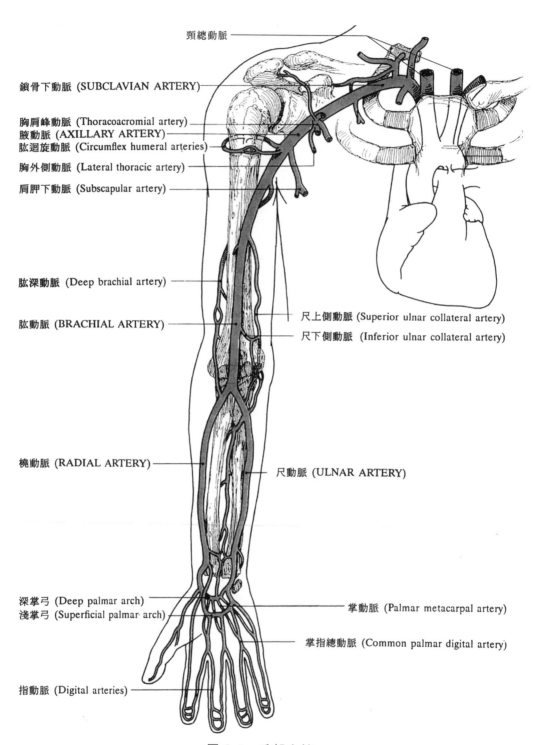

圖 8-4　手部血管

資料來源：人體解剖學，Carola 等著，李玉菁等編譯(2000)。

二、指 甲

一般所稱的指甲(nail)，包含了指甲根、指甲體、指甲尖等三部分。指甲像皮膚一樣能顯示人體的健康情況，健康正常的指甲含水量約 18%，呈淺粉紅色，堅實而有彈性，表面呈平滑的弧形，沒有凹洞、波紋或斑點。

（一）指甲的構造及周圍組織

指甲的構造有指甲根、母體組織、指甲體、指甲尖、指甲溝、指甲白及指緣皮膚層等，在前面第 1 章已有介紹，現簡述如下：

1. 指甲的構造及周圍組織（圖 8-5）

   (1) 指甲根(nail root)：位於指甲的根部，藏在皮膚的皮下組織內，源自「母體」組織，是指甲儲存生長養分之處。

   (2) 母體(matrix)：為指甲根往內延伸的組織，母體是指甲床的一部分，母體中含有許多血管、淋巴及神經，指甲母體依其細胞的再生及硬化過程，而產生指甲，母體如能獲得充分的養分及保養健康之下，指甲就會持續生長，但如因身體健康欠佳，指甲有異常或疾病時，以及指甲母體受傷時，皆會使指甲生長受到阻礙。

   (3) 指甲體(nail body)：又稱甲片或指面，也就是平常所稱的指甲，指甲床與指甲體互相密合。正常狀態下呈半透明狀。

   (4) 指甲床(nail bed)：指甲床是位於指甲體下方的表皮，介於指甲體與皮膚之間，有很多血管可將其養分運送到此。做為供給或儲備指甲生長所需的養分，因此健康的指甲看起來是呈粉紅色的。

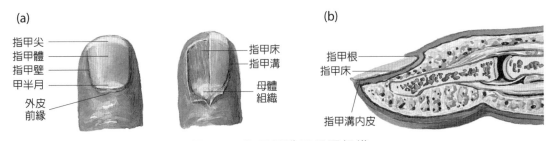

(a) 指甲尖 指甲體 指甲壁 甲半月 外皮 前緣　指甲床 指甲溝 母體 組織　(b) 指甲根 指甲床 指甲溝內皮

圖 8-5　指甲構造及周圍組織

資料來源：局部解剖學彩色圖譜，徐國成等主編(2004)。

(5) 指甲尖(free edge)：係指超出手指端上面的指甲體以上的末梢指甲，也是平常生活中剪指甲所剪掉的部位。

(6) 指甲溝(nail groove)：位於指甲兩側邊與指緣皮膚之間，除了可固定指甲外，也是指甲生長所依循的軌道，也是產生甲溝炎之處。

(7) 指甲白(lunula)：也稱為「甲半月」，位於指甲的根部，顏色較白，呈半月形，在指甲白的下方是指甲母體，一般以大拇指的甲半月最明顯。

2. 指甲鄰近的組織

(1) 外皮(cuticle)：指圍繞在指甲根部周圍的表皮，外皮包括指甲周圍外皮及外皮前緣。正常的外皮是柔潤及鬆軟的。

(2) 外皮前緣(eponychium)：指覆蓋在指甲白上面的外皮。

(3) 指甲溝內皮(hyponychium)：指位於指甲尖下面手指端的外皮。

(4) 指甲周圍外皮(perionychium)：指圍繞在指甲兩側邊的外皮。

(5) 指甲壁(nail walls)：指包住指甲兩側邊的皮膚。

(6) 底槽(mantle)：是指甲根深植之處，也是屬於皮膚的一部分。

（二）甲板的化學成分

甲板含有磷脂、鈣、角蛋白、電解質及其他重金屬等成分，說明如下：

1. 磷脂：在甲板的上下層都含有磷脂，中層中含量甚少。

2. 鈣：主要為在甲板上層及下層中與磷脂結合的離子性鈣，以及細胞質中羥磷灰石結晶中的磷酸鈣。指甲中鈣含量約佔其重量的 0.1~0.2%，主要分佈於富有磷脂的地方，如甲床、甲板的上、下層，指甲中鈣和鎂的比例為 4.5：1。指甲中也有少量的磷酸鈣。

3. 角蛋白：指甲的角化首見於第 11 週胚胎，由基質角蛋白及纖維性蛋白質所組成。指甲的纖維蛋白質中有胺基酸，特別是胱胺酸和甘胺酸，與毛髮中的含量相似。

4. 電解質和其他重金屬：在指甲中可發現有鉀、鈉、氯化物，可能由汗液汙染而來。而測定指甲的銅及電解質含量，曾被用來診斷囊性纖維病變。同時砷的含量與曝露時期及劑量大小有關，而銅的含量與正常相同。

（三）指甲的生長速度

東方人成人的指甲，其生長的速度，平均每天約長 0.09~0.12 mm，每月約長出 3 mm，腳趾甲平均每日長出 0.05~0.08 mm。一般而言，指頭愈長，指甲長得愈快，其生長速度從慢至快依序為小指、拇指、無名指、食指、中指。此外，右手比左手快些，白天生長速度比晚上快，冬季較夏季生長慢；男性較女性生長慢；腳趾甲比手指甲生長慢。

（四）指甲的營養

甲基質細胞的生長需要硫胺基酸不斷的供給來形成角蛋白，缺乏維生素 A 或維生素 D 易引起指甲易脆。維生素 A 與角化有關，維生素 D 與基質細胞攝取鈣質有關，指甲生長也需維生素 D 的協助。蛋白質缺乏或消瘦時，指甲生長速度會變緩慢。

8-2　手部的保養及美化

手部的保養及美化，除了準備完善工具及產品外，其消毒也要注意，手部護理的流程及美化分別敘述如下：

一、工具及產品

要做好手部的保養及美化，必須事先瞭解工具及產品的應用，現分述如下：

1. 軟化機：可供乳液保溫與軟化指甲邊緣皮膚用。

2. 泡手盆（圖 8-6）：盛裝溫水，作為浸泡指甲及軟化指緣皮膚之用。

3. 甲緣硬毛刷：用來刷除甲面及甲緣的老化角質。

4. 軟化劑：用來軟化指緣皮膚用。

5. 保溫布手套：保溫布手套不用插電，建議每人都可在家做基礎保養用，有利乳液吸收。

6. 電熱護手套：在手部先塗抹護手霜或是敷蠟，再套上塑膠袋，最後套上電熱護手套，可改善指甲狀況及滋潤手部肌膚。

圖 8-6　泡手盆

7. 甘皮剪：應用在剪去多餘的外皮。

8. 洗手刷：在修指甲後，可將指甲面的油脂及指縫或其他殘留物刷除掉。

9. 癒合磨甲棒：以水晶氧化鋁製成，含有水晶微粒子，可修護指尖以防止撕裂。

10. 推棒：是用不鏽鋼製造，用來推壓經過軟化處理的外皮，也可用櫸木棒代替。

11. 拋光棉（圖 8-7）：用於打光指甲面，可分為長形三面拋光條及四面拋光棉，依黑、白、灰順序使用。

12. 橘木（櫸木棒）：一般以橘木製造，用於推壓外皮或清除指縫。

13. 磨棒（圖 8-8）：依各種不同的粗細而有不同的作用，厚磨棒（80×80、100×100）適合人工指甲使用，一般薄磨棒（180×180）適合真指甲使用。另外，有各種花樣的磨棒，可依用途不同而選擇使用。

14. 手部去角質乳：用來去除手部老角質用。

15. 敷手霜：可滋潤皮膚，如再加上保溫布手套，效果會更好。

16. 護手霜：滋潤手部皮膚，建議每天使用。

17. 蜜蠟機（圖 8-9）：內裝有美白的滋養蠟塊，如再加上保溫布手套，效果更好。

18. 鈣元素營養油：含鈣的元素，可增加指甲厚度，也可當上層亮光使用。

19. 蛋白質修護劑：含蛋白質的成分，用來修護受損的指甲，適合脆弱指甲使用。

20. 維生素營養油：含有維生素 A、C、D、E 等多種元素，一般指甲皆可擦拭。

21. 甲面皺摺修護液：可改善指甲面不平滑、有凹洞或波紋的問題。

圖 8-7　拋光棉

圖 8-8　磨棒

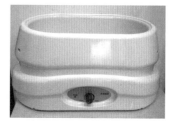
圖 8-9　蜜蠟機

22. 指緣營養油：指緣營養油的油質能被指緣皮膚迅速吸收，可潤滑並鎖住水分。

23. 洗手乳：清潔雙手，具有抗菌滋潤等功效。

二、消毒的方法

　　消毒是一項非常重要的工作。因此所有的工具及毛巾在使用時都須講究衛生，並注意消毒工作，一般常用的消毒方法有下列幾種，分別說明如下：

1. 日曬、蒸氣消毒法：適用毛巾消毒的方式。

2. 擦拭消毒法：可用酒精棉片擦拭雙手及工具。

3. 噴霧消毒法：可將噴霧消毒水噴灑在雙手及工具上。

4. 完全浸泡法：所有磨具、剪刀等用具，可用 75%的酒精浸泡 10 分鐘以上。

三、去角質的方法

　　將皮膚表層老化的死細胞除去叫做去角質。角質層的功能是阻擋有害細菌侵入皮膚，以及避免水分蒸發，還可防止紫外線傷害，適度去角質可幫助角化作用正常進行，使皮膚新陳代謝良好，可使皮膚更加細緻。去角質的時間間隔約兩週。去角質的流程如下：

1. 手部均勻塗抹去角質霜。

2. 將角質輕搓去除，力道不可太重。

3. 用溫水將雙手洗淨。

4. 最後，使用乾毛巾擦乾即可。

四、手部的反射區

　　所謂「反射區」是指神經的聚集點，每一點都與身體各器官有關。依「反射原理」利用按摩手法來刺激神經運動，進而傳導至器官的反應，可達到保健效果（圖8-10）。

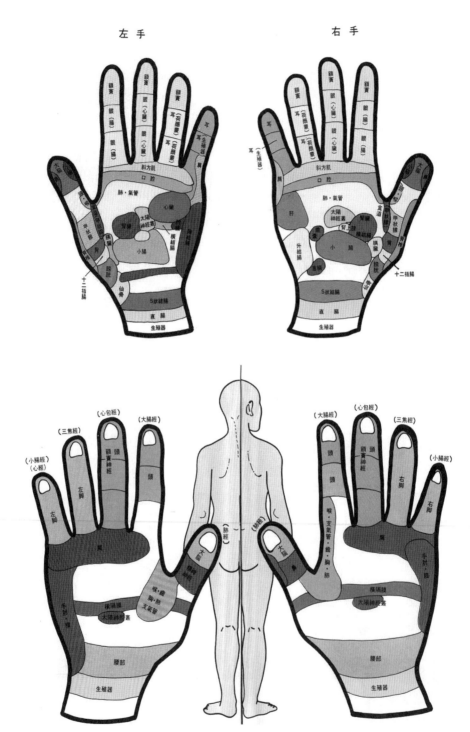

圖 8-10　手部的反射區。(a)手掌反射區，(b)手背反射區

資料來源：圖解手掌病理按摩療法，五十嵐康彥著。

五、手部護理的流程

在做手部護理時須準備的用具，除了前面所提到的工具及產品之外，另外需再準備工作服、美容巾、毛巾、口罩、洗手盆等。現將手部護理的流程敘述如下：

1. 在顧客及自己的雙手噴消毒殺菌劑並輕搓（圖 8-11）。

圖 8-11　噴消毒殺菌劑

2. 檢查顧客雙手指甲以便瞭解健康情形。

3. 將指面上殘餘的指甲油或營養霜（油），用不含丙酮的去光水去除。

4. 依顧客的意願修指形，因血液循環的關係，由左手先開始，建議使用薄磨棒。

5. 用指緣軟化霜擦於指緣皮膚（圖 8-12）。

6. 在指面上擦保濕美甲霜。將手泡於溫水中待指緣軟化（圖 8-13）。

圖 8-12　擦指緣軟化霜

圖 8-13

7. 使用指推棒將指緣及指面贅皮作螺旋狀去除（圖 8-14）。

8. 使用甘皮剪去除死皮（圖 8-15）。

圖 8-14

圖 8-15

9. 使用甲面去角質棒去除甲面角質（圖 8-16）。

10. 使用刷具去除角質屑（圖 8-17）。

11. 甲面拋光處理（圖 8-18）。

 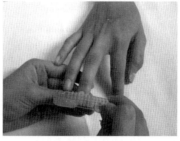 

| 圖 8-16 | 圖 8-17 | 圖 8-18 |

12. 清除甲尖汙垢。

13. 使用指緣油滋潤指緣部位，減少硬皮產生（圖 8-19）。

14. 使用去角質霜輕搓手部（圖 8-20）。

15. 消除角質皮屑（圖 8-21）。

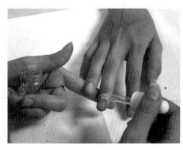  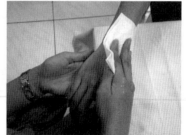

| 圖 8-19 | 圖 8-20 | 圖 8-21 |

16. 洗手：可用洗手乳、海綿、去菌刷。

17. 將雙手擦乾。

18. 再取用滋養霜塗抹並包上保鮮膜後，可用布手套保溫 10~15 分鐘。

19. 用清爽舒緩護手霜敷 3~5 分鐘，擦拭乾淨即可。但在冬天及患有關節炎的患者就不要使用。

20. 用按摩乳液或精油按摩約 5~10 分鐘。

21. 再擦指緣營養油。

22. 擦含鈣的修護液。

23. 最後塗抹手足防曬保濕乳霜。

六、手部護蠟的流程

　　女性一定都有敷臉的經驗，敷手腳也是同樣的原理，除了可給予手部養分，也有除皺及美白的效能。現將一般手部護蠟的流程說明如下：

1. 浸泡 2 次，每次停留 3 秒。

2. 取出：取出之後，套上透氣塑膠膜。

3. 套上保溫布手套。

4. 約 10~20 分鐘後，取下手部蜜蠟，最後去除指縫及甲面上的蠟。

七、手部按摩

（一）手部按摩的目的、方法及注意事項

1. 手指的按摩，如表 8-1。

表 8-1　手指的按摩

方　法	目　的	注意事項
1. 用拇指指腹在手指的內側及外側滑下去	1-1 防止指甲兩邊產生厚皮，使皮膚細嫩	1-1 利用拇指指腹的中間部位來做 1-2 做時要從指甲側尖端滑下
2. 由指尖向內以螺旋方式在手指背上滑動按摩食指在下，拇指在上做螺旋狀	2-1 防止手指背皮膚粗糙 2-2 促進手指背血液循環	2-1 由指尖開始滑 6 圈；於 6 圈後輕輕地往上放開 2-2 滑圓圈的方向由指尖往上
3. 以拇指和食指在手指兩側用捏的方式由指尖向指間捏動，之後拇指在下，向指尖拉滑，到指尖稍用力	3-1 防止關節擴大，使手指纖細 3-2 柔軟關節	3-1 由小指開始 3-2 捏時捏的手放在被捏之手上面 3-3 捏的順序從指尖開始，在大拇指捏法是在關節前捏 2~3 下，關節後捏 2~3 下

資料來源：作者整理(2008)，引自李秀蓮、周金貴(1999)。

2. 手掌的按摩，如表 8-2。

表 8-2　手掌的按摩

方　法	目　的	注意事項
1. 用拇指指腹由手掌的拇指開始，稍用力滑半圓 2. 再將重點放在手掌邊緣	1. 防止厚繭 2. 使皮膚細嫩	1. 按滑的手，二、三、四、五指握托住右半手 2. 繞半圓時由拇指經手腕繞過小指繞半圓回到拇指 3. 重心放在手掌邊緣處

資料來源：作者整理(2008)，引自李秀蓮、周金貴(1999)。

3. 手背的按摩，如表 8-3。

表 8-3　手背的按摩

方　法	目　的	注意事項
1. 用拇指腹在手背上劃大的半圓滑動，可按摩 5~6 次	1-1 促進血液循環 1-2 保持手背皮膚細嫩	1-1 滑動的手，五手指握托住另一手 1-2 以大拇指指腹滑半圓形方向由拇指→手腕→小指→拇指繞半圓 1-3 滑時稍用力，再輕輕滑回來
2. 用拇指在手背指間以螺旋狀滑上去	2-1 促進血液循環 2-2 保持手背皮膚細嫩	2-1 滑動的手，五指握托另一手 2-2 滑圓圈的方向由下往上 2-3 滑至第 6 圈後，輕輕往上放開
3. 再由小指開始至手指的指間處先按 5 下，第 6 下可稍用力向上推	3-1 消除疲勞 3-2 促進血液循環	3-1 按 1、2、3、4、5 下可逐漸加壓力 3-2 第 6 下時用力往上推（但不可太用力而造成疼痛感）

資料來源：作者整理(2008)，引自李秀蓮、周金貴(1999)。

4. 手指的運動，如表 8-4 及圖 8-22。

表 8-4　手指運動

方　法	目　的	注意事項
1-1 手臂與身體靠攏後，由拇指開始一指，一指後合併握緊手指，順數 5 下（圖 8-22a） 1-2 在第 6 下儘量將手指伸開（圖 8-22b）	1-1 幫助血液循環 1-2 使手指柔軟	1-1 在操作時手掌要向身體外 1-2 每一指向內緊握 1-3 第 5 下時要握得更緊，第 6 下時用力放開手臂與身體須靠攏
2-1 將兩手交叉合併（圖 8-22c） 2-2 兩手交叉後，將手掌朝向地下，同時將手臂慢慢向前伸直（圖 8-22d）	2-1 使手指柔軟	2-1 手臂伸直時不可將兩手放開

資料來源：作者整理(2008)，引自李秀蓮、周金貴(1999)。

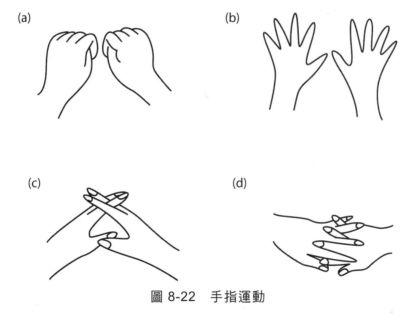

圖 8-22　手指運動

（二）手部按摩的效能及注意事項

手部按摩除美觀外，有下列幾點效能，現分別將其效能及注意事項，分別說明如下：

■ 手部按摩的效能

1. 幫助血液循環。

2. 促進肌膚的新陳代謝。

3. 可防止手足產生異常。

4. 可使肌膚富有光澤、彈性、增加美觀。

5. 按摩後因血液循環增加、體溫上升，可促進保養品吸收。

6. 手指按摩可幫助血液流入指尖，能促進指甲的生長及健康。

7. 在按摩的同時，如搭配精油的使用，可改善手部粗糙，讓雙手更柔嫩美麗。

■ 注意事項

1. 按摩時，需以指腹按摩。

2. 技術者及顧客手上不要戴飾品，以免觸碰對方造成不舒服感。

（三）一般按摩的流程

1. 清潔之後抹上乳液或按摩霜（按摩油）：從手臂至手肘、手指尖等，均勻抹上護手乳液或按摩霜。

2. 上臂的按摩

    (1) 技術者在上臂內側至肘之間，由上往下輕輕的滑下（圖 8-23）。

    (2) 方法如上，外側部 3 回（圖 8-24）。

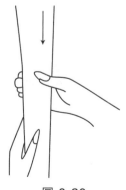

圖 8-23

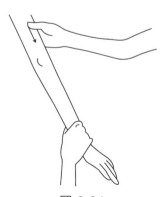

圖 8-24

(3) 技術者由上臂至肘部，分三部分以螺旋按摩，外側 3 回，內側 3 回（圖 8-25）。

(4) 技術者再由上臂至肘部內側中間部及外側部位按壓 3 點至 4 點（圖 8-26）。

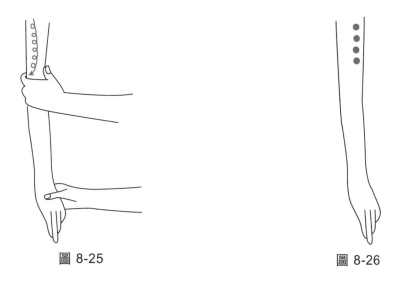

圖 8-25　　　　　　　　　　　　　　　　圖 8-26

3. 肘的按摩

(1) 技術者用拇指於手肘處以螺旋方式滑動 5~6 下，第 6 下按壓，做 3 回（圖 8-27）。

(2) 技術者左手輕輕推手肘，右手握在顧客手腕，屈伸 5~6 回（圖 8-28）。

(3) 技術者動作如上，以劃圓方式，向外側轉 3 回，再向內側轉 3 回（圖 8-29）。

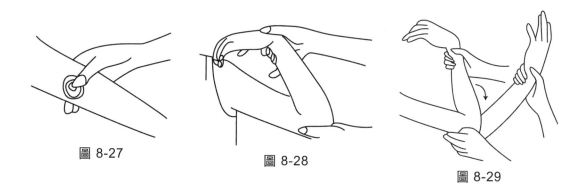

圖 8-27　　　　　　　　圖 8-28

圖 8-29

4. 腕肘間的按摩

(1) 技術者由手腕到手肘以拇指壓滑到前腕內側肌肉，分三部分做 3 回（圖 8-30a）。

(2) 技術者由手腕至手肘以拇指壓滑至腕肘外側部，做 3 回（圖 8-30b）。

(3) 腕肘內側用拇指，其他四指做外側，分三部分以螺旋按摩（圖 8-30c）。

(4) 腕肘外側用拇指，其他四指做內側，分三部分以螺旋按摩（圖 8-30d）。

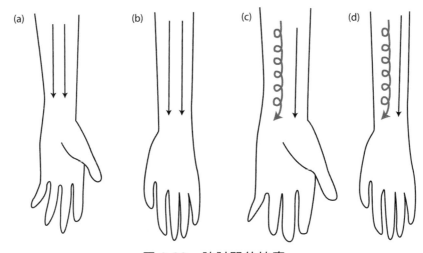

圖 8-30　腕肘間的按摩

5. 手腕的按摩

(1) 技術者將拇指放在手腕內側，其餘四指在手腕部位，以螺旋方式揉捏，做 5~6 回（圖 8-31a）。

(2) 技術者將拇指放在手腕內側，其他四指將手腕屈伸，做 5~6 回（圖 8-31b）。

(3) 技術者一隻手輕握手指，另一隻手托住手腕部位，將手腕輕輕向外側扭轉 3 回，向內側 3 回（圖 8-31c）。

(4) 技術者雙手握住手腕朝自己方向拉直 3 回（圖 8-31d）。

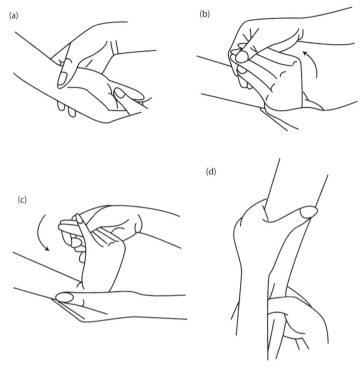

圖 8-31　手腕的按摩

6. 手指與手背按摩

(1) 技術者由指尖向內,以螺旋方式在手指背上滑動 3 回(圖 8-32a)。

(2) 技術者用拇指及食指,在顧客手指兩側以捏的動作,由指尖向指間捏動,再回到原處;每一個手指可做 5~6 次捏的動作,重複做 3 回,注意關節處不可捏(圖 8-32b)。

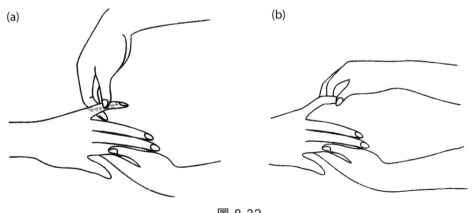

圖 8-32

(3) 技術者從小指開始，在手指的指間處按壓 5~6 回（圖 8-33）。

(4) 技術者利用拇指指腹，在手背指間以螺旋方式滑動按摩，每一個指間可做 3 回（圖 8-34）。

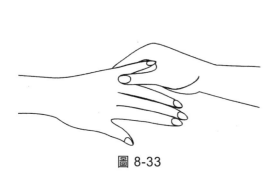

圖 8-33

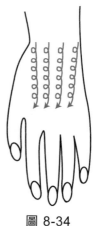

圖 8-34

(5) 技術者以拇指的側面在手背中心向外相互交叉如扇型（圖 8-35）。

(6) 從小指開始，技術者以中指、食指彎曲夾住顧客手指，彈拉各 3 回（圖 8-36）。

7. 手掌的按摩

(1) 按摩部位由顧客的手腕至指根，以拇指指腹用力壓三次，約 3 回（圖 8-37）。

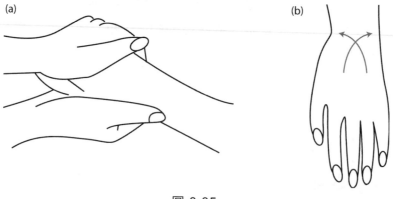

(a)   (b)

圖 8-35

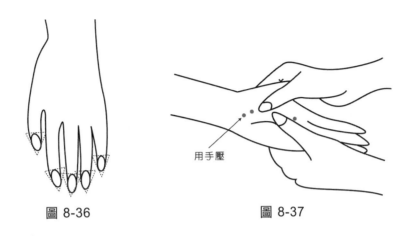

圖 8-36　　　　　　　　　　圖 8-37

用手壓

(2) 技術者用手掌將顧客手掌握成 2 折，可做 5~6 回（圖 8-38）。

(3) 技術者用與手背同樣的方法，在手掌內輕輕地以扇形方式按推 3 回（圖 8-39）。

(4) 技術者將顧客手指端屈折做 3 回（圖 8-40）。

(5) 技術者兩手手指交叉，壓頂手背三次，做 3 回（圖 8-41）。

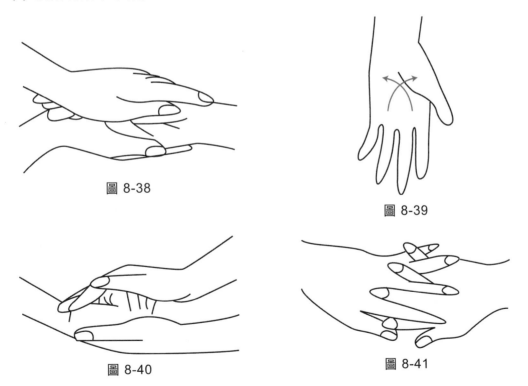

圖 8-38

圖 8-39

圖 8-40

圖 8-41

八、手部的美化

手部的色彩若與服裝及化妝色彩搭配得宜，會更加呈現出自信及美感。現將指甲油顏色的選擇重點、擦法重點及不同指型的指甲油擦法，分別敘述如下：

（一）指甲油顏色的選擇

1. 日曬後的皮膚，可選用正紅色的指甲油。

2. 悲傷或心情不佳時，可選用有透明感的指甲油。

3. 盛裝時，可選用帶有珍珠光澤的指甲油。

4. 在辦公室中，可選用色彩自然的指甲油。

（二）擦法重點

1. 先將指甲油的筆尖在瓶口稍刮掉一些後，再由小指開始擦。

2. 先擦護甲油，再上指甲油，最後擦上亮光油以增加其光澤，並使指甲油維持長久，另外不可將指甲油吹乾，以免喪失光澤。

3. 手指的外觀會因指甲油的塗法有所改變，如指甲油只塗指甲中間部，兩旁不擦，會使指甲感覺變長。短指甲或粗短的手指，較適合擦淺色的指甲油，會使之顯得長些。

8-3　指甲的病變

指甲因後天性原因如感染或個人生理因素、外傷等而引起病變，例如甲溝炎、灰指甲等，當發現顧客有此異常現象，應規勸盡快就醫。現將病變的原因、異常種類原因及處理方法整理如下：

一、指甲產生病變的原因

大致可分為下列幾點因素：

1. 老化現象：隨著年齡的增長而老化，甲板上的指甲縱紋會變色、變質。

2. 遺傳性體質：先天體質較差者，應自我瞭解並做正確的保健。

3. 細菌感染：如過度修剪指甲上皮而造成細菌的侵入，再加上衛生行為處理不當，指甲也會產生病變，如：甲溝炎、灰指甲、富貴手。

4. 指甲母體發炎或受破壞：母體是指甲生長之處，如受到病菌侵害或傷害，會阻礙到指甲的生長，嚴重者指甲會剝離。

5. 養分不足：如維生素、蛋白質、礦物質等不足時，指甲會生長緩慢，並失去光澤、變薄，易造成龜裂、斷裂及分層剝落等症狀。

6. 生病的因素：當身體健康狀況不佳或有慢性疾病時，指甲會有彎曲、不平整或變色的現象。如有此類狀況應請教醫師。

7. 化學藥品及洗滌劑：平常所使用的消毒水、洗潔劑、除油煙劑等用品，都會使保護指甲的脂質流失，而造成指甲乾裂、乾燥。因此平常要注意保養，並定期做整體護理。

8. 精神因素：受到嚴重的刺激及強烈的打擊或過度悲傷等，都會引起自律神經及心臟調節功能失調。之後會引起消化系統失調，使營養吸收功能減退，此時會造成指甲生長遲緩及指甲變得很軟，易斷裂，而且也會產生明顯的橫溝。

9. 不正確的保養：例如因剪指甲的方法不正確，會導致指甲龜裂，甲板變形及翻上生長，另外如甲上嫩皮修剪過度，會長出凹凸不平的甲面，因此要特別的注意。

二、異常指甲的種類、原因及處理

現將異常指甲的種類、產生的原因及處理，分別說明如下：

1. 指甲母體癬

(1) 原因：黴菌感染造成指甲母體生長組織受到破壞。

(2) 處理：請醫生診治。

2. 縱條溝紋

(1) 原因：大部分是貧血或營養不均所造成，而形成縱紋。

(2) 處　理

　　A. 飲食要均衡。

　　B. 補充含有鐵質的食物，如：瘦肉、蛋、牛奶、綠色蔬菜、蘋果、葡萄、櫻桃等。

3. 指甲白癬

(1) 原因：指甲床感染水疱疹，會使指甲白濁而厚實。

(2) 處理：請醫生診治。

4. 橫條溝紋（橫溝）

(1) 原因：大多是因壓力或是甲上皮過多造成阻塞，而呈現橫紋。

(2) 處理：紓解壓力，適當休息。

5. 牛皮癬

(1) 原因：指甲上的乾癬，可能與身體其他部位的乾癬有關。

(2) 處理：請醫生診治。

6. 富貴手

(1) 原因：通常因接觸水、清潔劑或肥皂等化學物質所造成手部搔癢濕疹病。

(2) 處　理

　　A. 請醫師開外用藥。

　　B. 除了做家事要帶手套外，也保持手部乾燥。

7. 爪甲脫落

(1) 原因：屬於週期性部分或全部的指甲脫落，一般常伴隨人體其他疾病而來。

(2) 處理：請醫師診治。

8. 疣

(1) 原因：是一種由病毒傳染而造成的皮膚病，與雞眼的區別是其表面有黑點。是一種表皮瘤，觸感粗糙而且很硬，甲根受到壓力而阻礙指甲的生長。

(2) 處理：可至皮膚科用液體氮去除。

9. 帶狀色素斑

(1) 原因：是由決定皮膚顏色的黑色素細胞所造成，這些黑色素細胞有時候會突然旺盛，凝聚在指甲床內而產生帶狀色素斑。

(2) 處理：請醫師診治，避免紫外線照射及過勞。

10. 球拍指甲：球拍指甲是因拇指骨異常所產生的，拇指的骨頭形狀呈現短、橫又寬。對身體不會產生任何障礙。

11. **嚙甲症**：又稱咬甲癖。

(1) 原因：通常因情緒緊張而造成會咬指甲及咬撕皮膚的習慣。指甲床易發生肉刺，也易感染傳染病。

(2) 處理：建議裝上人工指甲，讓患者想咬時覺得堅硬無味而慢慢減少咬的次數。最重要是個人要有很強的意志力來根除此種習慣。

12. **盒指甲**

(1) 原因：肺及心臟有嚴重問題的人，在指甲的末端部分膨脹，指甲廓與指甲尖的部分角度，變為 180 度以上。

(2) 處 理

A. 多注意心肺的保健，預防流行性感冒。

B. 適當休息，均衡飲食，避免過勞。

C. 定期健康檢查。

13. **慢性爪廓炎**

(1) 原因：如美髮師及廚師等，必須常將手指浸在水中的職業，得病機率較高。如有白癬症或嫩皮受細菌侵入，就會產生發炎，嚴重時指甲會全部凹凸，一般狀況是指甲周圍紅腫。

(2) 處理：請皮膚科醫生診治。

14. **匙形指甲**：又稱勺形甲。

(1) 原因：此種指甲為中央凹下，兩端向上翹起彎曲，呈湯匙狀。主要是因缺乏鐵質及貧血所造成，女性多於男性。

(2) 處理：補充含有豐富鐵質的食物，如瘦肉、蛋、牛奶、深綠色蔬菜、葡萄、蘋果、櫻桃等食物。

15. **瘀 傷**

(1) 原因：血塊凝結在指甲面之下，因甲床的損壞造成瘀血，而瘀傷的顏色由褐紅色變成黑色。

(2) 處理：對瘀傷的指甲在未復原前建議勿裝美甲片。

16. **甲床炎**

(1) 原 因

A. 病人身體免疫力減弱。

B. 受到意外的創傷而感染。

C. 不當拉扯指甲尖而有傷口或斷裂而感染。

D. 使用不當的修剪工具，因而受到細菌感染產生發炎、化膿現象。

(2) 處　理

A. 請醫生診治。

B. 適當休息，生活起居正常。

C. 補充適當營養、維生素，以增強免疫力。

17. **蛋型甲**：俗稱凸面甲。

(1) 原因：因不當的減肥、內部疾病、醫藥的使用不當、太緊張等因素，導致指甲太薄、變白、彎曲凸起於甲緣。

(2) 處　理

A. 要小心的修護指甲，滋養按摩甲根。

B. 在飲食方面要補充鈣質、鐵質等營養。

18. **指甲內生**：又稱崁甲或陷入甲，俗稱凍甲。

(1) 原　因

A. 大多因指甲修剪過度、指甲過短或鞋尖太窄擠壓而引起。

B. 常發生於腳拇指。

(2) 處　理

A. 指甲側邊的內面指甲不要剪得太短太圓，而以直線平修。

B. 選擇合適舒服的鞋，就不會產生指甲內生。

C. 以上的情形如不處理，甲溝的肉會疼痛、發炎，甚至會有化膿的症狀產生，而導致「甲溝炎」。

19. **厚　甲**

(1) 原　因

A. 有遺傳的情形。

B. 因指甲母體內部生長組織不平衡、身體內部失調、指甲外傷或長期細菌的慢性感染，造成指甲過度成長而致畸形過厚甲。

(2) 處理：可借重美甲專業技巧處理使之美化。

20. **肉刺**：也稱「倒刺」，指甲根部的外皮裂開翹起。

(1) 原　因

　　A. 因手部未保持適度乾燥而引起。

　　B. 有時是因強烈的吸水劑或清潔劑而引起。

(2) 處　理

　　A. 剪去裂開翹起的外皮，同時塗抹消炎藥品。

　　B. 平時可用指緣營養油保養，預防指緣過於乾燥。

21. **糜甲**：是一種不成長的指甲，常見手指及腳趾。指甲長到甲板的組織邊界而無法再繼續生長便會斷裂。甚至會向甲壁兩側生長埋向甲下皮肉。

(1) 原因：通常是兒時咬指甲或長期指甲修剪太深入，甲床受到不適當的擠壓、拘束、磨損、細菌慢性侵蝕等情形。

(2) 處理：必須長期正確護理調整，使甲根、甲床恢復正常生長。

22. **白斑症**：指甲上出現白斑。

(1) 原　因

　　A. 缺乏鋅的營養素。

　　B. 修剪指甲不當，傷及指甲母體。

　　C. 砷或重金屬中毒，如白色橫斑。

　　D. 白斑發生處缺乏角質素或是角質異常。

　　E. 外傷：以外力撞擊造成母體組織細胞受影響無法治癒，或空氣進入指甲基部。以兒童較常發生。腳趾有鞋子保護，因此也較少見。

　　F. 使用劣質指甲油，通常以女性居多。

(2) 處　理

　　A. 飲食方面補充海鮮類，並以保養油按摩護理。

　　B. 避免外傷及使用劣質的指甲油。

23. **萎縮症**

(1) 原因：因細菌感染或營養供應不足，造成母體生長組織受到破壞。指甲會失去光澤、萎縮變小，直到最後完全脫落。

(2) 處　理

　　A. 護理上要特別小心不可接觸鹼性清潔劑，不宜使用鐵製銼刀，而應使用細面磨板。

B. 要勤於保養，供給充足的營養及注意均衡飲食，使甲面恢復正常的製造功能。

24. **過脆的指甲**：指甲薄而容易碎裂。

(1) 原　因

　　A. 多半由於受傷、遺傳或疾病引起。

　　B. 嚴重者指甲表面會如白色雲母一般剝落，稱為「甲體層狀分裂」或「兩片甲」。主要原因是貧血、缺乏蛋白質及過度使用去光水。

(2) 處　理

　　A. 建議夜間睡眠前，用保濕乳液擦拭，可幫助指甲內保持水分。

　　B. 可擦蛋白質營養液或治癒貧血。

25. **波浪甲**：俗稱皺甲，指甲上產生縱紋，與年齡增長有密切關係，可說是指甲皺紋。

(1) 原因：皺甲有橫生紋及縱生紋的隆起狀，縱生紋的隆起異常狀是指甲母體或甲廓受傷、嚴重凍傷所引起；橫生紋隆起異常的指甲是因妊娠、缺鋅、嚴重發燒所致。

(2) 處理：如果輕微隆起而且甲面未破損，可使用細磨板修飾甲面，磨光之後再塗上甲油。

26. **香港腳（手）**

(1) 原因：白癬菌的黴菌繁殖所引起的病症。發生在腳底或腳趾間，細菌在適當的濕度及溫度下繁殖，造成皮膚角化。具有傳染性。皮膚會有搔癢、起水泡、脫皮等症狀，甚至潰爛發炎。

(2) 處　理

　　A. 建議至皮膚科求診治療。

　　B. 預防方法即保持腳趾間及其周圍的乾燥。

27. **甲下出血**：指甲下呈現血絲，出現位置大都接近指尖。

(1) 原　因

　　A. 大多由於外力撞擊造成。

　　B. 有時可能是肝病或受豬肉中的旋毛蟲感染的徵兆。

(2) 處理：請醫生診治。

28. 鬆離指甲

(1) 原　因

A. 猛烈的撞擊或持續的敲擊。

B. 有時因喜歡用拇指推掀其他手指的指甲，也足以造成指甲的鬆脫。

C. 其他的原因包括：甲狀腺疾病、鱗癬、菌類感染、四環黴素等有感光性的藥劑。

D. 有時會因處理指甲時所用的油液等過敏而起。

(2) 處　理

A. 此種症狀的指甲，不宜安裝人工指甲。

B. 請皮膚科醫生診治。

三、色澤異常及原因

若指甲顏色有明顯變化，應盡快就醫，以便早期治療。現將指甲色澤異常及可能產生的疾病，分別說明如下：

1. 綠色：細菌感染，患灰指甲者最常見。

2. 棕色：因細菌及真菌混合引起的慢性甲溝炎。

3. 黃色：稱為黃色指甲症狀群、指甲剝離症。患有淋巴系統疾病、鱗癬，或使用染髮劑、菸油等。

4. 紅棕色

(1) 長期接觸治療面皰的藥膏。

(2) 使用含有氧化劑的指甲油。

(3) 患有先天性心臟病者也會出現此顏色。

(4) 糖尿病患者有時腳趾甲變為紅棕色。

5. 白色：一般發生在指甲床而非指甲本身，因缺乏蛋白質，也有因肝硬化或慢性腎功能衰竭引起者。

6. 褐黑色：因缺乏維生素 B_{12} 或甲基、甲床黑色素增加所造成。如受治療鱗癬的含水銀藥膏及染髮劑的影響，或因真菌寄生而起。如全為黑色，有可能是黑色素瘤，要盡快就醫。

8-4　足部的護理及美化

　　足部的護理及美化，可分為足部的構造、準備的工具及產品，足部的反射區及足部護理按摩流程及美化，另外也將電熱護手套及電熱護足套的使用注意事項，分別說明如下：

一、工具及產品

1. 泡腳機：用來裝水，可加泡足錠、精油，可作浸泡雙腳之用。

2. 保溫布腳套：功用同電熱護足套。

3. 電熱護足套：腳部乾裂、脫皮時，可改善腳部皮膚，敷蠟時使用。

4. 浮石、腳皮磨棒：磨除乾厚或脫皮的腳皮，也可使用腳皮磨棒，使用時可搭配硬皮軟化劑，效果更好。

5. 硬皮軟化劑：可軟化腳部硬角質，可搭配腳皮磨棒或使用浮石。

二、足部的反射區

　　足部的反射區如圖 8-42 所示。

三、足部護理及美化的流程

（一）足部護理的流程（紀皖珍，2004）

1. 戴上手套。

2. 噴消毒殺菌劑。

3. 在水中加入金縷梅舒緩露或抗菌球等。

4. 可將指面上殘餘的指甲油或是營養油，用不含丙酮的去光水來去除。

5. 修指形。

6. 擦指緣軟化霜於指緣皮膚，可擦保濕美甲霜於指面。

7. 腳部擦軟化乳液。

8. 泡水約 3~5 分鐘。

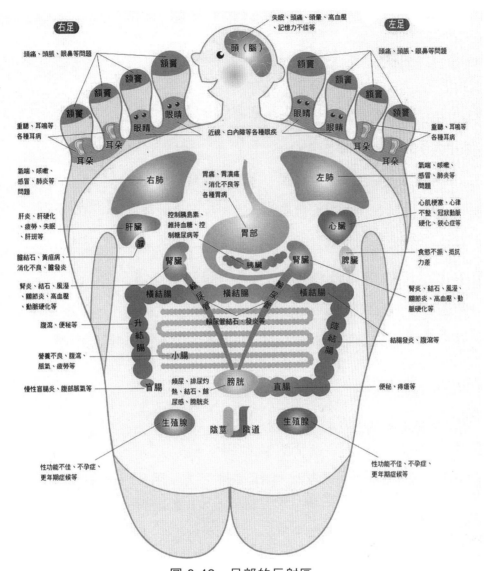

圖 8-42　足部的反射區

資料來源：腳底按摩，三采文化出版。

9. 使用甲緣硬毛刷將指面及指緣贅皮及多餘的保養品作螺旋狀去除。

10. 推指形：用水晶微粒子癒合棒。

11. 修剪死皮：用甘皮剪。

12. 再應用水晶微粒子癒合棒或彩色磨棒等磨兩旁硬皮膚。

13. 癒合指尖。

14. 用四面拋光棉依序將指面拋光。

15. 擦上腳底硬皮軟化劑，使用腳皮磨棒磨除腳跟硬皮，並磨除腳其他部位硬皮。

16. 塗抹腳部去角質霜約 3~5 分鐘。

17. 洗腳：用去菌刷刷洗腳趾，用海綿洗淨腳部。

18. 取下手套，用毛巾擦拭乾淨。

19. 用敷足霜敷腳，包上透氣塑膠膜，再套上腳套保溫 10 分鐘左右。

20. 再用乾淨的水洗淨後，用毛巾擦乾，再用按摩乳液按摩約 5~10 分鐘。

21. 擦含鈣修護液，擦指緣營養油，再擦上足部防乾裂霜。

（二）美化足部的用具及程序

1. 美化足部用具：(1)指甲剪，(2)棉花，(3)棉花棒，(4)去光水，(5)指甲銼，(6)雙氧水，(7)乳液，(8)磨光板，(9)磨光膏，(10)表皮軟化霜。

2. 足部美化的程序

    (1) 將舊的指甲油去掉。

    (2) 將趾甲修剪整齊呈方形。

    (3) 用指甲銼將趾甲以同一方向磨平。

    (4) 用棉花棒沾肥皂水或清潔液，清除趾甲下方及兩旁殘餘的指甲油。如趾甲染上汙漬，可用棉花棒沾雙氧水去除，最後再以磨光板沾一些磨光膏將趾甲表面磨平，讓趾甲感光滑。

    (5) 腳趾甲在塗指甲油之前，可先用棉花把每個腳趾隔開，以避免腳趾互相沾汙。

五、足部的按摩流程

當走路過多或站立太久而緊張疲勞時，可做足部按摩來放鬆疲倦的腳部，促使血液循環暢通，促進新陳代謝，消除疲勞。按摩程序如下：

1. 抹乳液：由上往下均勻的抹上護膚乳液。

2. 在腿部至腳部的部位以輕撫的動作，可使肌肉變得鬆弛而柔軟。

3. 在腳底部中間弓形部位以拇指揉捏，並做旋轉動作，再以手掌底部在腳底按摩，可重複 4~5 次。

4. 雙手環繞腳掌，並以拇指揉捏腳趾的關節，再用拇指在腳底部位分成四點按壓。

5. 再以拇指從腳踝向著膝部以螺旋狀方式輕輕的按摩，再依序由拇指至小趾，每趾皆以螺旋方式按摩 3 次。

6. 以手掌握著腳的兩旁，再用拇指在踝部以滑圈的動作進行。

7. 以食指、大拇指、中指及無名指，在腳的外側，從足踝至小腿肌肉按摩。

8. 在腳踝至膝蓋間，用手掌輪流揉捏，再以輕撫的環繞動作，可重複 4~6 次。

9. 用手掌部位，形成杯狀，在小腿部位做輕拍動作，可做 4~6 次。

10. 在腳趾部位，可用手指及拇指做輕柔的叩撫動作及抓取動作，可快速重複此動作。

11. 最後，可在整個腳部及腿部施以放鬆的輕撫動作，可重複 6~8 次，然後結束足部按摩。

12. 腳部處理

(1) 最後用化妝棉將按摩霜拭淨。

(2) 再用熱毛巾擦拭。

(3) 最後再上香體粉保持清爽。

六、電熱護手套及電熱護足套的使用方法及注意事項

現將電熱護手套及電熱護足套的原理、效能、使用方法、程序及注意事項，分別說明如下：

（一）電熱護手套

低溫：40~50℃，高溫：60~70℃。

1. 原 理

(1) 運用表面波長的穿透的原理，加速皮膚細胞的新陳代謝。

(2) 可提供手部溫暖，及促進血液循環。

(3) 自動調溫器可保持固定溫度，可使化妝品或藥物的效果提升。

(4) 可當成熱的空壓機使用，來減輕身體病痛，如風濕、神經痛、關節炎等。

2. 使用的方法

　　(1) 插上插座，調整溫度由低至高。

　　(2) 在使用化妝品或藥劑後，須將商品清潔乾淨。

　　(3) 在不插電的狀態下，以濕布擦拭，不可用水洗。

　　(4) 在使用之前，請修剪指甲，以防將護手套表面刮傷或弄破。

3. 注意事項

　　(1) 在護手套上不可施予不當外力。

　　(2) 商品不用時，須放於陰涼處。

　　(3) 在使用時，須注意溫度異常變化。

　　(4) 不可在睡覺時使用或給孩童使用。

　　(5) 使用前，要檢查護手套表面有無刮痕或破洞。

　　(6) 避免不當的使用，護手套須妥善保管並監督使用。

　　(7) 使用完畢後，須將插頭拔下，不可拉扯護套或連接線。

（二）電熱護足套

1. 原　理

　　(1) 運用穿透原理加速皮膚細胞的新陳代謝。

　　(2) 提供腳部溫暖，促進血液循環。

　　(3) 自動調溫器可保持固定溫度，可使化妝品或藥效的效果提升。

　　(4) 可當成熱的空壓機使用，來減輕身體病痛，例如：神經痛、關節炎、風濕等。

2. 使用方法

　　(1) 插上插座，調整溫度由低至高。

　　(2) 在使用藥劑後，須將護足套清潔乾淨。

　　(3) 護足套不可水洗，在不插電的狀態下，用濕布擦拭並自然風乾。

　　(4) 在使用之前，先修剪腳指甲，以防將產品表面弄破或刮傷。

3. 使用程序

    (1) 先在腳上抹乳液或藥品。

    (2) 用保鮮膜覆蓋包好。

    (3) 將腳輕輕套入溫熱的護足套內。

4. 注意事項

    (1) 在護足套上不可施予不當外力。

    (2) 商品不用時,須放在陰涼處。

    (3) 在使用時,須注意溫度異常變化。

    (4) 不可在睡覺時使用或給孩童使用。

    (5) 使用之前,應檢查護足套表面有無破洞或刮痕。

    (6) 避免不當的使用,護足套須妥善保管並監督使用。

    (7) 使用完畢後,須將插頭拔下,但不可拉扯護套或連接線。

小試身手

一、選擇題

（D） 1. 「指甲」一般所稱是哪些？　(A)指甲根　(B)指甲體　(C)指甲尖　(D)以上皆是

（A） 2. 指甲平均每天長出？　(A) 0.1 mm　(B) 0.01 mm　(C) 1 mm　(D) 2 mm

（A） 3. 指甲的營養缺何種營養素易引起指甲易脆？　(A)維生素 A、D　(B)維生素 B 群　(C)維生素 C　(D)維生素 E

（C） 4. 指甲含水量約？　(A) 3%　(B) 15%　(C) 18%　(D) 25%

（A） 5. 平均多久應修剪一次指甲？　(A)每週　(B)每天　(C)每個月　(D)每 15 天

（B） 6. 組成指甲最多的元素是？　(A)氫　(B)鈣　(C)硫　(D)氮

（A） 7. 手足消毒的方法可用幾%的酒精？　(A) 75%　(B) 60%　(C) 50%　(D) 40%

（B） 8. 所有磨具、剪刀，可用 75%的酒精浸泡幾分鐘以上？　(A) 5 分鐘以上　(B) 10 分鐘以上　(C) 15 分鐘以上　(D) 20 分鐘以上

（C） 9. 修長指甲形狀，使看起來修長是何形狀？　(A)尖形　(B)方形　(C)兩側直頂端圓形　(D)橢圓形

（C）10. 可輕輕摩擦指甲使指甲表面光亮是？　(A)橙木棒　(B)控乙　(C)指甲磨光器　(D)銼刀

（D）11. 下列有關指甲的狀況，何者與使用指甲油無關？　(A)白斑　(B)指甲易脆裂　(C)指甲變色　(D)指甲生長　　　　　　　　　　　　（84 夜二專）

（A）12. 可以美化手足皮膚、消除疲勞、促進血液循環的保養方法是？　(A)按摩　(B)上護手蠟　(C)清潔　(D)修剪

（D）13. 甲板是指指甲的主體，其構造與皮膚的何種細胞相似？　(A)基底層　(B)有棘層　(C)透明層　(D)角質層　　　　　　　　　　　　（87 保甄）

（C）14. 修剪指甲的第一步驟為？　(A)軟化皮膚　(B)修剪　(C)清潔　(D)按摩　　　　　　　　　　　　（86 四技二專）

（C）15. 指甲形狀的修剪，是先以何種工具大略剪出所要之長度？ (A)銼刀 (B)皮層夾剪 (C)指甲剪 (D)嫩皮剪 （87 保甄）

（A）16. 下列何者與使用劣質指甲油無關？ (A)指甲嵌入 (B)指甲脆弱 (C)指甲白斑症 (D)指甲變色

二、問答題

1. 手部護理流程為何？

2. 手部護蠟的流程為何？

3. 手部按摩有哪些功能？

4. 指甲的病變有哪些及處理方式？

5. 電熱手套及電熱護足套的使用方法及注意事項有哪些？

在正常的情況下，健康皮膚角化週期大約 28 天，皮膚就會自然循環代謝，使肌膚顯得光滑細緻，但因環境的汙染及精神上、情緒的壓力，易導致生理機能的代謝不順暢，皮膚就會呈現不平衡的狀態，使角質代謝異常，皮膚不光滑、粗糙、變厚等現象，會減少保養品的吸收力，因此須把過厚的角質去掉。另外因社會型態的改變，人們對美的要求更高，身體上不必要或不雅觀的毛髮，是非常困擾的事情，如何掩飾及拔除不必要的毛髮，實為令人困擾之事。現將去角質及脫毛的方法，分別說明如下。

9-1　去角質

角質層是表皮構造的最上層，含水量正常是 10~20%，表皮角化週期約 28 天。如角質代謝不正常，無法正常的保護皮膚，水分也易流失，若再加上外在因素，如陽光、紫外線、寒風、摩擦等情況的影響，皮膚會變得粗糙，而無法正常的代謝，並影響保養品的吸收。較常發生的部位有鼻子、雙頰、嘴巴、下巴等部位，在身體上的部位有頸部、背部、手肘、膝蓋、腳後跟、腳掌周圍等處。現將去角質的認識及方法分別敘述如下：

一、去角質的認識

因各種因素而造成新舊角質相互累積擠壓，而形成角質增厚，使皮膚出現粗糙、不光滑，角質代謝不正常。現依去角質的目的、適用的皮膚、商品的種類及應注意的事項，分別說明如下：

（一）去角質的目的

1. 去除皮膚表面粗糙、硬的死細胞，使肌膚光滑細緻。

2. 可改善皮膚的膚色，使皮膚易上妝而不易浮粉。

3. 可清除皮膚上皺紋兩旁的角質堆積，使皺紋在視覺上較不明顯。

4. 可清除阻塞毛孔周圍的皮脂及死細胞，預防黑頭粉刺及其他皮膚病的產生。

5. 皮膚表面死細胞清除後，有助保養品的有效吸收而改善肌膚的狀況。

（二）適合去角質的皮膚

1. 健康的皮膚。

2. 在冬季皮膚易形成粗糙現象者。

3. 如油性及混合性皮膚在偏油的部位。

4. 皮膚薄者，微血管易見的，稍刺激臉部即呈紅色狀態者，易敏感者不宜使用。

5. 有青春痘的皮膚不可使用，因在皮膚表皮搓揉易使傷口破皮及感染。

（三）不同膚質角質去除的時間

1. 中性皮膚的人，可 3 週一次，尤其是額頭、鼻子與下巴處角質較多的部位，可採局部的去角質。

2. 敏感性或偏乾的皮膚者，因皮膚組織較脆弱，如過度去角質易有負面的影響，建議每月一次為宜。

3. 油性皮膚，因出油旺盛，角質層較厚人，可每 2 週去除角質一次，使毛孔更暢通，可防病變的機會。

（四）去角質商品的種類

目前市場上為了各類型膚質而推出的商品種類也不少，通常以各種膚質的需求再添加一些營養素，如潤澤保濕、抗過敏、美白、深度清潔、清爽抑油等，以下是常見不同類型的去角質商品：

1. 用珪藻及玉蜀穀類做的成分進行去角質，可控制油脂的分泌量。

2. 用玉米研磨成粉粒，具有好的吸收性，並加有甘油、拂手柑、高嶺土等精油的成分。

3. 水溶性的按摩霜，可在施行按摩的過程中，利用指腹的推壓力去除角質。

4. 綜合化妝水及去角質的代謝功能，並加生化醣醛酸以達到保水與柔化的效果。

5. 不含磨砂顆粒，而是以植物成分藉由溶解原理去除角質，如鳳梨、檀香、檸檬、肥皂草、精油等。

6. 以生機乳霜型態，可刺激循環代謝，去除老舊角質，加強水分的補充，適合較乾性或乾燥性油性皮膚者。

7. 一種含有大小顆粒成分，小顆粒是處理毛孔深層的髒汙、大顆粒是處理表層堆積的廢物，可由裡至外的淨化效果。

8. 另一種商品是運用內含的水楊酸與活酵母成分，可深入阻塞的毛孔並軟化老舊的角質細胞，使之代謝正常。

（五）去角質應注意事項

適當的去角質，雖有美膚效果，如不適當的使用，反而有害，由此在施行時須注意下列幾點：

1. 不論使用何種去角質商品，都應避開眼眶、嘴唇等皮膚較為脆弱的部位。使用不當或濫用，易造成皮膚泛紅、發癢、刺痛、紅腫等過敏現象，易使皮膚對外界環境抵抗力降低。

2. 因皮膚的新陳代謝週期 24~28 天，因此去角質的次數，一般皮膚以每月不超過一次為宜，若是粗糙的皮膚則視狀況來決定次數，但切忌連續 2 天去角質。

3. 在使用產品前，須詳讀該產品的使用說明書，瞭解其使用方法及注意事項。

4. 在去除角質時，尤其下巴及耳前要特別注意，搓落的角質層要徹底的清除，避免掉入眼、耳、鼻、口中。

5. 如用保養品之後，產生皮膚泛紅、紅腫、刺痛等不良反應時，可先冰敷後再使用。

6. 搓落角質時，必須「固定」所要施行去角質的部位，每次約以 2 cm 的範圍，不要牽動皮膚的方式進行，否則易造成破皮或紅腫現象。

7. 大多數人在臉頰部位的皮膚較薄，因此去角質大多在 T 字部（額部、鼻子、下巴）皮膚較油或偏油的局部，較少全臉施行。

8. 去角質以晚間進行最佳,因去除老舊角質後,最上層的新角質較為柔嫩,對養分吸收力也很順暢,此時再抹些滋養霜或敷面,再加上充足的睡眠,隔日皮膚會更健康細緻。

9. 當皮膚接觸化妝品會有刺痛、癢、紅腫的情形,如不是敏感皮膚,就應懷疑可能是不當的去角質引起。此時,切忌再做去角質或使用其他類似作用的產品,如磨砂膏、洗面刷等。如情況嚴重時,應請皮膚科醫師診治。

10. 保持肌膚清新舒暢,每次去角質時間須依產品的特性及使用時間來考慮。例如:

　(1) 酵素類製品可帶蒸氣 1~2 分鐘。

　(2) 霜狀製品約 10~15 分鐘。

　(3) 微細粒子所構成的顆粒約 5~10 分鐘。

11. 對於不宜做去角質的皮膚,有下列幾種情況:

　(1) 曬傷皮膚。

　(2) 皮膚乾燥、脫皮時。

　(3) 皮下微血管擴張或皮下微血管破裂之皮膚。

　(4) 膚色白、薄而敏感、脆弱,易泛紅的皮膚。

　(5) 好發面皰的皮膚,尤其是皮膚上有發炎的紅疹或膿疱。

　(6) 如正在接受皮膚科治療時,如果酸、A 酸、雷射、脈衝光治療皮膚之個案。

二、去角質的方法

　　市面上去角質的方法有很多種類,可分為化學性去角質法及物理性去角質法,一般角質處理的程序及去角質方法敘述如下:

(一)市面上常用的去角質方法

■ 化學性去角質法

　　化學性去角質的原理是利用產品內的特殊成分,例如水楊酸、碳酸、果酸等,破壞表淺已鬆動的老舊角質蛋白,使其剝離,如低濃度小於 20% 的果酸成分。使用時,一定要避開眼眶、嘴唇等脆弱的部位。高濃度的果酸、碳酸、水楊酸的產品,已不屬於一般美容產品。

■ **物理性去角質法**

物理性去角質可分為以下幾種方法的產品：

1. 撕除式的面膜。

2. 用電動或手動洗面刷。

3. 含有磨砂顆粒，以「搓落」或「摩擦」為清除方法的去角質用品。

（二）去角質時準備的用品

1. 白毛巾。

2. 小盤子或小碗。

3. 大刷子。

4. 去角質露。

5. 洗臉海綿。

6. 直徑約 15~20 公分的小臉盆。

（三）一般角質處理及臉部保養的程序

1. 清潔皮膚：先做眼部、唇部的重點卸妝，再依皮膚狀態選擇適合的臉部清潔用品。

2. 檢視皮膚狀況：依皮膚狀態以決定去角質及蒸臉時間，一般角質霜停留在臉上的時間約 10~15 分鐘。

3. 軟化表皮：以蒸臉器或熱毛巾敷臉，使粗硬角質軟化，便於清潔皮膚（蒸臉的時間請參閱前文）。

4. 塗抹去角質霜：在臉上塗抹一層薄薄的去角質霜，待約 10~15 分鐘後可馬上去除。如需用搓，就不可等到乾掉，否則就很難清除。

5. 去除角質霜：需順著皮膚紋理方向去除，用雙手以交替搓的方式。去除的順序可由額部 → 鼻子 → 唇部 → 臉頰 → 下顎等部位。

6. 用海綿清潔臉部：海綿清潔臉部後，再擦上化妝水。

7. 臉部按摩：依肌肉紋理由內往外，由下往上，輕柔而有節奏感，注意速度、服貼、壓點，輕柔而發慢的操作。

8. 敷臉：注意敷臉的方向及均勻度，位置要正確。

9. 基礎保養：最後擦上柔軟水、乳液或營養霜。

（四）去角質的方法

1. 額　部

    (1) 由額頭中央往右，開始先以左手按在額頭中央，以右手中指及無名指輕輕將去角質霜去除，右邊完成後，此同樣方法完成左邊（圖 9-1）。

    (2) 左手中指按在太陽穴處，以右手中指及無名指將角質霜向上去除，在做左邊時以右手按壓皮膚，左手來去除角質霜。右邊與左邊也相同（圖 9-2）。

2. 鼻子：左手食指、中指、無名指分開按在鼻樑左側，用右手大拇指指腹，從右邊往鼻頭、鼻翼往下輕搓。左側鼻樑用右手食指、中指按在鼻樑右側，左手大拇指指腹從左邊往鼻頭、鼻翼往下方向輕搓（圖 9-3）。

圖 9-1

圖 9-2

圖 9-3

3. 臉頰：將臉頰分成三等分來操作（圖 9-4）。

    (1) 鼻翼 → 太陽穴：如要做左邊，用右手的食指及無名指分開約 2~3 公分固定，再用左手中指及無名指的指腹除去角質霜。換邊時，左、右手動作對換。

    (2) 嘴 → 耳中：用右手的食指及無名指分開約 2~3 公分固定，再用左手中指及無名指的指腹除去角質霜。換邊時，左、右手動作對換。

    (3) 下巴 → 耳中：用右手的食指及無名指分開約 2~3 公分固定，再用左手中指及無名指的指腹除去角質霜。換邊時，左、右手動作對換。

圖 9-4

4. 唇部周圍（圖 9-5）

    (1) 上唇部位：以左手中指、無名指按在嘴角旁，以右手中指、無名指輕輕沿著唇邊緣處向人中輕搓。另一邊以同樣方式進行。也可用大拇指固定，另一手大拇指指腹去除角質霜。

    (2) 下唇部位：以左手的中指、無名指按在嘴角旁，以右手中指、無名指輕輕沿著下唇邊緣處向上搓，另一邊以同樣方式進行。也可用大拇指固定，另一手大拇指指腹去除角質霜。

5. 下巴：用左手中指、無名指按在下巴中央，再以右手的中指，無名指輕輕的沿著下顎處向上搓，另一邊也以同樣方式進行（圖 9-6）。

圖 9-5

圖 9-6

（五）進行去角質時應注意事項

1. 在進行去角質前，須先用一條白毛巾蓋住顧客的耳朵及頸部，以防角質層掉落在顧客的耳朵、頸部及美容床。

2. 在塗抹角質霜，要適量，不宜過多或過少，不要太靠近眼睛周圍。

3. 在去除角質霜時，須由內往外順著皮膚紋理，一手要按住皮膚，一手往外搓，不可牽動皮膚，方向要正確、速度不可太快、力道不可太重。

4. 完成去除角質霜後，可利用大刷子將臉部殘留的角質屑清除在毛巾上，然後再將毛巾捲起來放置一旁再做清潔處理。

5. 角質去除之後再用濕的海綿再做一次臉部的清潔工作。

（六）海綿使用方法

去角質後再用海綿洗臉不但可使皮膚乾淨，還可使人感覺皮膚舒暢，無黏膩之感。

■ 海綿的使用方法

將海綿放入裝有溫水的小臉盆沾濕，然後取出，將水擠乾，使海綿留少許水量，不可太濕，以免在擦拭過程中會滴水下來。

■ 海綿的擦拭方法（圖 9-7）

1. 額頭：雙手拿著海綿，平放在額部，由額部中央開始往兩邊的太陽穴方向輕輕的擦拭。

2. 眼睛：將海綿輕輕貼在眼睛上，兩手同時由眼頭向著眼尾方向輕擦。

3. 鼻子：兩手交替在鼻樑至鼻尖 → 鼻樑兩側輕輕的擦拭。

4. 唇部：上唇部用兩手同時由鼻子下方（人中處）向嘴方向輕輕擦拭。下唇部也用兩手同時由下唇中央向嘴角處輕輕的擦拭。

5. 頰部：兩手同時由鼻側往外略斜向上的方向輕輕擦拭。

6. 下巴：兩手同時由下巴向著耳下的方向輕輕擦拭。

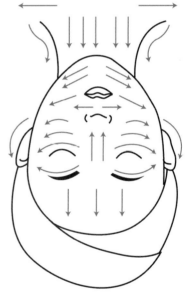

圖 9-7　海綿擦拭的方法（全臉）

7. 頸部：兩手交替由下往上輕輕的擦拭。

8. 前胸：將海綿貼在前胸部，兩手同時由中央往外的方向輕輕擦拭。

■ 海綿擦拭時應注意事項

1. 海綿的擦拭動作要長，接觸面積要大，方可減少顧客的不舒適感。

2. 海綿擦拭後如已汙穢，應立即清洗乾淨後再使用。

3. 海綿擦拭時，其含水量須恰當，以免發生因海綿太乾而不易擦拭，如太濕時易滴水在臉上。

4. 海綿擦拭時，應以手指充分控制海綿，避免海綿邊緣隨著手部的擦拭，在顧客皮膚產生拖拉的動作，而造成顧客的不適感。

9-2 脫 毛

本單元是將脫毛的目的、種類、方法及應注意事項等，分別說明如下：

一、脫毛的目的

身體上的毛髮依長短可分為長毛、纖毛和短毛，以生理特性可分為硬毛和毳毛。毛髮本身無神經、毛髮生長週期隨年齡增長而縮短。脫毛也就是要脫除皮膚上過多的毛髮，其目的有下列兩種：

1. 清除異常：如去除內生、倒插的睫毛。另外如去除過多的腋毛，以改善「狐臭」的狀況。

2. 美觀方面

　(1) 去除臉頰上的汗毛，以利上妝。

　(2) 去除正常眉型外的雜毛。

　(3) 去除手臂及腿上過長的汗毛，使外觀呈現光滑、緊實。

　(4) 去除面積過大的鬍鬚。

　(5) 去除人中及下巴處呈現鬍子狀的汗毛。

二、脫毛的種類

脫毛的方法很多，在皮膚科方面有雷射除毛法，整形外科使用的有強力脈衝光除毛法，護膚中心的除毛法等，依其使用的除毛器可分為下列兩種：

（一）暫時性脫毛法

所謂暫時性脫毛，也就是說新的毛髮會再長出來，須定期性的重複除毛手續，使用的器材有下列幾種：

1. **剃刀、刮鬍刀**：是最簡單、易操作的工作，缺點是必須經常刮除。脫毛時，應在該部位先抹上潤滑液或刮鬍膏，以降低刮傷皮膚的機會。

   【適用部位】腋下、臉部。

2. **鑷子**：是一根一根的拔，在拔毛之前之後都需擦消炎收斂化妝水。此種方式較費力、費時，也較有疼痛感，較少人使用。

   【適用部位】臉上的汗毛、唇部周圍的毛、乳頭周圍的毛、胸部零星的毛。

3. **電動剃毛器、電動除毛器**：是敏感皮膚最沒有負擔的一種方法，使用後一定要用水清洗乾淨，洗淨後還需風乾。

   【適用部位】手臂、腋下、腿部。

4. **挽面**：是一種以數條棉線，將臉上細小的汗毛撚除的除毛法。

   【適用部位】臉部、胸部周圍的毛。

5. **拔毛貼布**：是一種維持時間較長的脫毛法，但因有疼痛感，在拔毛後的毛孔易引起細菌感染，對皮膚的傷害較大，因此須加強事後保養。

   【適用部位】手腳及臉部。

6. **除毛乳膏**：有糊狀、霜狀、粉狀或噴劑等劑型，屬於化學性脫毛，是一種可自行處理且衛生、省時、簡便又經濟，且無疼痛感的除毛法，但如處理不當時，易引起皮膚傷害或過敏。

   【適用部位】腿部。

7. **脫毛劑－化學性脫毛**：是一種以 30%的雙氧水再加上阿摩尼亞和水，用小刷子沾取抹於脫毛之處，等 20 分鐘後再以熱毛巾擦去。對細毛效果很好，但因刺激性很強，因此藥劑留置在皮膚上的時間不宜太長，易引起皮膚乾燥及濕疹等情況，須依照說明使用。

   【適用部位】前臂、臉上及身體上的汗毛。

8. **脫色脫毛膏**：其作用是「漂淡毛色」，而使體毛在視覺上看起來較不明顯，嚴格來說，並不算是「脫」毛膏。

   【適用部位】頭髮、臉及身上汗毛。

9. **電鑷子**：是利用毛髮做絕緣的物質，使導熱時的高波率能源轉變至髮根的生發母質達 30 秒以上，毛髮便會與組織分開，以便脫毛處理，因脫毛時一次只能去除一根毛髮，因此較不經濟，在操作時，金屬的鑷子電極不可接觸到皮膚，而且鑷子與髮幹的接點愈接近皮膚，所以在操作時要更加小心。

【適用部位】腿部、手臂。

10. **蠟脫毛法**

(1) 硬蠟（熱蠟）：由蜂蜜與樹脂混合而成，加溫至攝氏 80℃時可將硬蠟溶開。使用時在手部的虎口處試溫 1~2 次後（適合溫度介於 45~52℃之間），快速順著毛髮生長方向塗抹在脫毛部位。溫度慢慢冷卻，將皮膚的體毛凝結在蠟中，就很好脫拔。

【適用部位】面頰、上唇、下巴、頸部、手腳、背部等。

(2) 溫蠟：物理性脫毛，用法與熱蠟相同，唯一的不同是使用溫度約 20℃。大部分用於一些較敏感肌膚。因在此溫度下繃帶的軟度較持久，去體毛也較不痛。

【適用部位】面頰、上唇、下巴、頸部，不適用於體毛。

(3) 軟蠟（冷蠟）：物理性脫毛，是一種不會變硬，黏度很高，不需加溫，無灼傷感，立即可直接使用的蜜蠟，而可將毛球拔除，可解決毛髮生長的問題，軟蠟不可重複使用，最符合衛生需求，可避免因重複使用所引起的感染或發炎等問題。

【適用部位】手腳、腹部、臉部等。

（二）永久性脫毛法

　　永久性脫毛是破壞毛髮組織，使毛髮永不再生長的脫毛法，目前各種永久脫毛法，實際上仍無法完全達到永久去除，通常需多次的治療才能令人滿意，現依其作用分為下列幾種：

1. **短波法**：是以凝結毛髮的營養來源如毛乳頭，使其生長細胞萎縮而達到破壞毛髮之脫毛法。

2. **手術除毛法**：藉由切除皮下的毛球以達永久去除的目的，但因費事、費時，又不經濟，因此使用有限。

3. **強力脈衝光**：強力脈衝光是利用光的原理，對黑色素產生選擇性的破壞，以及利用光波長度的不同，而使光波能抵達皮膚的毛囊深度，而使毛囊的破壞更加完全，再將生長成熟之毛髮完全去除，約 20 分鐘即可完成。

4. **雷射脫毛**：是以雷射光照射，只會被毛根的黑色所吸收，因此對皮膚不會造成任何影響，而且處理後無毛孔粗大的問題，皮膚仍保持光滑、細緻，有輕微疼痛感，須在雷射之前塗抹局部的麻醉劑以減輕疼痛感。這是一種快速、簡單又可大範圍除毛的脫毛法。

5. **電針除毛**：是一種經由針尖直接將電流導至毛球約 20 秒，使毛乳頭內的組織液產生分解作用，同時酸鹼值也逐漸下降而偏鹼，進而使毛乳頭破壞。

三、脫毛的方法及注意事項

如何才能將毛脫的乾淨？除了蠟脫毛是逆著毛髮生長方向脫外，其餘還是順著毛髮的流向去除，較不會在皮膚表面上造成小傷口。而且也要做好除毛前的皮膚保養及處理後的保護。現將不同的脫毛方法說明如下。

（一）暫時性脫毛法

■ 剃刀、刮鬍刀

1. 方　法
   (1) 脫毛部位要乾淨而且沒有水氣，然後在該部位先抹潤滑液或刮鬍膏，再順著毛流生長方向剃除。
   (2) 使用剃刀剃毛或修眉時，要把該部位的皮膚撐緊、撐平，使剃刀與皮膚表面成 45°左右，在皮膚表面上輕刮。
   (3) 處理完之後再擦具有消炎、殺菌、鎮靜、保濕的保養劑，以降低刮傷皮膚的機會。

2. 注意事項：用剃刀剃毛時，剃刀須鋒利，否則不但毛剃不下來，反而極易割傷皮膚。

■ 鑷子（眉鋏拔除法）

1. 方　法
   (1) 眉鋏拔除法：大多使用在修眉，或去除嘴巴周圍多餘的毛髮，如下巴或唇上人中等。

(2) 拔除前要先用酒精擦拭消毒皮膚，如毛太長的話，可先用剪刀將長度剪至約 1 公分較易處理。

(3) 在拔除時，要用另一隻手將要脫毛部位周邊的皮膚撐平，較易拔得乾淨。

(4) 處理後的毛孔是呈現張開的狀態，較易感染細菌，因此在脫的部位不要塗抹任何保養品。

2. 注意事項

(1) 拔除時，要順著毛的生長方向，一根一根的除去。

(2) 未操作眉鋏的另一隻手要把脫毛的部位撐平、撐緊，才可避免眉鋏夾傷及減少脫毛部位的疼痛。

(3) 如有長在痣上的毛，未經醫師指示，不可擅自主張將之拔除。

(4) 在操作時，皮膚要撐緊，眉鋏要靠毛根，拔毛的速度愈快，就愈不會感覺痛。

(5) 拔下來的毛避免到處散落，須做妥善的處理。

■ 電動除毛器

1. 方法：剃毛器是輕輕的放在皮膚上，不要施力，然後順著毛髮的生長方向除毛。可視機種不同，也可用逆毛髮生長方向除毛。

2. 注意事項

(1) 在手肘、手腕及膝蓋的周邊處，如有凹凸不平、皺紋之處，要特別小心處理。

(2) 處理完後須塗抹具有保濕效果的保養品以保護皮膚。

■ 電動拔毛器

1. 方 法

(1) 利用洗澡後毛孔全張開時，將拔毛器與皮膚以垂直角度，逆著毛髮生長方向來移動拔毛器，脫毛後的皮膚因還未癒合，所以皮膚看起來像未脫乾淨。

(2) 毛髮如較長，可先剪短至 0.5 公分為宜。

2. 注意事項

(1) 不要在同一部位來回的剃除，因易使皮膚受傷，在脫毛後，因皮膚的毛孔是呈張開狀態，為了避免細菌感染，可用濕毛巾放在該處，使皮膚不再有熱熱的感覺。

(2) 在手肘、手腕及膝蓋的周邊部位，有凹凸不平、皺紋之處，要特別小心處理。

(3) 處理之後要塗抹具有保濕效果的保養品。

■ **棉線捻除法（俗稱挽面）**

1. 方 法

   (1) 挽面前先清潔後再將白粉撲在臉上。

   (2) 是利用數條棉線呈八字型，用滾、捻、纏上汗毛後，再迅速的將毛拔除。

2. 注意事項

   (1) 敏感肌膚，有青春痘者不宜使用。

   (2) 除汗毛後可用蛋白或冷水濕敷可減輕疼痛。

■ **除毛脫布**

1. 方 法

   (1) 將待脫毛部位先加以清潔。

   (2) 順著毛髮生長的方向貼上膠布，之後一口氣的朝下剝掉。

2. 注意事項：脫毛後會起雞皮疙瘩時，用冷毛巾冷敷。

■ **脫毛劑**

1. 方 法

   (1) 先看脫毛部位毛髮的粗細決定脫毛的時間，一般約 5~10 分鐘。

   (2) 粉狀的脫毛劑需加水攪拌成糊狀，霜狀脫毛劑則打開蓋子即可使用。

   (3) 將脫毛的部分洗淨擦乾後，塗上厚厚一層脫毛劑，最後在周圍之皮膚塗上凡士林以保護皮膚。

   (4) 用溫水洗去毛髮及脫毛劑，然後將皮膚拍乾，再擦些具消炎、安撫作用的霜類，如是膏狀的脫毛劑，可先用刮棒刮除，再清洗至沒有滑膩感為止。

2. 注意事項

   (1) 建議敏感性皮膚避免使用。

   (2) 此種藥劑成分，並非每個人都適用，使用前須先做測試確認。

■ **脫色脫毛膏（漂白法）**

1. 方 法

   (1) 調製脫色劑：用 30%的雙氧水加上水（比例約 2:1）及少量的阿摩尼亞，或是用適量雙氧水加麵粉 2 匙、蜂蜜 1 匙和檸檬汁 2 滴混合，用刷子沾取，抹在欲脫毛的部位。

(2) 使用約 20 分鐘後，再用熱毛巾擦拭或溫水洗淨脫毛之處。(頭髮粗黑者，時間可延至 30 分鐘)

(3) 擦乾皮膚後再抹上面霜或乳液。

(4) 此種脫毛法是僅將毛髮顏色漂白、淡化，降低別人的注意力，事實未除去任何一根毛髮。

2. 注意事項

(1) 第一次用漂白法在使用前 24 小時須做皮膚敏感試驗，確認是否適合使用此方法。

(2) 體毛顏色較深者，如需重複 2 次，則中間至少要間隔 24 小時。

■ 電鑷子

1. 方　法

(1) 用電鑷子脫毛法，因一次只能脫一根毛髮，因此其脫毛的速度很慢也耗時。

(2) 電鑷子脫毛法是利用通電的鑷子把電能導入毛囊及毛幹，使毛乳頭脫水而被破壞。因此在脫毛時，先用鑷子夾住一根毛髮，再通電。先用低能量預熱，再用高一點的能量，大約 2 分鐘就可將毛髮移除。

2. 注意事項：在做電鑷子脫毛前，先將要脫毛的部位用溫熱的蒸氣蒸薰，以增加效果。

■ 蠟脫毛法

1. 準備物品

(1) 加熱器：用來溶解硬蠟。

(2) 清潔用棉花墊、收斂水。

(3) 木質棒：用來塗抹硬蠟。

(4) 木製刮棒：用來塗軟蠟。

(5) 橘木棒：在眉毛部位塗蠟用。

2. 硬蠟脫毛法

(1) 融蠟，溫度約 80℃。

(2) 以肥皂水清潔需脫毛之處，再用清水沖洗乾淨並擦乾。

(3) 在脫毛的部位灑些爽身粉。

(4) 在手腕內側測試蠟的溫度。

(5) 以挖杓,順著汗毛生長的方向,將蠟均勻塗抹薄薄一層,再貼附上消毒過的棉布條。

(6) 等蠟冷卻變硬後,一手將皮膚撐緊,另一手則逆著毛髮生長的方向,將棉布條快速撕起。

(7) 棉布條從皮膚撕起時,另一隻手立刻貼附,按壓脫毛的部位。

(8) 再把脫毛部位多餘的爽身粉拍掉。

(9) 最後在脫毛部位輕拍收斂鎮靜消炎化妝水。

3. 軟蠟脫毛法

(1) 方　法

　A. 脫毛前應做皮膚清潔,並擦乾皮膚,在輕灑些爽身粉。

　B. 以挖杓順著汗毛生長的方向,將蠟塗抹薄薄一層在脫毛部位,並貼附上消毒過的棉布條。

　C. 一手固定皮膚,另一手則逆毛髮生長方向,將棉布條快速撕起。

　D. 另一手立刻貼附,按壓脫毛部位。

　E. 把脫毛部位多餘的爽身粉輕輕拍掉。

　F. 在脫毛的部位輕拍具鎮靜、消炎、收斂效果的化妝水。

　G. 在上唇的毛髮是向側的方向生長,因此在塗蠟時應分開進行。

(2) 冷蠟的優點:不需儀器,不需加熱立即可用,在室溫下操作,沒有燙傷的危險。

4. 蠟脫毛應注意事項

(1) 除毛前

　A. 避免太陽曝曬或受紫外線燈照射。

　B. 盡量避免高溫淋浴以防皮膚起皺摺。

　C. 避免在將除毛的部位塗上除臭劑或乳霜,因這可能會引起皮膚過敏或異常反應。

　D. 先在除毛部位消毒,勿留任何水漬。

(2) 除毛時

　A. 除毛部位須保持乾爽。

　B. 上蠟時要先在手掌上試溫,對於角質較薄弱者的皮膚,溫度太高會引起紅腫。

C. 上蠟時須順著毛髮的生長方向塗抹，如方向不規則，則須每一方向都塗上蠟。

D. 直到覺得蠟已不再黏合於皮膚時則可除去。

E. 撕下時應注意要逆著毛髮生長的方向。

(3) 除毛後

A. 可用消炎、鎮靜安撫收斂水塗抹，並徹底清除殘留在皮膚上的蠟，並防止皮下面皰引起的皮膚感染。

B. 在腋下等敏感部位可再灑點爽身粉。

C. 攝取水分以平衡皮膚的酸鹼值。

D. 在皮膚可塗抹抑制生長劑以延遲體毛再生。

E. 要提醒顧客在 1~2 天內不可使用脫毛劑、除臭劑、香水或防曬油。

5. 熱蠟脫毛的禁忌症

(1) 有高血壓者。

(2) 有心臟血管疾病者。

(3) 有糖尿病者。

(4) 有愛滋病及肝炎帶菌者。

(5) 有皮膚傳染病者。

(6) 有血液疾病者。

(7) 有皮膚過敏者。

6. 腿部脫毛的方法

(1) 用酒精棉消毒小腿外側要脫毛處（圖 9-8）。

(2) 輕輕塗抹少量的爽身粉（圖 9-9）。

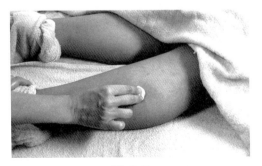

圖 9-8

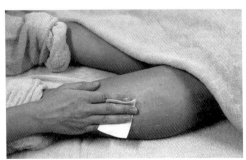

圖 9-9

(3) 順毛髮生長方向塗抹脫毛蠟（圖 9-10）。

(4) 上脫毛蠟後用一條脫毛布覆蓋上去，再用雙手在脫毛布上按壓，使其服貼及固定（圖 9-11）。

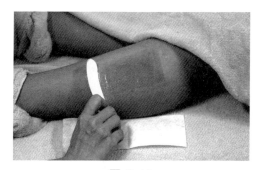

圖 9-10

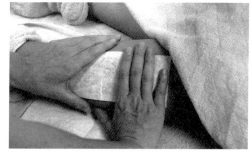

圖 9-11

(5) 一手按在腳踝上方，一手抓住脫毛布底緣、快速向上以逆毛流方向將脫毛布撕起（圖 9-12）。

(6) 再拿另一條脫毛布用手直接覆蓋並做安撫動作（輕拍），如圖 9-13。

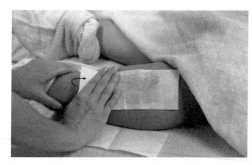

圖 9-12

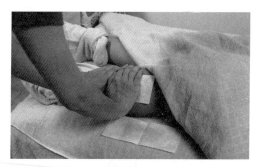

圖 9-13

(7) 在脫毛部位擦拭消炎化妝水以保護皮膚（圖 9-14）。

圖 9-14

■ **摩擦脫毛法**

1. 方 法

 (1) 先把毛髮剪短或剃光。

 (2) 塗上肥皂水。

 (3) 用砂紙手套或浮石摩擦毛髮周圍。

2. 適用部位：手、腳。

（二）永久性脫毛法

 永久性脫毛法包括賈法尼單針或複針法、混合式脫毛法及目前現代化的短波法，目前以短波法較常用，此三種破壞毛髮的方法如下：

1. 短波法是熱力凝固毛髮的營養來源，來達到破壞毛髮生長的目的。

2. 賈法尼單針或複針法是以直流電分解「毛乳頭」，來達到破壞毛髮生長的目的。

3. 混合式脫毛法係同時以賈法尼電流和低強度高頻率電流分解毛乳頭。

■ **短波法**

 短波法比其他脫毛方法更迅速，也是最常用的方法。目前永久脫毛法大多採用此方法。現將短波法的設備、用品，使用前準備工作、脫毛的步驟、脫毛時的注意事項、脫毛部位的護理等，分別說明如下：

1. 設備及使用物品

 (1) 短波機。

 (2) 放大燈。

 (3) 鑷子。

 (4) 消毒棉花。

 (5) 棉紙（化妝紙）。

 (6) 消毒水與消毒粉。

 (7) 美容椅（顧客用）。

 (8) 凳子（美容師用）。

 (9) 護理後塗抹的護膚液。

 (10) 護目眼墊或護目鏡（保護顧客的眼睛）。

2. 短波機使用前的準備工作
   (1) 參考隨短波機所附送之圖表說明（圖 9-15）。
   (2) 根據商品使用說明調整機器並預備脫毛的部位。
   (3) 打開機器的開關。
   (4) 將定時器的控制鈕轉至「自動」之位置。
   (5) 調整操作員坐凳之高度。
   (6) 將腳踏板的插頭插上，並放在適當舒服之位置。

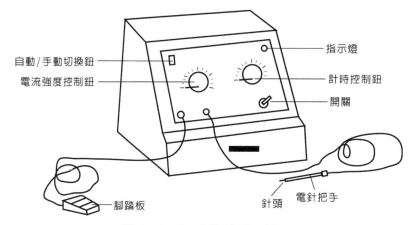

圖 9-15　短波電針脫毛儀器

資料來源：李翠瑚、李翠珊(2005)。

3. 進行之前須注意事項
   (1) 注意紅腫或擦傷的部位，在處理部位不得造成感染或護理後不易痊癒的情況。
   (2) 注意皮膚的油脂及水分，因具有適量水分及天然油脂之健康皮膚，處理時比較容易。
   (3) 預備要拔除的毛髮，建議專業人員先從預備護理的部位先拔下兩、三根毛髮當做樣品。在拔毛時以鑷子夾住毛髮並使鑷子輕輕的接觸皮膚。再順著毛髮的生長方向，穩穩的將毛髮拔起。
   (4) 插針之前應仔細觀察毛髮生長的角度。毛囊的傾斜度從 15~90 度不等，有的毛囊呈彎曲狀，脫毛時較困難。

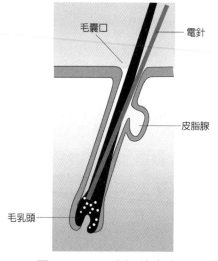

圖 9-16　正確插針方式

4. 脫毛的程序

(1) 讓顧客舒適的躺在美容椅上，並且在預備脫毛的部位鋪上一條毛巾或紙巾，技術者手上也須拿一張化妝紙，用來放置拔出的毛髮。

(2) 除毛前須將所用的針及鑷子做消毒，欲脫毛的部位也須先清潔及消毒。

(3) 設定計時器：在儀器上調至最短的時間間隔，因通電時間愈短，電流切斷愈快，脫毛時疼痛感就愈少。

(4) 打開電源，將選擇鈕開關調至「自動」切換控制及定時器調轉至「0」的位置。

(5) 腳踏板插頭插上並放在便於操作的位置。

(6) 須依毛孔生長的角度，再順著髮根將針慢慢插入毛孔中，而且插入的深度須依毛髮的粗細而定，大約 0.3~0.6 公分。

(7) 插針時不可踩腳踏板，須等針插入後才可踏下腳踏板，電流即可自動通過並且會自動關掉。

(8) 將針取出，再用鑷子將毛髮拔出，放在化妝紙上。

(9) 如遇不易拔除的毛髮，可重複除毛的程序，有時一次無法徹底破壞毛髮組織，可等 1~3 個月後，毛髮再度長出至皮膚表面，此時再次處理。

(10) 脫毛後，關掉儀器後，再用棉花墊沾上具有收斂及安撫作用的護膚品，來收縮脫毛部位的毛孔，再擦上消炎粉之後，並用一塊消毒棉布輕按脫毛部位。

5. 脫毛應注意事項

(1) 皮膚如有發炎、發疹或擦傷時，不可脫毛。脫毛之處不可亂抓。

(2) 脫毛前，包括操作人員雙手、用具及預要脫毛的部位，都必須徹底消毒，也不宜過度清潔，以免傷害到角質層。

(3) 避免毛髮生長太密集的部位，因針插太多次會造成皮膚損傷。

(4) 油性皮膚者，可先去角質，清除毛孔的髒汙，降低電阻以利操作。如是乾燥毛髮的部位，可先用蒸氣噴濕，以增加毛髮濕度及漲大毛孔，以方便操作。

(5) 插針時不可強行用力，否則會刺穿毛孔壁，可能使電流無法到達毛髮的營養根部。

(6) 脫毛後，不可在脫毛局部擠、挑，否則不利於復原。

(7) 脫毛後有時會出現細小的疤，只要處理得當，通常可快速恢復。

(8) 脫毛後的針頭及消毒藥棉不可隨便丟棄，應依衛生規定做適當的處理。

(9) 脫毛後宜避開陽光數日，以免色素沉澱。

(10) 脫毛的部位，24 小時內不可使用化妝品。

(11) 不可做雷射或電針永久脫毛的部位：耳內、下眼袋、鼻孔內、痣或瘤上的毛。

(12) 適合做電針永久脫毛的部位：下巴、臉頰、嘴唇周圍、眉毛、髮際、腋下、手臂、腿、身體。

(13) 有 B 型肝炎及其他類型肝炎、AIDS 及疱疹等疾病者，應避免使用。

(14) 有寒毛類的柔毛、軟毛不宜脫毛。

(15) 有糖尿病患者、正在接受荷爾蒙治療、懷孕婦女、裝有心跳節律器的心臟病患者等，都不宜做永久脫毛。

(16) 操作雷射或電針脫毛技術者，需持有合格專業脫毛執照，或是由專科醫師才可從事，美容從業人員不應涉及。

小試身手

一、選擇題

（C）　1. 表皮角化週期約多少天？　（A) 14 天　（B) 20 天　（C) 28 天　（D) 30 天

（B）　2. 敏感性或偏乾的皮膚，約多久去角質一次？　(A)兩週一次　(B)每個月一次　(C)兩個月一次　(D)不需去角質

（B）　3. 中性皮膚的人可多久去角質一次？　(A)兩週一次　(B)三週一次　(C)一個月一次　(D)兩個月一次

（A）　4. 去角質的製品，如使用酵素類可帶蒸氣多少時間？　(A) 1~2 分鐘　(B) 10~15 分鐘　(C) 5~10 分鐘　(D) 20 分鐘

（A）　5. 霜狀製品去角質時約多少時間？　(A) 10~15 分鐘　(B) 5~10 分鐘　(C) 2~5 分鐘　(D) 1~2 分鐘

（B）　6. 溫蠟脫毛使用溫度約幾度？　(A) 10℃　(B) 20℃　(C) 25℃　(D) 30℃

（C）　7. 永久性脫毛法有下列哪些？　①短波法　②手術除毛法　③強力脈衝光　④電針除毛　(A)①②③　(B)①③④　(C)①②③④　(D)①②③④⑤

（B）　8. 毛髮突出於皮膚表面的部分稱為：　(A)毛根　(B)毛幹　(C)毛球　(D)毛囊

（A）　9. 哪一種脫毛法並不會去除毛髮？　(A)脫色除毛髮　(B)除毛蠟除毛髮　(C)剔除法　(D)雷射

（B）10. 化學性脫毛劑屬於下列哪一種？　(A)一般化妝品　(B)藥品　(C)日用品　(D)含藥化妝品

（B）11. 哪個部位不可使用脫毛劑脫毛髮？　(A)腋下　(B)眉毛及外陰部　(C)腿部　(D)手部

（D）12. 最適合身體各部位脫毛的方法是下列哪種？　(A)電針除毛法　(B)脫色脫毛髮　(C)拔毛法　(D)剃除法

（A）13. 脫色脫毛法是使用多少%的雙氧水加水，使比率約為 2：1？　(A) 30%　(B) 20 %　(C) 10%　(D) 5%

（C）14. 作電器脫毛法，從針管開始輸入何壓電流，最長可持續多少時間？ (A) 10 秒 (B) 20 秒 (C) 40 秒 (D) 60 秒 〈85 四技二專〉

（D）15. 下列脫毛法中，何者是以破壞毛囊達到脫毛的效果？ (A)脫毛劑 (B) 剃刀 (C)密蠟 (D)電針 〈86 四技二專〉

（B）16. 使用蠟脫毛時，應將蠟塗在待脫毛部位，覆蓋棉布條緊壓後，在如何配合毛髮生長方向迅速將蠟布及毛髮撕去？ (A)順著 (B)逆著 (C)垂直 (D)任何方向皆可 〈88 四技二專〉

二、問答題

1. 一般角質處理的程序為何？

2. 海綿擦拭時應注意哪些事項？

3. 蠟脫毛應注意哪些事項？熱蠟除毛有哪些禁忌症？

4. 脫毛應注意哪些事項？

全身美容

在現代社會中，美容的範圍也不再限於臉、手足部、身體保養及優美體型的維持，因此「全身美容」的觀念也為現代人所接受，而全身美容的種類大致可分沐浴法、去角質、按摩法等方法，最常應用是沐浴法。

沐浴是清除身體的汗垢及皮膚上的分泌代謝物等，尤其臨睡前沐浴有增進睡眠及提升睡眠品質的效果。沐浴除了潔淨身體外，也跟「美容」有關，如溫泉浴、牛奶浴、芳香浴等，除潔淨身體外，也有「美容」效果。現代人生活緊張、工作忙碌，如能充分把握入浴時間，多花一點時間在沐浴上，並且使用正確的沐浴方法，不但可賦予身體活力，也能洗出健康與美麗。現將沐浴法及其種類、水療(SPA)、全身保養等方法分別說明如下。

10-1　沐浴法

沐浴除可清潔、刺激皮膚，亦可使人心情愉快，是身體美容的首要步驟。沐浴的目的及效果、種類、方法等，分別說明如下：

一、沐浴的目的及效果

沐浴具有調理、潤滑、滋養及恢復等四個目的，如再搭配一些芳香精油可產生其他作用，如薰衣草、甜橙、歐鼠尾草可消除煩悶，茉莉香味可鬆弛神經，玫瑰香有鎮定效果，薄荷可增進活力等。

沐浴的效果有下列幾個層面：

1. 清潔洗淨身體本身的分泌物及代謝物，使身體恢復潔淨。

2. 可增進皮膚潤滑、軟化角質：有利於保養品或外用藥劑的吸收。

3. 可以鬆弛身心、消除精神緊張及肉體上的疲勞、補充能量、促進血液循環、恢復精神。

4. 以溫水沐浴可促進循環及新陳代謝，增加活力。

5. 溫暖潮濕的空氣可使毛孔張開、肌肉放鬆，增進肌肉的收縮力及伸展性。

6. 可達到美化身材曲線。

7. 浸泡在水溫 38~40℃ 的溫水中約 15~20 分鐘，可促進身體血液循環，並使身體的熱度由皮膚釋放出，有鎮定及恢復的效果，也可軟化角質。

二、沐浴的種類

沐浴的種類繁多，如以水源供應方式可分淋浴及盆浴。如依所用的物品、水質、溫度變化來分類，則還可分出許多種類，現逐一說明如下：

（一）淋 浴

以蓮蓬頭噴灑出來的水來沖淨身體稱為淋浴(shower)。

1. 優 點

　(1) 省水。

　(2) 因沖洗身體後的髒水立即流掉，因此較不需擔心被感染。

　(3) 是一種最佳的清潔美容方法，也是最省時且恢復精神最快的方式。

　(4) 因水與皮膚接觸的時間不長，故也較不會造成皮膚變乾的狀況。

　(5) 藉由淋浴，在清潔身體時，可刺激皮膚新陳代謝，使心神愉快、神清氣爽。

2. 缺點：沐浴後對身心的安撫及放鬆效果，較盆浴稍遜色一些。

（二）盆 浴

盆浴(bath)就是放一大盆溫水，再將身體浸泡其中的沐浴方法。是最簡單的一種沐浴法。其功效及缺點如下：

1. 功　效

   (1) 藉著水溫可促進汗液排泄及血液循環，增進新陳代謝，安撫緊張、疲備的身心。

   (2) 可加強瘦身的效果，例如：對於積蓄脂肪的腹部，若在盆浴時加以揉捏按摩，可消除贅肉。

   (3) 如將身體浸泡於溫度稍高的溫水中，可刺激身體大量排汗，有減重及淨化的效果。

2. 缺　點

   (1) 耗水較多。

   (2) 女性生理期間易感染。

   (3) 如在不潔的浴缸中，如公共浴室，可能會導致香港腳等皮膚的感染。

■ 芳香浴

在覺得疲勞或時間較充裕時，可在入浴時調配使用芬芳的沐浴劑來泡澡。宜選用含有柑橘、茉莉、薰衣草等芳香成分的沐浴劑，其功效如下：

1. 有心曠神怡神清氣爽的感覺。

2. 可鎮靜安神、消除疲勞。

■ 檸檬沐浴

因檸檬含有豐富的維生素 C，因此可把檸檬切成 3~5 個薄片，泡在洗澡水裡。其功效是因它的油分及酸分可使皮膚潔白美麗，但皮膚太乾燥的人則不適合。

■ 鹽水浴

將自然結晶鹽，以半杯的份量放入洗澡水中，其功效如下：

1. 促進血液循環良好。

2. 可促進皮膚新陳代謝。

3. 如在三溫暖的蒸氣室內，將鹽抹遍全身，使身體發熱，會大量流汗，以達減重效果。

（三）水 療 (SPA)

利用不同溫度的冷水(18~20℃)與熱水（約 36℃）的律動壓力來達到按摩效果。其功效如下：

1. 可使血管收縮及舒張。

2. 具有解壓、放鬆、鎮靜及柔軟皮膚的效果。

（四）三溫暖－熱療

在許多的 SPA 養生館通常提供低、中、高三種溫度的烤箱、蒸氣室及水療池等設備，是美容工作室的熱療課程。其功效、設備、洗三溫暖的方法及應注意事項，逐一敘述如下：

■ 功 效

1. 當身體受熱、體溫升高、心跳加快、血管擴張、皮膚變熱、汗腺受到刺激並加速排汗，廢物便可從皮膚內排出。

2. 乳酸可加速由血液循環帶走，肌肉可得到放鬆休息的功效。

■ 三溫暖的設備

三溫暖是熱療，可分為蒸氣浴、泡水池、乾烤箱浴等，分別敘述如下：

1. 蒸氣浴：又稱為土耳其浴，是一種濕熱的蒸氣浴，可提供不喜歡乾熱箱的顧客多一種選擇。其功效及缺點如下：
   (1) 功 效
      A. 可使皮膚較濕潤。
      B. 具有軟化角質及肌肉熱敷的效果。
   (2) 缺 點
      A. 排汗效果不及乾烤箱浴。
      B. 對有些人而言，待在充滿蒸氣的浴室內會有呼吸困難的感覺。

2. 泡水池：可分為常溫約 20℃、低溫約 10℃ 及高溫約 40℃ 的水池，其功效及注意事項如下：
   (1) 低溫約 10℃ 及常溫約 20℃ 水池之功效及注意事項：
      A. 功效：可增強體力、緩和的刺激訓練，對於強化肌肉血管的彈性，對增加免疫力有很大的幫助。

B. 注意事項：在每次由低溫池要進入高溫池前應讓身體稍休息回溫或拍打身體暖身。

(2) 高溫約 40℃的水池其功效及注意事項如下：

A. 功效：可提供僵硬的肌肉做全面熱敷之效果。

B. 注意事項：最好約每 5 分鐘休息一下，血壓高者不宜浸泡超過胸部，避免血液循環及心跳過快而產生缺氧情況。

3. 乾烤箱浴：因源自芬蘭，因此又稱為芬蘭浴，是在松木屋內加熱，產生乾熱現象。一般溫度設定約 55~70℃，可做為敷面膜時休息或護膚前的暖身活動，臉部敷上面膜不管是坐或躺，皆可達到放鬆、排汗、美顏的功效，在烤箱內可放置杯水，供客人飲用，以補充水分。

■ 洗三溫暖的方法

要如何洗三溫暖，其實無一定規定，並非一成不變，有的可施行熱水浸泡浴 → 冷水浴 → 蒸氣浴 → 冷水浴 → 烤箱 → 冷水浴 → 熱水浸泡浴。另外常見的方法如圖 10-1。

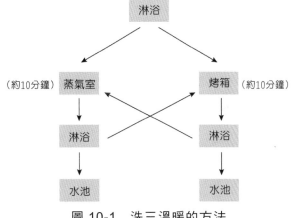

圖 10-1　洗三溫暖的方法

■ 洗三溫暖時應注意事項

1. 須選擇信用可靠、經政府核准的店家。

2. 不要在烤箱中曝曬私人的衣物。

3. 在進入水池前，應先淋浴全身。

4. 因烤箱中炎熱、空氣乾燥，因此，在進入烤箱前宜先在身體及臉部的肌膚塗抹，橄欖油或護膚產品。

5. 進入水池時須依溫度量力而為，勿冒然跳入，尤其是冰水池(5℃)或冷水池(23℃)。如冒然進入冷水池或冰水池中，易引發心臟麻痺或休克而危及生命，因此在進入水池前，應先試將池水潑灑四肢至軀幹，等全然適應後，再進入水池中。

6. 使用遠紅外線能量屋時，有下列情況應禁止使用：

(1) 孕婦或月經期間。　　　　　(4) 受傷中或剛開完刀的人。

(2) 靜脈發炎者。　　　　　　　(5) 有淋巴結腫瘤者及腫瘤者。

(3) 患有高血壓、心臟病、皮膚病者。

（五）能量屋

　　能量屋與三溫暖烤箱的原理有所不同，三溫暖烤箱是用蒸氣藉由空氣間接傳熱而接觸皮膚，所流的汗是以皮膚的水分為主，能量屋是利用宇宙能量直接滲入體內，不須高溫約 40℃ 左右，可將廢物、脂汗等排出，脂汗的成分是深部細胞逼出的水分、重金屬、脂肪、毒素等混合物成分，都是有礙健康的因子，現將其使用方法及與三溫暖烤箱使用原理不同對照，分別敘述如下：

■ 使用原則及時間

1. 原則：使用以發汗為主，以流汗量來決定時間長短。

2. 時　間

(1) 汗多者，發汗後設定 10~15 分鐘。

(2) 汗少者，目視看不到汗珠，發汗後設定 20~25 分鐘。

(3) 無汗者，全程時間為 40~60 分鐘為宜。

■ 照射及調整

1. 照射：因能量是採滲透方式，因此照射時衣物須越輕、薄、少越好，如以裸體直接照射是最佳。

2. 調整：空氣溫度的調整可依個人需要及適應而調整大小，冬季在使用前可先開機 3~5 分鐘溫機。

■ 配　備

　　須準備毛巾擦汗，也可帶隨身聽或報章雜誌等入內閱讀，可接電話，也可帶小型電視機入內欣賞節目等。照射前先喝一杯飲料或水分，過程中可再喝一杯，照射完成後再喝一杯（一杯約 200~400 ml）。

■ 禁 忌

能量屋的使用禁忌有下列幾點須注意：

1. 飯後不要照射。

2. 照射過程中勿吸菸。

3. 酒後或醉酒時，不能使用，也不可以在使用的過程中邊照邊喝酒。

4. 使用中睡覺：能量屋在使用過程中，切忌睡覺，因被逼出的乳酸於睡眠時易被吸收回去，因乳酸是疲倦之源，因此睡醒後會有更加疲倦、更累之感。

表 10-1　能量屋與三溫暖烤箱的比較

項 目	能量屋	三溫暖烤箱
傳熱方式	能量直接滲入體內，使用時感覺很舒適	因藉高溫空氣對流，感覺較悶熱難受
流汗成分	脂汗的成分為體內脂肪、重金屬、毒素、廢物等混合液	出汗為普通汗水，屬外表皮層之水溶性水分
發熱方式	由自體內深部細胞，由內而外逼出	由外層皮膚接觸熱空氣導熱入內
皮膚反應	可排毒降脂，使肌膚更細嫩、年輕、具有光澤彈性	高溫蒸氣易造成皮膚乾燥或乾裂、受到傷害
呼吸系統	可改善各種相關病症	易造成支氣管炎、氣喘等病症
治療效用	可改善各種慢性病，防止惡化，如癌症的發生；無任何副作用	只能紓解疲勞，促進血液循環，用久了會對呼吸系統造成傷害
適用範圍	嬰兒、男女老少皆可，可改善病情或強身作用	患有高血壓及心臟病者不宜使用

資料來源：梁雅婷、周琮棠(2004)。

（六）溫泉浴（泡湯）

溫泉水自古以來被認為有養生、治百病之效能。38~42℃最佳，溫泉水是由地下湧出，散亂地釋放大量的礦物離子，這些礦物離子透過毛孔進入人體表皮、微血管、血液循環，而活躍人體 60 兆個細胞。現將泡湯的功效、常見的溫泉種類、正確的泡湯方式及泡湯注意事項，說明如下。

■ 常見的溫泉種類

1. 氯化物泉：又稱鹽泉，pH 值約 8~9，味道濃烈，水質滑膩，其功效如下：

   (1) 對風濕痛、坐骨神經痛有鎮定的效果。

   (2) 常浸泡可強化骨骼、肌肉，以及可提高新陳代謝，並改善手腳冰冷。

2. 碳酸泉：為弱鹼性，其功效如下：

   (1) 能促進微血管擴張，使血壓下降，並促進血液循環。

   (2) 可治療關節炎、神經痛及改善動脈硬化及更年期症狀。

3. 單純泉：pH 值接近中性，無臭，含有多種硫酸鈉、氯化鉀、游離酸及有機物等礦物質，其功效如下：

   (1) 可促進血液循環，抑制發炎並有鎮定的效果。

   (2) 因對身體刺激較小，對老年人十分適合，長期浸泡有強身益壽的功效。

4. 硫磺泉：pH 值較酸，水溫偏高，硫磺味很重。需特別注意的是，泡硫磺泉時勿在通風不良處，以免中毒。其功效如下：

   (1) 具有軟化角質的功效。

   (2) 能解毒、止癢、治療慢性皮膚病。

5. 碳酸氫鈉泉：又稱鹼泉，在日本被稱為「美人湯」，其功效如下：

   (1) 可軟化角質層，對皮膚有滋潤及美白的功能。

   (2) 有消炎、去疤痕之效果。

   (3) 可清潔皮膚去角質，促進皮膚新陳代謝。

   (4) 也可飲用，具有調整胃酸，改善胃潰瘍及胃炎的功效。

■ 正確泡湯方法

　　正確的泡湯方法應在泡湯前先淋水溫低的泉水，使身體先適應水溫，然後再從手、腳、腿、腰等身體末端開始，再漸漸向中央集中，最後才泡入溫泉中。

■ **泡湯應注意事項**

泡湯雖是很好的休閒活動，但下列情況及事項應多加注意：

1. 不宜泡湯或需特別注意者

   (1) 有傳染性疾病、皮膚有傷口或對溫泉過敏者，應避免泡湯。

   (2) 婦女生理期間：此時除會汙染溫泉水質，也易感染。

   (3) 有發燒或急性疾病時：因泡湯會加速血液循環，身體發炎的情況會加重。

   (4) 有慢性疾病：患有糖尿病、心臟病、惡性腫瘤、高血壓等慢性病，以及身體虛弱者、白血病患者。

   (5) 過敏性皮膚者：乾性皮膚須注意越泡會越乾，另外溫泉中的成分對過敏性皮膚易造成刺激。

   (6) 3 歲以下的幼童及老年人：幼童對溫度感應能力較差，老年人因行動不便及感應能力也較差，因此要特別小心。

   (7) 孕婦：孕婦的體溫如超過 38.5℃，易對胎兒造成傷害，懷孕時應避免任何可能使體溫上升的情況，以免影響胎兒蛋白質的代謝，造成胎死腹中或畸形兒。

   (8) 患有眼疾的人：如有過敏性結膜炎、慢性結膜炎、乾眼症、眼睛灼感且淚液分泌不足者，或眼皮閉鎖不全者，泡完溫泉後不宜直接進入烤箱中蒸烤，以免造成眼睛因淚液蒸發，而失去排除髒物的功能，導致角膜破損或發炎等現象。改善方法：可取毛巾用清水洗淨，進入烤箱後用毛巾覆蓋雙眼。

2. pH 值太低或溫度過高：水溫過高或溫泉的酸性太強，易引起化學性灼燒或刺激性皮膚炎，而導致紅斑或皮膚潰瘍。

3. 要特別注意浴場內有無適當的通風口及換氣裝置，因細菌可能藉由溫泉產生的蒸氣經由呼吸進入口鼻而感染。

4. 飯前飯後宜避免泡湯：因會影響消化。

5. 激烈運動過後應稍為休息，待心跳恢復正常後再泡湯，以免心臟無法負荷。

6. 避免酒後泡湯：因酒精會加速血液循環，如此時泡湯，易使心臟無法負荷而猝死。

7. 入池前可酌情做些暖身運動，入池前可先將手伸入泉下 30~40 公分試溫，再舀水沖淋全身，由腿部、手部、循向腰部、肩頸等身體中央部位。

8. 泡溫泉每次最好不超過 10 分鐘，可先上岸休息、補充水分，再回池中，可多次重複。

（七）足部洗浴與保健

足浴不僅可去除腳部的汙物並可促進血液循環，利用水和手對腳的按摩刺激，可產生舒筋活骨及暢通經絡的效果，而達到防病健身的效果，現將冷水足浴、冷水洗腳、熱水足浴、溫水洗腳、洗腳按摩等的應用方法及功率，分別敘述如下：

■ 冷水足浴

是用冷水進行局部的浸浴療法，也是一種耐寒鍛鍊，其方法及效果如下：

1. 方 法
   (1) 先從溫水開始，循序漸進，當水溫降至 15~18℃後，應持續鍛鍊一段時間，如無不良反應，才能將水溫降至 4℃左右。
   (2) 冷水足浴的時間每次不宜超過 2 分鐘，並結合腳底的按摩。
   (3) 冬天進行冷水足浴後，最好再用熱水浸浴幾分鐘。

2. 效果：有預防感冒的功效。

■ 洗腳按摩

洗腳時，用雙手對腳掌和腳背進行擦洗及按摩，有下列幾點功效：

1. 可活絡經脈調節神經，促進局部血液循環。

2. 按摩湧泉穴，可治療腎虛體虧等疾病。

3. 按摩小趾，可治療小兒遺尿症、矯正婦女子宮體的位置。

4. 對足踝部扭傷的人來說，按摩可達到藥物難達到的效果。

■ 熱水足浴

熱水足浴是水溫應保持在 65~75℃之間，每次浸泡時間為 20~35 分鐘，水位須達足踝部，其方法及效果說明如下：

1. 方法：將雙足置於桶內，水深達足踝部為宜，如此可使下肢皮膚微血管擴張，血流加速，熱量也加快的散發，而達到降溫的療效。

2. 功 效
   (1) 發高燒時，可用熱水足浴來退熱。
   (2) 長途行走、勞動和劇烈運動後，熱水足浴有助於消除疲勞。
   (3) 可使兩腳穴位接受熱的刺激，加速血液循環，而達通經活絡的效果。

■ 溫水洗腳

　　溫水洗腳的方法是以水溫 40~50℃ 之間的水來洗腳，其功效如下：

1. 睡前用溫水洗腳，可減少惡夢而改善睡眠品質。

2. 夏天如用溫水洗腳後，可覺清涼，神清氣爽，益氣解暑。

3. 溫水洗腳除可去除汗垢，同時可使皮膚表面的血管擴張，促進血液循環，降低肌肉張力，改善足部皮膚和組織的營養，消除足部及全身的疲勞。

三、沐浴的方法

（一）正確沐浴的順序及方法

　　正確的沐浴方法是以海綿或軟毛刷，由心臟最遠的腳部開始，以螺旋狀往上向心臟處推進。順序為：腿部、腹部、臀部、腰部、胸部、腋下、頸部、肩膀、手腕、背部。各部位的沐浴方法如下：

1. 腿　部
   (1) 將腳趾及趾間縫隙仔細清洗乾淨，再將小腿的內外側也洗乾淨。
   (2) 在膝蓋處用刷子以畫圓方式刷淨，再洗大腿的內外側，在洗內側時以螺旋狀刷洗，力量要輕柔。

2. 腹部：先由肚臍以順時針方向畫圓刷洗，鼠蹊部則以順 V 字帶清洗乾淨。

3. 臀部：以大螺旋的方法刷洗，在中央股溝處則以毛巾輕輕刷洗之。

4. 腰部：由左腰開始以螺旋狀洗至右腰。

5. 胸部：由下緣沿乳房向上仔細清洗，胸部以上部位是左右來回刷洗。

6. 腋下：在腋下易出汗部位要仔細清洗乾淨。

7. 肩膀：以右手拿刷子刷洗左肩，左手持刷子洗右肩。

8. 手腕：手掌至手肘間是由外側往內側刷洗，手肘處是以刷子畫圓刷洗乾淨。

9. 背部：兩手交替在每個角落以螺旋狀刷洗，也可用長柄刷子來刷洗手臂無法伸到之處。

（二）沐浴的注意事項

1. 高血壓和心臟病患者以及孕婦，要注意水溫不宜太高。

2. 在入浴前如先喝杯開水或果汁，可預防沐浴時大量流失體內水分。

3. 膝蓋、手肘、腳後跟等部位易生粗糙厚皮者，須用磨石輕輕磨去老舊角質，一星期一次即可。

4. 沐浴時以水溫 38~40℃ 最適當，經過浸泡，膝蓋、手肘、腳後跟等多皺摺及硬皮部位會變得較柔軟，如加以搓洗按摩，角化粗硬的皮膚會逐漸變平滑。

5. 體質較畏寒者，在沐浴後用溫暖的水以蓮蓬頭在臀部由下往上對著腰部沖，可使身體更加溫暖。

6. 當雙腳常感冰冷無法入睡者，可使用熱水和冷水交互在膝蓋以下沖，大約 10 回，可幫助入睡。

7. 洗完澡後，有些人體內水分會大量流失，可用礦泉水補充水分，避免喝高熱量的清涼飲料。可在礦泉水中加些檸檬汁，不但可補充水分，也可補充維生素 C。

10-2　身體保養

　　人們因受繁忙緊張的生活壓力，再加上年齡增長、不均衡的飲食、睡眠不足、缺乏運動、環境汙染等，都會影響美麗體態並造成健康問題。現將身體保養的目的、基本原則、種類及方法，分別說明如下：

一、身體保養的目的及基本原則

（一）身體保養的目的

1. 使身體肌膚潔淨，保持身體濕潤平衡。

2. 使皮膚有彈力、張力、結實富有透明感。

3. 使身心放鬆，能達平衡、使內心穩定。

4. 增加皮膚的呼吸及新生，使肌膚有彈性。

5. 促進血液循環及新陳代謝，使淋巴循環順暢。

6. 消除多餘脂肪，美化、雕塑身體曲線，促進皮膚更加光滑、細緻。

（二）基本原則

身體保養須注意清潔、調整、濕潤等原則，分述如下：

1. 清潔方面：須注意身體的清潔而使角化順暢，可使用沐浴乳之類的商品。

2. 調整方面：是指經由按摩及指壓等方法來調整身體機能，以促進全身的新陳代謝及皮下脂肪的代謝，以防肌肉鬆弛，創造有彈性、有張力的身體，使身體機能獲得均衡，調整體態。

3. 濕潤方面：可使肌膚保持濕潤。

二、身體保養的種類及方法

身體保養大致上可分為沐浴法、去角質、敷身法、按摩法、三溫暖及各類儀器的應用等多種方法，其中三溫暖、沐浴法及儀器的應用，在前面單元已有介紹，現將去角質、敷身法、按摩法等分別敘述如下：

（一）去角質

選擇適合的去角質產品，而且適度的去角質，可使老舊的角質剝除，使皮膚細緻，並使塗敷保養品時更易被皮膚吸收。但過度的去角質會使表皮變薄，易生敏感現象。去角質的方法可分為化學性及物理性兩大類，現將其重點分述如下：

■ 化學性去角質法

其去角質的原理是利用產品內的特殊成分，如果酸、水楊酸、酵素等，來分解老舊角質。使用果酸的濃度不可過高；水楊酸應由醫生指示使用，而且也不宜經常使用。在使用去角質產品後，須以清水洗淨。去角質後，皮膚會顯得柔嫩、光滑、有彈性，如再用乳液或營養霜按摩，可使效果加倍。

■ 物理性去角質法

1. 磨擦式

   (1) 在清潔過程中，以手動或電動毛刷直接刷洗，可去除部分老舊角質。

   (2) 使用含有磨砂顆粒的產品，塗抹在需要去角質的部位，配合肌膚的肌肉紋理，輕輕按摩約 2~3 分鐘後，以溫水洗淨。

(3) 摩擦式的方法應用在全身美容較普遍，最好選磨砂顆粒渾圓細緻，以畫圓的方式推抹，力道應輕柔，時間不宜過久。避免過度去除角質而造成皮膚敏感現象。

2. 撕除式：如應用在鼻貼或撕除式面膜，使用方法為在清潔皮膚後，將適量的產品塗抹於要去角質的皮膚表面，待乾後直接撕除，此方法不適用於全身去角質，較適合於小範圍或臉部的去角質。

3. 塗敷（搓落法）

(1) 方法：清潔皮膚後，將適量產品塗敷在去角質的部位，待半乾時再搓落。

(2) 注意事項：使用此方法時，應確實「固定」施行去角質的部位，小範圍的一區一區進行，以免過度拉扯，磨擦皮膚而造成敏感、紅腫。

（二）敷身法

敷身美容大致可分為藻類護理、酵素敷身與黑泥敷身、石蠟敷身等方法，重點敘述如下：

■ 藻類護理

1. 方法：在藻類敷身護理時，先將藻類產品與水混合成糊狀，沿著脊椎骨塗抹糊狀的藻類產品，並覆蓋之。電熱燈可保持藻類產品的溫暖，可以應用。敷身時間約 30~40 分鐘之後可清除之。

2. 功效：藻類產品因含有海水中的所有礦物質，具有恢復皮膚水分及活力的效果，而且含有植物激素，其作用與藥草及精油作用相同，也有排毒效果。

■ 酵素敷身與黑泥敷身

1. 方法：將酵素塗抹全身，再用保鮮膜包住；可用電毯來提高皮膚對酵素的吸收。

2. 功效：可去除一般沐浴香皂及沐浴乳所不能去除的老舊角質，每一次約 30 分鐘，如再配合三溫暖一起做，效果會更好，可使皮膚濕潤、有光澤。

■ 石蠟敷身

1. 方法：將石蠟以 50℃ 的溫度溶解後再塗抹全身。

2. 功效：可促進排汗，使脂肪及老舊角質由毛孔中排泄，使皮膚具有透明感，以達到減肥的效果。

（三）毛巾清潔法

1. 方法：用溫水沾濕毛巾，再用少許的沐浴乳搓出泡沫後，由腳部或手部以離心臟較遠的部位開始，以螺旋方式稍用力搓洗，有助於體型的美化效果。

2. 功　效

   (1) 減輕疲勞、美化體形。

   (2) 可促進新陳代謝，使血液循環良好。

（四）按摩法

　　按摩法除了頸部、前胸及身體各部位之按摩，頭部、頸部、臉部指壓皆可應用，現將其重點分別敘述如下：

■ 頭部指壓

1. 以拇指指腹橫壓於頭部（圖 10-2）。

2. 以拇指指腹直壓於頭部（圖 10-3）。

3. 雙手指腹可同時按抓頭部（圖 10-4）。

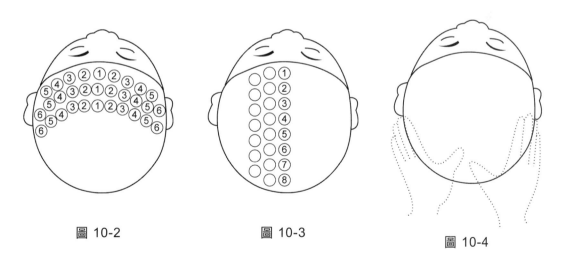

圖 10-2　　　　　　　　圖 10-3　　　　　　　　圖 10-4

■ 臉部指壓

1. 以拇指重疊直壓額頭中央部位（圖 10-5）。

2. 以四指由額頭中央向兩邊按壓（圖 10-6）。

3. 以中指及無名指於太陽穴處按壓（圖 10-7）。

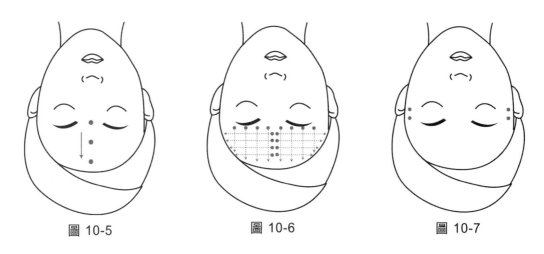

圖 10-5　　　　　　圖 10-6　　　　　　圖 10-7

4. 以中指指腹按壓下眼窩四點，上眼窩以中指、無名指壓四點（圖 10-8）。

5. 以中指按壓眉頭、鼻翼、唇角等處（圖 10-9）。

6. 以四指同時按壓顴骨下方（圖 10-10）。

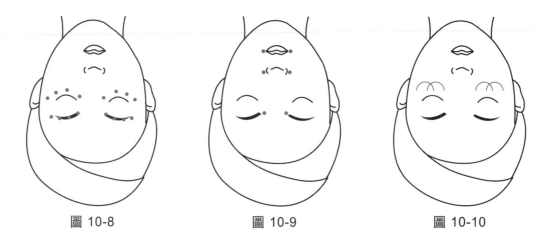

圖 10-8　　　　　　圖 10-9　　　　　　圖 10-10

7. 以中指指腹從下巴往耳下方向按壓，另一由嘴角往耳中
   方向按壓（圖 10-11）。

■ 頸部按摩

1. 前頸部位
   (1) 方法：用左手壓下顎正下方，脈搏跳動點開始，壓 4
       點，每次壓 3 秒，力量要輕，可重複 3 次，如圖 10-12(a)。
   (2) 功效：對眼睛疲勞、平息打嗝、失眠症、沙啞有效，
       促進甲狀腺荷爾蒙分泌正常。

圖 10-11

2. 側頸部位
   (1) 方法：用左手壓乳樣突起點，開始 4 點，每次壓約 3 秒，可重複 3 次，如圖
       10-12(b)。
   (2) 功效：對頭痛、失眠、耳鳴、肩膀酸痛均有效。

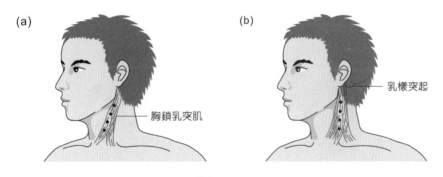

圖 10-12

3. 延髓部位
   (1) 方法：左手放在顧客的額頭，用右拇指按壓，向眼睛的方向壓，每次壓 5 秒，
       推壓 3 次，如後頸部有僵硬時，壓點被狹小，應先在其四周壓，使其鬆軟後
       再壓延髓點（圖 10-13）。
   (2) 功效：對失眠、頭痛、頭重、止鼻血有改善的效果，可控制腦下垂體荷爾蒙。

4. 後頸部位
   (1) 方法：以雙手拇指壓，由僧帽肌上開始。每點壓 3 秒，可重複 3 次（圖 10-14）。
   (2) 功效：對頭痛、失眠、頭重、偏頭痛等有改善之效。

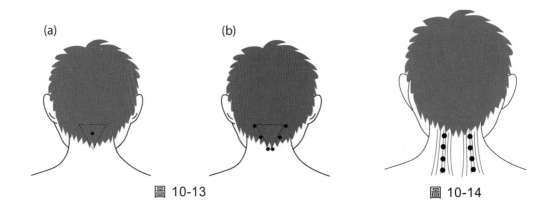

圖 10-13　　　　　　　　　　　圖 10-14

5. 肩胛上部點

(1) 方法：按摩者站在顧客的頭部旁，雙手拇指重疊壓，向著身體中心點肚臍方向壓，如圖 10-15(a)。其次再壓肩胛上部點（肩井穴）壓 3 次，每次 5 秒；可稍用力，如圖 10-15(b)。

(2) 功效：對於因疲勞引起的肩膀酸痛以及由內臟疲勞引起的酸痛都有效。

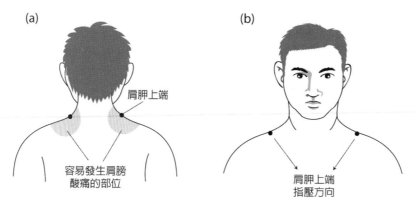

圖 10-15

■ 上半身指壓

1. 以拇指橫壓於胸廓骨縫處，也就是肋骨與肋骨之間（圖 10-16）。

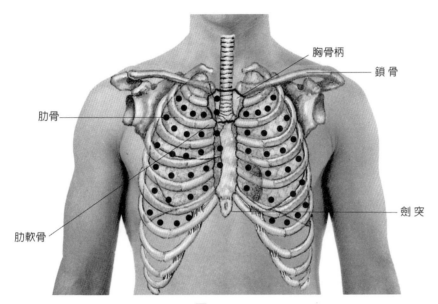

圖 10-16

2. 以四指按壓於三角胸肌溝。另再按抓上腕內外側部（圖 10-17）。

3. 以拇指按壓肩胛上部（圖 10-18）。

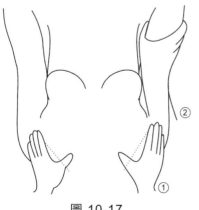

圖 10-17

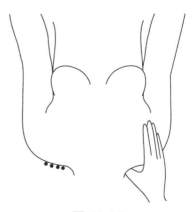

圖 10-18

4. 以拇指、食指按捏僧帽肌（圖 10-19）。

5. 以中指及無名指頂壓脊椎側部（圖 10-20）。

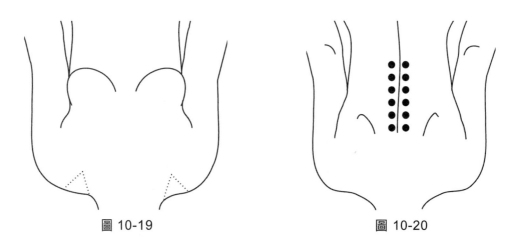

圖 10-19　　　　　　　　　圖 10-20

6. 以中指及無名指頂壓後頸部（圖 10-21）。

7. 以中指及無名指壓啞門穴及天柱穴（圖 10-22）。

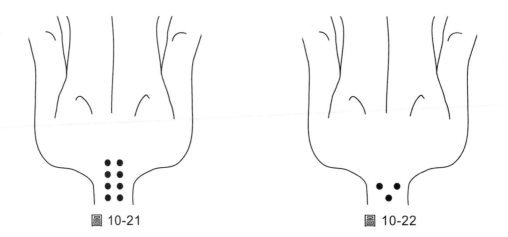

圖 10-21　　　　　　　　　圖 10-22

■ **全身油壓手技按摩法**

可應用精油來做全身按摩，現舉下列幾種方法，讀者可再用其他方法而加以應用。現將其重點敘述如下：

1. **去角質的順序**（圖 10-23）

   (1) 以濕毛巾依毛孔生長方向擦拭。

   (2) 使用去角質霜自腳底至大腿輕抹。

   (3) 再用濕毛巾由大腿往下擦拭至腳底。

   (4) 背部自尾骶骨至肩胛下端。

   (5) 肩膀及上臂上方。

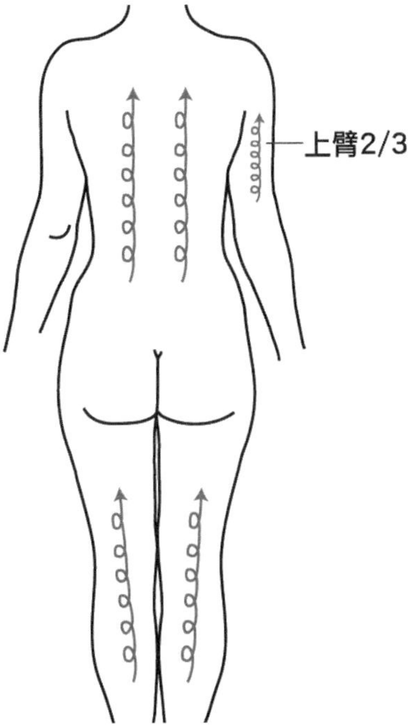

2. **足部按摩指壓順序**

   (1) 抹油：兩拇指交叉，雙手掌合併，緊貼腿部，再由足踝往上推抹至大腿，可來回兩、三次，外側手可在臀部外側搓轉（圖 10-24）。

   (2) 腳底按摩，一手扶住足踝，一手以大拇指往足趾滑動（圖 10-25）。

   (3) 兩拇指交疊在足跟中間壓一下（圖 10-26）。

   (4) 以兩拇指交互往足趾下滑動到足底、靠拇指指壓，再往兩旁推壓，並往足跟方向推動（圖 10-27）。

——上臂2/3

圖 10-23

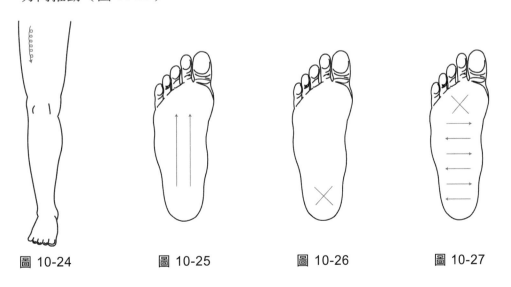

圖 10-24　　　圖 10-25　　　圖 10-26　　　圖 10-27

(5) 握拳滑腳底板 3 次（圖 10-28）。

(6) 大拇指並向下強擦 3 次（圖 10-29）。

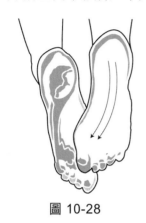

圖 10-28

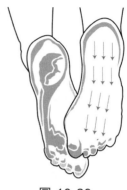

圖 10-29

(7) 以兩拇指交叉在腳跟上，四指合併在足踝上，用環形按摩（圖 10-30）。

(8) 兩拇指按住腳筋兩側凹處往上用力滑動（圖 10-31）。

(9) 以雙手掌包住足跟來回轉動（圖 10-32）。

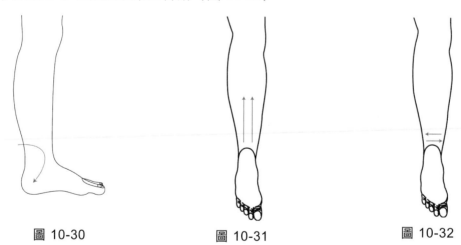

圖 10-30　　　　　　　圖 10-31　　　　　　　圖 10-32

3. 腿部按摩順序

如圖 10-33、10-34、10-35，每部位手法可重複 3 次。

(1) 抹油，同足部(1)。

(2) 以指壓、兩拇指交疊往上指壓，膝膕處不壓。

(3) 舒緩大腿內側 → 足踝 → （外）足踝 → 臀部。

(4) 推脂：臀部（外側）　→　小腿　→　臀部（外側）。

(5) 舒緩（臀部　→　大腿外側）。

(6) 淋巴按摩（往上兩次）手不用滑下。

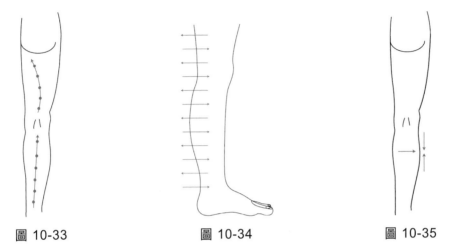

圖 10-33　　　　　圖 10-34　　　　　圖 10-35

(7) 用雙掌重疊滑按可重複做 3 次（圖 10-36）。

(8) 以左右手掌強擦交換。可重複做 3 次（圖 10-37）。

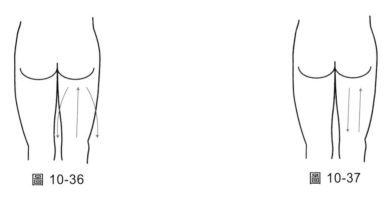

圖 10-36　　　　　　　　圖 10-37

(9) 用拇指與食指滑內側至腳背。可重複 3 次（圖 10-38）。

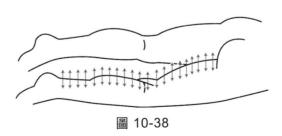

圖 10-38

(10) 往上壓，往下推（3 次）（圖 10-39）。

(11) 往下壓三點處（圖 10-40）。

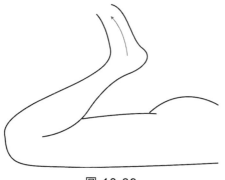

圖 10-39

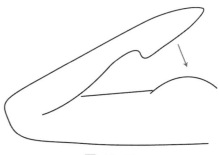

圖 10-40

(12) 拳頭拍打中央，並且迴轉（圖 10-41）。

(13) 按摩踝蓋凹處點（圖 10-42）。

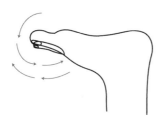

圖 10-41

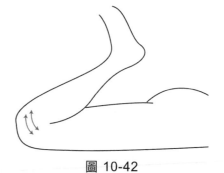

圖 10-42

(14) 指壓小腿肚（圖 10-43）。

(15) 叩打小腿肚（圖 10-44）。

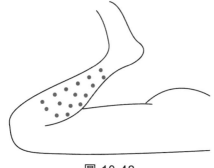

圖 10-43

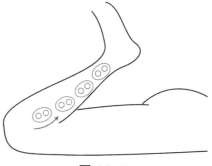

圖 10-44

(16) 雙手手指互相交叉向下強擦（圖 10-45）。

(17) 雙手四指頭強擦向下（圖 10-46）。

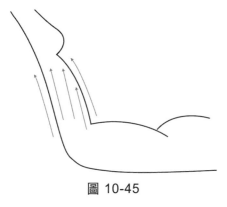

圖 10-45

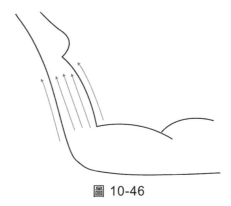

圖 10-46

(18) 用五指雙手扣捏法（圖 10-47）。

(19) 手掌相互拍打（浪打）（圖 10-48）。

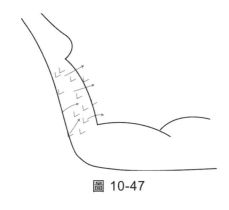

圖 10-47

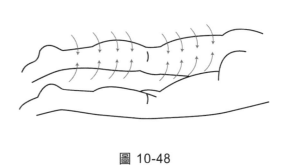

圖 10-48

(20) 輕敲（圖 10-49）。

(21) 雙手掌重疊強擦（圖 10-50）。

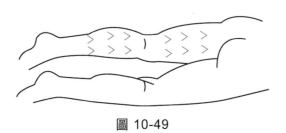

圖 10-49

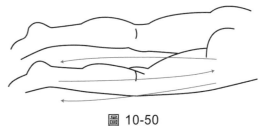

圖 10-50

(22) 將腳拉一拉（圖 10-51）。

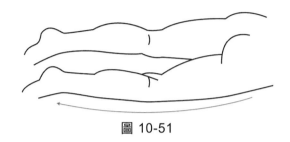

圖 10-51

4. 臀 部

(1) 雙手迴轉輕擦（圖 10-52）。

(2) 用手掌往中心部推起（圖 10-53）。

(3) 拇指揉捏，雙手向上拉（圖 10-54）。

(4) 浪越點擴大旋轉（圖 10-55）。

(5) 最後以切打、拍打結束。

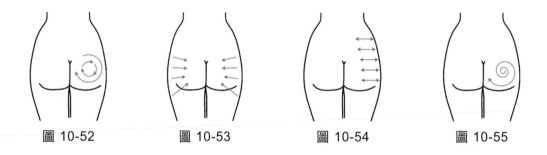

圖 10-52　　　　圖 10-53　　　　圖 10-54　　　　圖 10-55

5. **背部**：每一部位手法可重複 3 次。

(1) 以雙拇指強壓脊椎骨兩側（圖 10-56）。

(2) 用三指小圈迴轉法（圖 10-57）。

(3) 拇指揉壓法（圖 10-58）。

圖 10-56   圖 10-57   圖 10-58

(4) 用手掌拉推法（3 次）（圖 10-59）。

(5) 對壓法（3 次），以拇指在脊椎兩側對壓法（圖 10-60）。

(6) 拇指往上推再往手臂（圖 10-61）。

(7) 切打。

(8) 拍打。

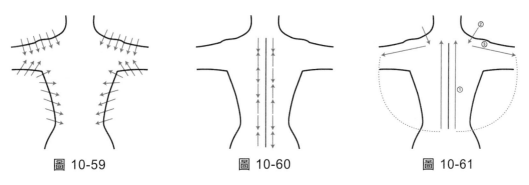

圖 10-59   圖 10-60   圖 10-61

6. **前面腿部**：每個部位手技可重複 3 次。

(1) 以手掌重疊輕擦（圖 10-62）。

(2) 以手掌循環旋轉向前（圖 10-63）。

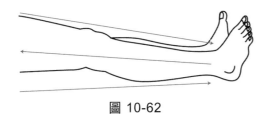

圖 10-62

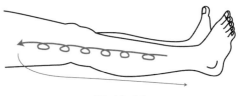

圖 10-63

(3) 以雙手擦動腳踝，以拇指交互搓揉腳背，再將腳趾拉一拉、彈一彈。

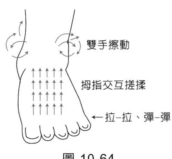

雙手擦動

拇指交互搓揉

←拉─拉、彈─彈

圖 10-64

(4) 指壓腳踝（圖 10-65）。

(5) 滑小腿，右手壓住，小腿後部用柔軟法及敲打法（圖 10-66）。

(6) 滑大腿、打浪花（圖 10-67）。

(7) 在前面腿部最後手技動作順序如下：柔軟法 → 雙手旋轉法 → 敲打法 → 揉捏法 → 壓穴道 → 將腿拉直 → 彎曲壓一壓 → 再拉一拉 → 把腿拉直 → 再做一次輕擦後結束。

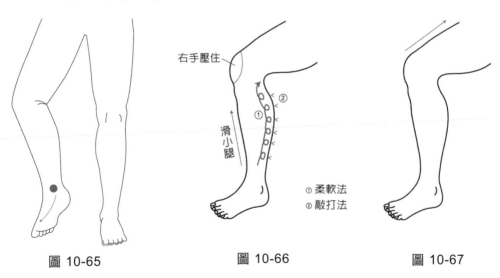

右手壓住

滑小腿

① 柔軟法
② 敲打法

圖 10-65　　　　　圖 10-66　　　　　圖 10-67

7. 腹部的按摩手技：每部位可重複 3 次。

(1) 以手掌迴轉控擦（圖 10-68）。

(2) 再往下滑（圖 10-69）。

(3) 往兩邊輕滑（圖 10-70）。

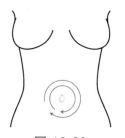

圖 10-68

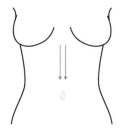

圖 10-69

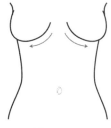

圖 10-70

(4) 雙手扣住腰部提起推拉法（圖 10-71）。

(5) 腰部柔軟法，最後雙手往上提（圖 10-72）。

(6) 手振動指壓法（圖 10-73）。

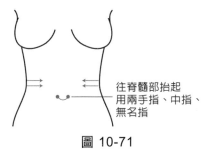

圖 10-71

往脊髓部抬起
用兩手指、中指、
無名指

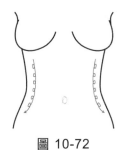

圖 10-72

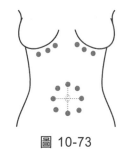

圖 10-73

8. **胸部的按摩手技**：每部位可重複 3 次。

(1) 雙手輕擦法（圖 10-74）。

(2) 左右轉動輕擦（圖 10-75）。

(3) 左右雙手強擦法（圖 10-76）。

圖 10-74

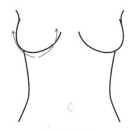

圖 10-75

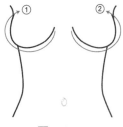

圖 10-76

(4) 雙手交叉輕擦法（圖 10-77）。

(5) 雙手向內推、拍打法、滑乳溝、指壓乳房周圍（圖 10-78）。

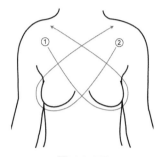

圖 10-77

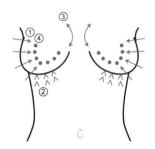

圖 10-78

(6) 四指合併向上推動（圖 10-79）。

(7) 輕擦手強壓法（圖 10-80）。

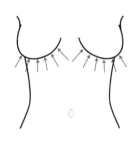

圖 10-79

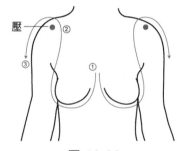

圖 10-80

(8) 用手掌在肩膀壓滑，再以四指滑按於三角胸肌溝（圖 10-81），雙手來回撫壓，
再指壓前胸，肋骨與肋骨之間壓 3 點。再用雙手重疊壓法（圖 10-82）。

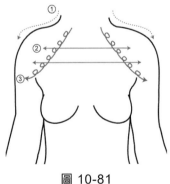

圖 10-81

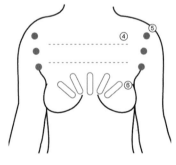

圖 10-82

9. 手部的按摩，可參閱介紹手足護理的章節，此處不再贅述。

（五）儀器的應用

身體保養儀器的應用，在 SPA 館內常見的儀器包括：芳香海藻敷體機、維琪浴、沖射淋浴站、多功能沖射式按摩浴缸、能量共振儀、乾式水力按摩、水床、體重脂肪機，以及第 7 章已介紹過的全身淋巴引流儀。現將其重點分別敘述如下：

■ 芳香海藻敷體機

藉由海泥或海草包裹受療者身體的治療方法，再結合儀器的蒸氣，使敷體的精純成分能完整的被人體吸收。

■ 維琪浴（沖灑淋浴儀）

1. 此設備可配合精油按摩，及其他不同周邊課程。
2. 可配合做全身去角質，可增加水療療程的效果。
3. 再加上聆聽涓涓流水聲，身享舒暢的美膚療程。
4. 可配合防水墊被以增強滲透，及配合遠近紅外燈來促進血液循環。
5. 可達到身心紓解，改善膚質、嫩白的效果。

■ 沖射淋浴站

此儀器可配合噴霧式、垂直式、水流式的沖澡，依供給的需求，來使用特別的噴頭。其功效有下列幾點：

1. 可改善毛孔四周的淤塞、角質增厚及代謝不良的狀況。
2. 對肌肉鬆弛及不夠緊實的狀況，都可迅速獲得良好的改善。
3. 因肌肉緊實情況改善，有助肌肉對血管收縮、循環及膚質有改善並色澤紅潤。

■ 多功能沖射式按摩浴缸

其效果如下：

1. 消除疲勞。
2. 臭氧殺菌。
3. 降低體重。
4. 延緩老化。
5. 增加肌肉緊實。
6. 改善膚質，深層清潔毛細孔。
7. 腳底穴道按摩及全身按摩。
8. 可紓解肌肉、關節痛、肩頸酸痛。
9. 可促進血液循環及改善蜂巢組織。

■ 能量共振儀

其效果如下：

1. 可促進血液循環、淋巴循環。

2. 利用紅外線產生熱能，可刺激細胞再生。

3. 電能可加速肌肉收縮，是被動式運動。

4. 可增局部新陳代謝及化學反應的速度。

5. 可增加營養及氧氣的供給，及排除代謝過程所產生的廢物。

■ 乾式水力按摩艙

其效果及適用對象如下：

1. 效果：利用 36 道不同角度的水柱，每秒 10 下，均勻的拍打在身上，力道可重達 5 公斤，使每一吋肌膚及肌肉均可充分鬆弛。

2. 適用對象：健身、網球、SPA 館、高爾夫等俱樂部、復健中心、飯店等場所。

■ 水　床

是利用 4~8 種不同的設計程序，以水的柔性及柔度來享受指壓式的水療按摩。不會造成骨骼或肌肉的運動傷害。其效果如下：

1. 紓解壓力。

2. 可快速消除疲勞，可充滿活力。

■ 體重脂肪機

肥胖的定義已不再是以標準體重來判斷，可藉由體重脂肪機測量體內脂肪量佔全身體的比例，目前體重脂肪機有下列一些功能，以便瞭解自己「身體狀況」，現分別說明如下：

1. 體積脂肪率：意指「全身脂肪重量」在體重中所佔的比例，標準為男性 10~20%，女性 20~30%，其計算方法如下：

體脂肪率(%)＝〔全身脂肪重量(kg)÷體重(kg)〕×100

2. 內臟脂肪率：代表內臟周圍堆積脂肪的程度，判定基準：1~9 標準，10~14.5 是偏高，15 以上為過高。

3. 軀幹皮下脂肪率：此指「皮下脂肪的重量」，在軀幹重量中所佔的比例。標準值為 14.9%，其計算方法如下：

皮下脂肪率(%)＝〔皮下脂肪重量(kg)÷體重(kg)〕×100

小試身手

一、選擇題

（ D ） 1. 盆浴有哪些缺點？ (A)耗水較多 (B)女性生理期易感染 (C)在不潔浴缸中，易得香港腳等皮膚感染 (D)以上皆是

（ D ） 2. 芳香浴有哪些功能？ (A)鎮靜安神 (B)消除疲勞 (C)可心曠神怡 (D)以上皆是

（ D ） 3. 水療有何功效？ (A)可使血管收縮及舒張 (B)紓壓 (C)放鬆、鎮靜及柔軟皮膚 (D)以上皆是

（ D ） 4. 泡水池可分哪些溫度？ (A)常溫約 20℃ (B)低溫約 10℃ (C)高溫約 40℃ (D)以上皆是

（ C ） 5. 常見的溫泉種類中，氯化物泉其 pH 值約多少？ (A) 6 (B) 7 (C) 8~9 (D) 5

（ D ） 6. 碳酸泉為弱鹼性，其功效有哪些？ ①促進微血管擴張 ②使血壓下降 ③促進血液循環 ④可治療神經痛、關節炎 ⑤改善動脈硬化及更年期 (A)①②③ (B)②③④ (C)①②③④ (D)①②③④⑤

（ B ） 7. 硫磺泉須注意何事項？ (A)水溫低 (B)勿在通風不良處 (C)在露天區 (D)以上皆非

（ B ） 8. 熱水足浴，水溫應保持攝氏幾度？ (A) 50~60℃ (B) 65~75℃ (C) 75~80℃ (D) 60~80℃

（ C ） 9. 熱水足浴，每次泡的時間約多久？ (A) 10~12 分鐘 (B) 15~20 分鐘 (C) 20~35 分鐘 (D) 20~30 分鐘

（ C ）10. 溫水洗腳，水溫約在幾度比較適合？ (A) 20~30℃ (B) 30~40℃ (C) 40~50℃ (D) 60℃

（ B ）11. 沐浴用品選擇用？ (A)弱鹼性 (B)弱酸性 (C)強酸性 (D)中性

（ C ）12. 飯後多久較適合沐浴？ (A) 10 分鐘 (B) 20 分鐘 (C) 30 分鐘 (D) 60 分鐘

（C）13. 運動後最理想的淋浴水溫是？ (A) 0℃ (B) 120℃ (C) 40℃ (D) 60℃

（84 夜二專）

（B）14. 有助於滋潤乾燥皮膚的沐浴方法為何？ (A)牛奶浴 (B)麥片浴 (C)薄荷浴 (D)沐浴鹽浴

（89 夜四技）

（D）15. 下列何者不是理想的沐浴方法？ (A)泡在 40℃的溫水中先暖身 (B)清潔時也同時按摩身體 (C)用沐浴刷除去身體汙垢及死細胞 (D)若發現手掌與腳跟有厚繭時，以剪刀去除

（87 四技二專）

（A）16. 一氧化碳中毒的處理是？ (A)將患者救出至通風處並檢查呼吸、脈搏；必要時需給予急救，並送醫 (B)採臥姿 (C)給喝鹽水 (D)以上皆是

（A）17. 理想的沐浴順序是？ (A)洗髮→洗臉→洗身體 (B)洗身體→洗髮→洗臉 (C)洗髮→洗身體→洗臉 (D)洗臉→洗髮→洗身體

（B）18. 洗澡時間不宜超過幾分鐘？ (A) 10 分鐘 (B) 30 分鐘 (C) 15 分鐘 (D) 25 分鐘

（C）19. 酵素敷身及黑泥敷身去除角質，每一次約多久？ (A) 10 分鐘 (B) 20 分鐘 (C) 30 分鐘 (D) 40 分鐘

（D）20. 石蠟敷身，其石蠟溫度約多少？ (A) 20℃ (B) 30℃ (C) 40℃ (D) 50℃

二、問答題

1. 洗三溫暖時應注意哪些事項？

2. 泡湯時應注意哪些事項？

3. 沐浴應注意哪些事項？

我們除了瞭解均衡飲食對身體健康的重要性，對於皮膚異常及延緩老化的相關食物也應瞭解。現依食物的分類、營養素的種類及功能，以及食物與美容上的應用，分別說明如下。

11-1　食物的種類

動物在生長過程中必須攝取各類食物以獲得能量，調節生理機能，營養學家建議人體攝取食物中醣類佔 55~65%，脂肪 20~30%，蛋白質 10~15%，依行政院衛生署將基本食物分為六大類，現依食物的種類、主要營養素、主要來源，整理如表 11-1。

食物該攝取多少才適當？依據行政院衛生署所訂立的「每日飲食指南」指出，每日標準量如下：

1. 全穀根莖類：1.5~4 碗。

2. 豆魚肉蛋類：3~8 份。

3. 低脂乳品類：1.5~2 杯（240 ml／杯）。

4. 蔬菜類：3~5 碟。

5. 水果類：2~4 份。

6. 油脂與堅果種子類：油脂 3~7 茶匙及堅果種子類 1 份。

 表 11-1　食物的種類、營養素及來源

食物種類	主要營養素	主要來源
全穀根莖類	醣類、蛋白質、脂質、維生素	米飯、玉米、馬鈴薯、甘藷、麵、麥、芋頭、蓮子、菱角、太白粉、米粉、冬粉、堅果類
豆魚肉蛋類	蛋白質、維生素、礦物質、脂質、（醣類）	肉類、魚類、蝦、蛋類、黑豆、黃豆、豆漿等
低脂乳品類	（醣類）、蛋白質、脂質、維生素、礦物質	鮮奶、保久乳、發酵乳、乳酪等奶製品
蔬菜類	維生素、礦物質、纖維素、天然抗氧化物質	萵苣、菠菜、胡蘿蔔、茄子、洋蔥、南瓜、豆芽、花椰菜、高麗菜、豌豆等
水果類	維生素、纖維素、天然抗氧化物質	酪梨、柑橘類、草莓、番茄、檸檬、香蕉、番石榴、李子、桃子、蘋果、芒果、西瓜、木瓜、龍眼、葡萄等
油脂與堅果種子類	脂質、天然抗氧化物質	牛油、雞油、豬油、黃豆油、沙拉油、花生油、葵花油、瓜子、杏仁果、核桃仁、黑（白）芝麻

11-2　營養素的種類及功能

　　營養素是一種成分為多種化合物之混合物，存在各類食物中，協助各項的新陳代謝，其主要功能是供給熱能，調節生理作用，及建造或修補體組織等。營養素可分為六大類，現依分類、功能、缺乏症及來源，分別說明如下：

一、醣　類

（一）生理功能

　　醣類的生理功能有下列幾點：

1. 供應熱能：醣類是人體的能量主要來源，每公克可產 4 大卡熱能，成人體內約有 350~450 公克的肝醣儲存在肝臟與肌肉，血液中則約含 30 公克的葡萄糖，其中約 100 公克儲存在肝臟，約有 350 公克儲存在肌肉中。

2. 調節脂肪代謝：適量的醣類可維持正常的脂肪代謝，當醣類攝取不足或利用不佳時，脂肪分解會加速，並產生過多酮體，以致身體不能完全氧化，引起酮過多症而造成酸中毒。

3. 節省蛋白質作用：醣類不足時，原為提供建造修補組織的蛋白質就分解產生身體所需的熱量。醣類如攝取充足就不會分解蛋白質。

4. 乳糖的功能：乳糖有促進腸道蠕動，有助於腸內有益細菌的生長，這些細菌叢在腸道內能合成維生素 B 群、維生素 K，加強鈣質吸收等功能。

5. 膳食纖維的功能：膳食纖維並不能做身體的能量來源，因具有保水性、黏性，形成膠體及吸附有機物或礦物質的特性，對身體機能有很多的幫助。

6. 構成體內必需化合物的組成成分

   (1) 葡萄糖醛酸在肝臟中可與有毒物質結合為解毒劑。

   (2) 醣苷類、胺醣、糖醛酸是形成結締組織細胞間質的主要成分。

   (3) 葡萄糖是腦（中樞神經）的主要能量來源，如缺乏葡萄糖及氧供氧化產能，會導致腦部不可恢復的傷害。

（二）醣類與健康相關問題

1. 血糖指數。

2. 攝取糖過多，易使血中三酸甘油酯量升高，高三酸甘油酯血症為冠狀動脈硬化的危險因子之一。

3. 肥胖：過多易形成肥胖。

4. 精製糖或澱粉，在口腔中被細菌分解代謝成酸，易侵蝕琺瑯質。細菌利用糖形成齒菌斑。

（三）食物來源

　　主要來源：全穀類、根莖葉菜類、飲料、糖果、水果類、甜點、豆類、罐頭食品、蜜餞、堅果類。

二、蛋白質

（一）生理功能

1. 建造新細胞組織：生長期的兒童、運動員及孕婦，需要足夠的胺基酸合成身體的新細胞、新組織。如飲食中蛋白質不足，將影響胎兒及嬰兒的肌肉、腦、血液量等之形成，會使生長遲緩。嚴重的出血、開刀、燒燙傷等病人，需大量蛋白質來

構成血液以及供組織癒合之用。每一細胞都含有蛋白質、結締組織、酵素、肌肉、荷爾蒙、骨基質、脂蛋白等以蛋白質為主要成分。

2. 熱能的來源：蛋白質在體內分解後可釋放出熱能，每公克蛋白質約可產生 4 仟卡 (kcal)熱量，在醣類攝取不足時，蛋白質在體內分解後，部分產物可轉變成葡萄糖以維持血糖濃度，及供給身體細胞利用。

3. 調節生理機能：蛋白質存在於人體組織、體液、血液等各處都有其不同的生理調節功能，有下列幾點：

   (1) 構成皮膚及毛髮的色素。

   (2) 構成抗體，維繫體內防禦系統。

   (3) 維持體內的滲透壓及體內的酸鹼平衡。

   (4) 組成身體的酵素，可幫助新陳代謝的進行。

   (5) 形成激素以調節新陳代謝的進行，如甲狀腺素、腎上腺素、胰島素。

   (6) 協助營養素及二氧化碳在體液及血液中運送，如肌紅素、血紅素。

4. 修補及維持組織：每天從食物中攝取足夠的胺基酸，可修補隨時都會衰老或自然損壞的細胞，以保持正常組織的結構及功能。

（二）蛋白質對健康的影響

1. 蛋白質攝取不足：可分為消瘦症及爪西奧科兒症。

2. 蛋白質攝取過多

   (1) 增加尿鈣排出，根據研究報告指出，蛋白質攝取量提高時，尿中鈣的流失量也增加。

   (2) 代謝的負擔：會增加肝臟及腎臟的工作量。

   (3) 提升血液中膽固醇及低密度脂蛋白的濃度。

   (4) 經濟上的浪費：攝取過多蛋白質不僅對身體有害，因蛋白質含量高的食物價格較貴，也造成經濟浪費。

（三）食物來源

1. 完全蛋白質：奶類、魚類、蛋類、花生、豆類、小麥胚芽、乾酵母粉。

2. 半完全蛋白質：穀類、蔬菜類、水果類。

3. 不完全蛋白質：玉米、蛋白、蹄筋、魚翅、筋腱等動物膠(gelatin)。

三、脂　質

脂質的生理功能重點如下：

（一）生理功能

1. 供給熱能及儲存能量：脂肪是高能量的來源，每公克脂肪氧化後可產 9 仟卡的熱量，脂肪細胞內含脂質約 80%，蛋白質及水分約佔 20%，肌肉組織所需的熱能大部分來自脂肪酸，每公斤的脂肪約可產生 7,700 仟卡，在產生熱能的優先順序上，醣類及脂肪可以節省蛋白質，使蛋白質能充分被利用在合成組織蛋白質。

2. 潤滑腸道的作用：飲食中的脂肪有潤滑腸道、促進廢物排泄的作用。

3. 增加食物美味與飽食感：脂質可減低胃蠕動及延長食物停留胃內的時間，會延長飢餓感。烹製食物時使用油脂，可增加食物美味。

4. 促進脂溶性維生素吸收：脂肪有潤滑腸道及促進廢物排出的作用。

5. 隔絕與保護作用：皮下脂肪層有隔絕作用，可防止體內熱量散失過多，以保持體溫。存在皮下及臟器周圍的脂肪，可保護神經血管及內臟各器官等，避免因受震動、撞擊等造成傷害。

6. 減緩胃排空時間並抑制胃酸分泌：脂肪、蛋白質停留在胃的時間較醣類食物長，因此使人有飽足感，脂肪也有抑制胃酸分泌及減緩胃排空的作用。

7. 腦部及視網膜發育所需：二十二碳烯酸(docosahexaenoic acid, DHA)在腦部及視網膜發育時扮演重要的功能。目前被認為是嬰兒所必需的脂肪酸。

8. 防止血栓形成：二十碳五烯酸(eicosapentaenoic acid, EPA)代謝產物 TXA_3 (thromboxane)及 PGI_3 (prostacyclin)，有抗血小板凝集的功能，在血液中可防血栓形成，對預防心肌梗塞及血栓性中風有重要功能。過量時，如遇有大出血狀況，會有血液凝集困難的危險。

9. 提供必需脂肪酸：亞麻油酸(ω-6 family)、次亞麻油酸(ω-3 family)等二種多元不飽和脂肪酸，是人體不能合成，須由食物攝取，因此，此二種脂肪酸被稱為人體必需脂肪酸(essential fatty acid, EFA)，也稱為維生素 F。必需脂肪酸在人體內的主要功能及缺乏症如下：

(1) 功　能

　　A. 有降低血清膽固醇的作用。

　　B. 與膽固醇脂化成膽固醇酯。

　　C. 磷脂質中的脂肪酸，是形成細胞膜的成分，可調節細胞膜的通透性及維持細胞膜的完整。

　　D. 為細胞膜的構造，隔開不同的化學反應，在人體細胞膜的類花生酸 (eicosanoids)，為前列腺素及白三烯素的前驅物。

(2) 缺乏症

　　A. 皮膚會乾燥、發癢。

　　B. 濕疹樣病變。

　　C. 皮膚成薄片狀剝落。

　　D. 腹瀉、感染、生長遲緩。

　　E. 傷口癒合延遲，並會逐漸出現貧血。

（二）脂質與健康相關問題

1. 食用過少：造成脂溶性維生素 A、D 缺乏症。

2. 引起消化不良、易發胖、導致心血管疾病。

3. 不飽和脂肪酸的植物油脂，有助於降低血液的膽固醇，建議少吃飽和脂肪酸及含有膽固醇的動物性脂肪酸，以避免罹患心臟血管方面疾病。

（三）食物來源

　　蛋黃、瘦肉、肝臟、牛奶、牛油、豬油、雞油、羊油、奶油、黃豆油、沙拉油、葵花籽油、花生油、紅花籽油、蔬菜油、芝麻油、豆類、堅果類。

四、維生素

　　維生素可分為脂溶性及水溶性維生素，分別說明如下：

（一）脂溶性維生素

　　脂溶性維生素可分為維生素 A、維生素 D、維生素 E、維生素 K，現將其生理功能重點、缺乏症及食物來源敘述如下：

■ 維生素 A

1. 功 能

(1) 維持正常視力。

(2) 增強身體免疫力，抵抗傳染病。

(3) 保持上皮組織，具有防癌的功能。

(4) 維持骨骼、牙齒及軟組織的正常發育。

(5) 促進黏膜細胞合成黏液醣蛋白。

(6) 促進正常的生長與發育，為生殖、泌乳及育嬰所必需。

2. 缺乏症

(1) 缺乏維生素 A 會影響指甲的生長，造成指甲易斷裂。

(2) 夜盲症(night blindness)：視紫質補充發生障礙。

(3) 乾眼症(xerophthalmia)：維生素 A 缺乏時，使淚腺上皮組織角化，角膜及結膜乾燥硬化，即為乾眼症。

(4) 缺乏維生素 A 使皮膚粗糙、老化、失去光澤、頭髮乾燥、頭皮屑增多。

(5) 缺乏時，黏膜抵抗力降低，易引起細菌感染而長面皰。

3. 食物來源：主要來源有魚肝油、動物肝臟、乳油、乳酪、全脂牛奶、全脂乾酪、蛋黃、菠菜、南瓜、空心菜、紅薯、芒果、胡蘿蔔、桃子等。

■ 維生素 D

1. 功 能

(1) 促進骨中磷、鈣的釋出。

(2) 促進骨骼及牙齒正常發育，維持神經及肌肉正常生理所需。

(3) 磷酸化物的控制、維生素 D 缺乏時，因排泄磷酸化物的功能減低，會增加腎臟排出較多的磷酸鹽。

(4) 活化維生素 D_3，在小腸內促進腸黏膜細胞合成攜鈣蛋白，因而增加鈣磷吸收。

2. 缺乏症

(1) 皮膚衰弱。

(2) 骨質疏鬆症。

(3) 造成佝僂症(rickets)或骨軟化(osteomalacia)。

3. 食物來源：蛋黃、牛奶、肝臟、魚肝油、玉米、沙丁魚、魚乾、鮭魚、鰻魚。

■ 維生素 E

1. 功　能

(1) 有幫助彈性纖維的功能。

(2) 保護紅血球、防止溶血作用。

(3) 在小腸內使維生素 A 及胡蘿蔔素的氧化作用轉弱。

(4) 具有抗氧化的作用，控制細胞的氧化。

(5) 減低氧的需要量，對供應氧受限制的疾病，如肺氣腫、氣喘等有幫助。

(6) 維持肌肉正常代謝，促進人體利用維生素 D、膽固醇。

(7) 正常生殖作用所必需，可幫助性荷爾蒙及性腺正常發育，促進腦下腺的分泌，而使性腺分泌更多性激素。

2. 缺乏時

(1) 易變紅臉。

(2) 會使自律神經失調。

(3) 易造成斑疹、濕疹及凍傷。

(4) 皮膚功能衰退，易形成小皺紋。

3. 食物來源：雞肉、牛肉、鰻魚、秋刀魚、植物油、油菜、菠菜、大豆、芝麻、胚芽米、酪梨、核果類、花生、芒果、馬鈴薯、全穀類。

■ 維生素 K

1. 功　能

(1) 為磷酸化作用的輔酶，維生素 K 有代謝功能，為磷酸化作用中的主要因素。

(2) 幫助血液凝結，協助肝臟製造凝血酶，缺乏時，血液凝集受阻。孕婦需攝取足量維生素 K，以免初生兒斷臍帶時出現流血不止的危險。

2. 缺乏症：止血作用變差，血液凝固時間會延長。

3. 食物來源：蛋黃、肝臟、奶製品、深綠色蔬菜、高麗菜等。

（二）水溶性維生素

　　水溶性維生素包括維生素 B_1、維生素 B_2、菸鹼酸、維生素 B_6、葉酸、維生素 B_{12}、生物素、泛酸、維生素 C 等，現將其生理功能、缺乏症、食物來源重點等，分述如下：

■ 維生素 B₁

1. 功 能

    (1) 滋潤皮膚。

    (2) 預防及治療腳氣病。

    (3) 參與醣類代謝，是脫羧酸反應時的輔酶。

    (4) 促進胃腸蠕動及消化液的分泌，維持正常的食慾。

    (5) 協助帶狀疱疹的治療：維生素 B_1 可維護皮膚緊實，並恢復完整性。

    (6) 維持神經組織、肌肉與心臟活動的正常，可改善精神狀況。消除疲勞，緩和緊張壓力。

    (7) 可改善記憶力：維生素 B_1 是維持腦部及神經組織細胞所需的營養素，可協助神經機能正常運作。

    (8) 減輕暈船、暈車的不適，因維生素 B_1 缺乏時神經系統活動會產生障礙，使靈敏度及反射動作喪失。

2. 缺乏症

    (1) 腳氣病。   (3) 神經炎。

    (2) 食慾減退。   (4) 皮膚易疲勞、失去光澤。

3. 食物來源：胚芽米、燕麥、玉米、豬肉、酵母、牛奶、雞、肝臟、鰻魚、山芋、芝麻、花椰菜、豌豆、帶皮的馬鈴薯、咖哩、全麥、茄子、小白菜。

■ 維生素 B₂

1. 功 能

    (1) 保護黏膜。

    (2) 減輕眼睛疲勞。

    (3) 促進微血管健康。

    (4) 使皮膚新陳代謝良好。

    (5) 預防口腔、舌、嘴唇發炎症狀。

    (6) 促進指甲及毛髮的正常生長及細胞再生。

    (7) 在體內作為氧化還原的輔酶，參與協助碳水化合物、蛋白質及脂肪的代謝。

2. 缺乏症

(1) 口角炎、乾燥、嘴唇發炎。

(2) 易得脂漏性皮膚炎，尤其鼻和口的四周變紅及脫皮狀態。

(3) 在陽光照射下易變紅、變癢，微血管易擴張，而形成紅臉狀態。

(4) 維生素 B_2 缺乏時，角膜周圍會充血，引起角膜血管增生，而導致眼睛灼熱、流淚、發癢、疲倦等症狀，補充後即可改善。

3. 食物來源：牛奶、肝、蛋、魚類、乳酪、咖哩、大豆、無花果、杏仁、納豆、蠶豆、玉米、海苔、筍子、花椰菜、綠色蔬菜等。

■ 維生素 B_6

1. 功 能

(1) 天然利尿劑。

(2) 改善精神狀態及減輕焦慮。

(3) 減緩肌肉抽筋、麻痺等症狀。

(4) 可協助鐵的吸收。

(5) 可抑制皮脂腺的分泌。

(6) 增加皮膚的抵抗力及鎮靜皮膚炎。

(7) 促進核酸的合成，防止組織器官老化。

(8) 在代謝反應中以輔酶形態協助碳水化合物、脂肪及蛋白質的代謝。

2. 缺乏症

(1) 貧血、臉色不佳。

(2) 易得脂漏性皮膚炎。

(3) 易引起脫髮、頭皮屑等，以及舌炎、口唇炎。

(4) 易敏感：小腫粒、粉刺、濕疹及長面皰等。

(5) 易發生神經系統的症狀：如抽筋、周邊神經炎。

3. 食物來源：維生素 B_6 主要存在肉類、家禽類、鮪魚、肝、蛋、胚芽米、小麥麩皮、麥芽、馬鈴薯、大豆、花生、核桃、胡蘿蔔、深綠色蔬菜。

■ **菸鹼酸**(Nicotinic Acid)

1. 功　能

    (1) 治療口腔、嘴唇的發炎症狀。

    (2) 可安定神經,有益皮膚健康。

    (3) 協助醣類、蛋白質、脂肪的代謝。

    (4) 強壯血管,維持腸胃正常消化功能。

    (5) 降低三酸甘油酯、膽固醇及血壓,可促進血液循環。

    (6) 緩解偏頭痛及梅尼爾氏症候群(Meniere's syndrome)。

    (7) 因菸鹼酸在體內可作為氧化還原的輔酶,也參與營養素的代謝作用,進而產生能量。

2. 缺乏症

    (1) 牙齦發炎、痴呆、腹瀉。

    (2) 缺乏菸鹼酸時會得癩皮病、皮膚炎。

3. 食物來源:主要來源有肉類、魚、蛋、牛奶、豆類、全穀類、綠豆、糙米、香菇、全麥製品、芝麻、紫菜、無花果。

■ **維生素 B$_{12}$**

1. 功　能

    (1) 促進兒童成長及增進食慾。

    (2) 避免惡性貧血及神經系統病變。

    (3) 消除煩躁不安,有助於注意力集中及增強記憶力。

    (4) 協助碳水化合物、脂肪及蛋白質的代謝及能被身體適當利用。

2. 缺乏症

    (1) 食慾不振,體重減輕。

    (2) 易發生惡性貧血、舌炎、神經炎等症狀。

3. 食物來源:動物內臟、海產、蛋、牛奶、鮭魚、雞肉、發酵的乾酪。

■ 葉酸(Folic Acid)

1. 功　能

(1) 防止口腔黏膜潰瘍。

(2) 促進紅血球正常生長，預防貧血。

(3) 為細胞合成 RNA、DNA 及細胞分裂所需。

(4) 預防胚胎及胎兒神經系統先天缺陷。

(5) 主要為胺基酸及核苷酸代謝的輔酶。

(6) 可維護神經系統、消化道、免疫及性功能的正常。

2. 缺乏症

(1) 生長緩慢。

(2) 巨性貧血及惡性貧血症。

(3) 導致舌炎、神經質、吸收不良等症狀。

3. 食物來源：肝臟、魚肝油、豆類、全穀類、蛋黃、洋菇、酵母、核果類、香蕉、胡蘿蔔、南瓜、綠色蔬菜等。

■ 泛酸(Pantothenic Acid)

1. 功　能

(1) 緩和噁心症狀。

(2) 舒緩經前症候群。

(3) 製造抗體，抵抗傳染病。

(4) 防止疲勞，增強抗壓能力。

(5) 可幫助傷口癒合、製造及更新組織，並維持頭髮及皮膚的健康。

2. 缺乏症：頭痛、全身倦怠、暈眩、皮膚炎、抑鬱、食慾不振、毛髮變灰色。

3. 食物來源：玉米、豌豆、肝臟、瘦肉、酵母、未精製的穀類、綠葉蔬菜。

■ 生物素(Biotin)

1. 功　能

(1) 緩和肌肉疼痛。

(2) 減輕濕疹、皮膚炎症狀。

(3) 預防掉髮及白髮，幫助治療禿頭。

(4) 幫助代謝蛋白質、碳水化合物及脂肪。

(5) 促進皮膚、骨髓、汗腺、神經組織、毛髮的生長能正常運作。

2. 缺乏症

(1) 易得高膽固醇及脂肪肝等。

(2) 會有脫毛、舌炎、濕疹、脂漏性皮膚炎等症狀。

3. 食物來源：蛋、各種動物內臟（肝、腎等）、瘦肉、糙米、小麥、草莓、葡萄、柚子。

■ 維生素 C

1. 功　能

(1) 紓解緊張壓力，強壯血管壁。

(2) 提高對細菌的抵抗力，預防感冒。

(3) 協助膠原蛋白的形成，防止衰老。

(4) 維持造血機能正常化，幫助鐵質吸收。

(5) 保持纖維母細胞的健康，增加皮膚彈性。

(6) 降低血液中的膽固醇，減少靜脈血栓的發生。

(7) 抑制黑色素的形成，使日曬後乾燥皮膚恢復健康。

(8) 幫助傷口癒合，治療灼傷、外傷，牙齦出血，並可加速手術後的復原。

2. 缺乏症

(1) 壞血病。

(2) 對壓力紓解變弱。

(3) 受傷傷口不易癒合。

(4) 臉頰部位血管易浮現。

(5) 皮膚的彈性、張力喪失。

(6) 日曬乾燥皮膚不易恢復、易產生黑斑。

(7) 皮下易出血，骨骼組織增殖的障礙，因貧血，氧氣及營養無法充分送到細胞，而使指甲、頭髮、皮膚等色澤變差。

3. 食物來源：主要存在綠葉蔬菜，如青椒、芥藍菜、菠菜等，新鮮的水果含量最豐富，如番石榴；枸櫞酸類水果，如桔子、檸檬、柚子、葡萄柚、文旦、香蕉、西瓜、梨等。

五、礦物質

　　人體中約含有 4%的礦物質，在營養上主要的礦物質有鈣(Ca)、磷(P)、鉀(K)、鈉(Na)、氯(Cl)、鎂(Mg)、硫(S)、鐵(Fe)、銅(Cu)、碘(I)、氟(F)、鋅(Zn)、錳(Mn)、鈷(Co)等，與美容有密切相關。現將其種類、功能及食物來源，分別敘述如下：

（一）鈣 (Calcium)

1. 功　能
　　(1) 活化酵素。
　　(2) 平衡酸鹼、傳遞神經活動。
　　(3) 維持血液含量、幫助血液凝結。
　　(4) 維持肌肉正常的收縮及心跳的規律。
　　(5) 對於降低膽固醇及血壓也有幫助，而能預防心血管疾病。
　　(6) 與鈣、鉀共同維持細胞膜的通透性，有助於營養素的吸收作用。

2. 缺乏症
　　(1) 心跳異常、抽筋。
　　(2) 成人缺乏易造成軟骨病，行走困難，骨質疏鬆，骨骼脆弱易折。
　　(3) 兒童成長時如缺乏鈣，易造成發育停滯及軟骨症，症狀如兩腿彎曲呈 O 字形或 X 形，手腕、踝、膝等關節腫大，胸骨凸出似雞胸。

3. 食物來源：奶類、黃豆製品、牡蠣、蝦、蛤、魚乾、沙丁魚、芥菜、甘藍菜、高麗菜。

（二）磷 (Phosphorus)

1. 功　能
　　(1) 平衡酸鹼。
　　(2) 便利脂肪運輸。

(3) 為細胞膜的組成之一。

(4) 參與體內酵素活化反應。

(5) 是組織細胞核蛋白質的主要物質。

(6) 為遺傳物質與 RNA 的主要成分。

(7) 構成體內主要能量分子核苷三磷酸(adenosine triphosphate, ATP)的重要成分。

(8) 構成骨骼、牙齒的主要原料，在骨骼中鈣與磷的成分比例為 2:1。

2. 缺乏症

(1) 佝僂症。

(2) 肌肉無力。

(3) 肌肉疼痛，虛弱、疲倦。

(4) 厭食、體重減輕、軟弱、骨頭疼痛、關節僵硬。

(5) 加速停經後女性骨質的流失，導致骨質疏鬆症。

3. 食物來源：牛奶、肉類、家禽、魚、蛋、乾豆類、五穀類、蔬菜。

（三） 鎂 (Magnesium)

1. 功 能

(1) 酵素的致活劑。

(2) 構成骨骼及牙齒的原料。

(3) 鎂為最好的天然鎮定劑。

(4) 鎂與鈉、鉀、鈣共同調節肌肉收縮及神經感應。

(5) 參與 ADP 轉變為 ATP，ATP 轉變為環狀 AMP 等高能鍵的轉移。

(6) 為許多代謝作用中酵素的催化劑，參與蛋白質與醣類的代謝，並有助於酵素的活化。

2. 缺乏症

(1) 肌肉震顫、麻木或抽搐、譫忘、衰弱等。

(2) 也可能會得心肌梗塞、高血壓、妊娠毒血症。

(3) 如血鎂濃度過高，會引起脫水、腹瀉。

3. 食物來源：綠葉蔬菜是最佳來源，因鎂是葉綠素中的主要成分之一，其次有穀類、豆類、乾果類、海產類、鯉魚、鱈魚、小麥胚芽、杏仁、香蕉。

（四）鈉 (Sodium)

1. 功　能

    (1) 控制細胞膜的通透性。

    (2) 影響神經訊息的傳導。

    (3) 維持體內的酸鹼平衡。

    (4) 鈉與肌肉收縮及醣類吸收有關。

    (5) 維持細胞外液的滲透壓及血漿量。

2. 缺乏症

    (1) 缺乏症狀：嘔吐、虛弱、噁心、頭暈、昏迷、肌肉痙攣等。

    (2) 腹部痙攣，嚴重時會精神混亂。最後循環血液量降低、血壓下降，以致休克。

3. 攝取過多：會造成高血壓，鈉蓄積在末梢組織間而引起水腫。

4. 食物來源：各類罐頭、醃製食品、調味料及各種零食如洋芋片。另外如火腿、培根、貝類、海帶、牛肉乾、豬肉乾、乳酪等。

（五）鉀 (Potassium)

1. 功　能

    (1) 維持酸鹼平衡。

    (2) 促進細胞的生長。

    (3) 活化蛋白質代謝酵素。

    (4) 參與神經訊息的傳導過程。

    (5) 控制肌肉的收縮與心臟有規律的跳動。

    (6) 調節體內體液的滲透壓，保持體內水分的平衡狀態。

2. 鉀的異常

    (1) 血液中鉀濃度偏低所造成缺乏症為噁心、嘔吐、沒有食慾、倦怠、心律不整、低血壓及神智不清、肌肉軟弱無力。

    (2) 細胞外液中鉀如不正常，會使骨骼肌癱瘓，神經傳導及心肌活動不正常。

    (3) 高血鉀：如腎衰竭時因腎臟不能有效的清除鉀離子，因此血鉀升高，造成高血鉀症，其症狀為呼吸困難、心室顫動、精神混亂、四肢麻木、心跳停止。

3. 食物來源：牛奶、肉、穀類、蛋、魚類、菠菜、番茄、胡蘿蔔、冬瓜、梨子、桃子、香蕉、橘子。

（六）氯 (Chloride)

1. 功　能
    (1) 氯與鈉共同維持滲透壓及水分平衡，酸鹼平衡。
    (2) 是胃液所分泌胃酸(HCl)的成分之一，可活化蛋白質消化酵素，促進蛋白質的消化作用。

2. 缺乏症：缺乏時會有嘔吐或腹瀉，導致酸鹼不平衡，而發生鹼中毒。

3. 食物來源：主要來源為海帶、海藻、食鹽、橄欖等。

（七）硫 (Sulfur)

1. 功　能
    (1) 促進熱能反應。
    (2) 參與體內氧化還原。
    (3) 將有毒的甲苯酚(cresol)、酚(phenol)、固醇性荷爾蒙結合而排出體外。
    (4) 構成身體組成：如指甲、皮膚、頭髮及結締組織。
        A. 角蛋白：存在於頭髮、皮膚及指甲內。
        B. 硫脂質：在肝、腎、大腦白質、唾液含量豐富。
        C. 含硫胺基酸：有胱胺酸及甲硫胺酸。
        D. 醣蛋白：如軟骨素硫酸鹽(chondroitin sulfate)，存在於骨骼、皮膚、筋骨、心臟瓣膜、肌腱、胰島素等。
        E. 其他化合物：如肝素(heparin)、生物素、輔酶 A、維生素 B_1、胰島素(insulin)、麩胱甘肽(glutathione)。

2. 缺乏與過多：硫缺乏或過多，是一種罕見的遺傳疾病「胱胺酸結石」，導致胱胺酸尿。

3. 食物來源：主要來源為奶類、蛋、瘦肉類、花生、乾豆類等。

（八）鐵 (Iron)

1. 功　能

    (1) 構成酵素、紅血球及肌紅蛋白質的成分，也是構成細胞的要素。

    (2) 構成酵素如觸酶(catalase)、黃嘌呤氧化酶(xanthine oxidase)成分，參與能量生成及各種代謝作用，或作為輔酶。

2. 缺乏症

    (1) 四肢無力、頭暈眼花、怕冷。

    (2) 心跳加速、呼吸短促、食慾不振。

    (3) 常感疲勞、臉色蒼白、思維不清楚。

    (4) 指甲易碎而且出現縱向隆起線條。

3. 食物來源

    (1) 動物內臟，如肝臟、腎臟。

    (2) 牛奶、瘦肉、蛋黃等，有殼海產動物中含量也多。

    (3) 綠葉蔬菜、全穀、葡萄、葡萄乾、桃子、紅棗、黑棗。

（九）碘 (Iodine)

1. 功能：構成人體甲狀腺素(thyroxin)的主要成分，可刺激及調節體內細胞的氧化作用，影響人體熱能代謝。

2. 缺乏症

    (1) 孕婦若缺乏碘，易造成嬰兒出生後會有甲狀腺發育不良或是先天性缺陷，不能合成甲狀腺素，導致呆小症。

    (2) 成人缺碘時易導致區域性甲狀腺腫(endemic goiter)或單純性甲狀腺腫(simple goiter)而引起甲狀腺腫大。

3. 食物來源：主要來源為海產類食物，如海帶、海蝦、海魚、紫菜等。

（十）鋅 (Zinc)

1. 功　能

    (1) 賦予嗅覺及味覺敏銳度。

    (2) 與酒精代謝有關，胰島素中含有鋅。

(3) 為鎘的拮抗物質，保護身體避免鎘中毒。

(4) 鋅能強化濾泡刺激素及黃體荷爾蒙的作用。

(5) 有調節皮脂腺的分泌，預防粉刺產生的作用。

(6) 促進肝臟維生素 A 的釋放，以維持血液中正常濃度。

(7) 能維持睪丸的正常功能及精子形成、性器官成熟。

(8) 能維持正常免疫功能及細胞膜蛋白質結構、基因、轉錄因子的穩定。

(9) 具有代謝及排除蓄積在體內的醣與脂肪作用，可提高醣的代謝及脂肪的燃燒率。

(10) 鋅為胰島素的重要成分，也是許多酵素的構成分子，如乳酸去氫酶、碳酸酐酶、乙醇脫氫酶、羧胜肽酶、鹼性磷酸酶。

(11) 可保持細胞完整性，使皮膚細胞的新陳代謝能正常進行，及避免肌膚粗糙乾裂，也可促進黑色素的代謝，以防雀斑及黑斑的形成。

2. 缺乏症：鋅缺乏通常發生在大量攝取含植酸的食物，或低蛋白飲食，其缺乏症如下：

(1) 記憶力減退。

(2) 生長發育遲滯。

(3) 嗜睡、食慾不振。

(4) 傷口癒合變慢，免疫能力下降。

(5) 皮膚受損、掉髮，味覺、嗅覺敏感度變差，對於黑暗的適應力變差。

(6) 性機能減退（女性為卵巢功能不良，不易受孕；男性的精液及精子會減少）。

3. 攝取過量：會有噁心、嘔吐、發燒、腹瀉等症狀，及影響銅吸收。

4. 食物來源：主要來源為海產類，如：牡蠣、蟹、蝦、各種肉類與豆類、全穀類。

（十一）銅 (Copper)

1. 功 能

(1) 促進鐵的吸收。

(2) 協助神經、骨骼及結締組織的健全發展。

(3) 銅的抗氧功能可保護免疫細胞，與免疫力有關。

(4) 為多種酵素的組成

    A. 為細胞色素 C 氧化酵素的成分，此酵素是電子傳遞系統。

    B. 超氧歧化酶(superoxide dismutase, SOD)，清除過氧化自由基，以保護細胞不受氧化的傷害。

    C. 酪胺酸酶(tyrosinase)，易促進黑色素的形成。

    D. 銅是離胺酸氧化酶的成分，而離胺酸氧化酶是合成彈性蛋白及膠原蛋白所需。

    E. 血漿藍蛋白之輔酶。

2. 缺乏症：禿髮、貧血、虛弱、白血球過少、皮膚長瘡、呼吸功能受損、血管損傷、骨質脫礦化、膽固醇升高。

3. 過多症：銅攝取過量會有易怒、沮喪、反胃、嘔吐、神經質與肌肉關節疼痛等症狀。

4. 食物來源：牛肉、內臟、海鮮類、豆類、全穀類、乾果類、魚貝類。

（十二）硒 (Selenium)

1. 功　能

    (1) 參與碘的代謝。

    (2) 與免疫功能有關。

    (3) 可預防腫瘤形成，防癌症的發生。

    (4) 可與有毒物質如汞、砷、銀、鎘結合，降低其對身體的毒性。

2. 缺乏症：肌肉耗弱、心肌病(cardiomyopathy)、肌肉疼痛、疲倦、噁心、腹瀉、手指甲及腳趾甲異常、肝硬化、呼氣時有蒜味。

3. 攝取過多：會有掉頭髮、血液濃縮等情形。

4. 食物來源：主要來源為動物性食物、穀類、堅果類，建議為 55 微克(µg)。

（十三）氟 (Fluorine)

1. 功　能

    (1) 參與骨骼及牙齒中礦物質的沉積作用，促進牙齒發育與骨骼強化。

    (2) 少量的氟可使牙齒的琺瑯質對細菌的酸性腐蝕產生抵抗力，可預防蛀牙。

2. 缺乏症：易齲齒、骨質疏鬆，如飲水中含氟量為 1 ppm 時，可降低齲齒發生率。

3. 過多症：含氟量如超過 2.5 ppm 時，在牙齒上會有黃色斑點，失去光澤並呈凹狀；如氟濃度再增加，牙齒上會產生黑棕色斑點，也可造成骨質硬化、韌帶鈣化、關節僵硬疼痛。

4. 食物來源：海藻類、牛奶、蛋黃、海產類、杏仁、洋蔥、茶葉、甘藍菜等。

（十四）鉻 (Chromium)

1. 功　能

   (1) 有助於膽固醇與脂肪酸的合成。

   (2) 使細胞能有效吸收葡萄糖以進行代謝。

   (3) 能活化一些與醣類、蛋白質、脂肪等能量代謝有關的酵素。

   (4) 為葡萄糖耐受因子的成分，能促進胰島素的作用，以維持血糖穩定。

2. 缺乏症：血液中游離脂肪酸增加，血糖控制不良，可能導致第二型糖尿病。

3. 食物來源：肉類、酵母、啤酒、牡蠣、堅果類、莢豆類、全穀類、茶、乳酪、蔬菜及水果。

（十五）鈷 (Cobalt)

1. 功能：鈷是構成維生素 B_{12} 的成分，為形成紅血球的必要元素。

2. 需要量：每天提供 0.045~0.09 毫克。

3. 食物來源：分佈於自然界，不虞缺乏。

六、水　分

　　水佔人體體重的 55~70%，體內如缺水 20%以上會有生命危險，主要功能如下：

1. 調節體溫。

2. 運送養分及排除廢物。

3. 是體內多種化學變化的溶劑。

4. 是體內器官、消化道、關節、泌尿道、生殖道等之潤滑劑。

七、膳食纖維與健康

膳食纖維是指不被人體消化道內的酵素分解的木質素及多醣類，現依其分類、功用說明如下：

（一）膳食纖維分類

可分為可溶性膳食纖維及不可溶性膳食纖維，說明如下：

■ 可溶性膳食纖維

包括果膠、半纖維素、植物黏質物、植物膠質物，其生理功能及食物來源，重點說明如下：

1. 生理功能：延緩胃排空，延緩葡萄糖吸收及血糖上升，降低血液中膽固醇。
2. 食物來源：愛玉、仙草、木耳、燕麥、大麥、花椰菜、綠花椰菜、胡蘿蔔、柑橘、柳丁、蘋果、梨等。

■ 不可溶性膳食纖維

可分為兩類，一為多醣類，如纖維素及半纖素；另一為非多醣類，如木質素。其生理功能及食物來源說明如下：

1. 多醣類
   (1) 生理功能：促進腸道蠕動，縮短食糜在腸道通過時間，使腸道上皮細胞與有毒物質接觸時間減短。
   (2) 食物來源：全麥、糙米、小麥麩皮、大麥、燕麥、植物、豆類、黃豆、堅果類、綠花椰菜、花椰菜、胡蘿蔔、馬鈴薯、柳丁、梨、蘋果、香蕉等。
2. 非多醣類
   (1) 生理功能：增加腸道內實體。
   (2) 食物來源：全穀類、小麥麩皮。

（二）膳食纖維的功用

1. 增加飽食感。
2. 降低大腸癌發生率。

3. 預防及紓解便秘。

4. 預防憩室病及痔瘡。

5. 減少毒性物質的吸收。

6. 改善耐糖能力，延緩血糖上升。

7. 能抑制血液中膽固醇上升，降低心血管疾病。

8. 有控制體重的效果：因攝取後易有飽食感，可減少熱量或過量食物的攝取。

11-3　食物與美容的應用

　　食物在人體被分解成鹼性食物及酸性食物，對人體功能各有不同功效。因飲食攝取不當而引起身體各機能不協調，也會在皮膚出現各種不同異常狀況，現將其與美容保健有關的食物敘述如下：

一、酸性與鹼性食物與美容的關係

　　因鹼性與酸性食物對人體的功效有不同用途，一份一日的美容食物酸鹼比率是3:1，現將酸性及鹼性食物的主要營養素、功能、主要食物來源、食品酸鹼性質、酸性及鹼性食物選擇等，整理如表 11-2、11-3、11-4、11-5，敘述如下：

（一）酸性食物

　　酸性食物是造成肥胖的潛在因素，且會造成皮膚問題，不宜多吃，主要分類如表 11-2。

🍃 表 11-2　酸性食物的營養素、功能及來源

主要營養素	主要功能	主要食物
醣　類	① 增加體內水分 ② 攝取過多易降低抵抗力，形成問題皮膚	巧克力、米、砂糖、酒、麵類
脂　肪	① 因含熱量過高，勿攝取過多 ② 給予肌膚光澤及柔軟感，使肌膚具有彈性	奶油、花生、起司
動物性蛋白質	① 富含高膽固醇 ② 可提供肌膚水分及柔軟，預防氧化	家禽肉、豬肉、羊肉、魚肉、鰻魚、雞蛋

（二）鹼性食物

鹼性食物富含豐富維生素及礦物質，可調整體質，使肌膚健康柔軟，主要分類如表 11-3。

🌿 表 11-3　鹼性食物的營養素、功能及食物來源

主要營養素	主要功能	食物來源
維生素 A	① 提高抗菌力 ② 維持皮膚黏膜的再生或增生 ③ 維生素 A 不易造成面皰、小細紋、肌膚粗糙 ④ 可促進皮脂與汗水的分泌順利使肌膚滋潤柔滑	蛋白、牛奶、南瓜、茄子、香菇、油菜、菠菜、香蕉、胡蘿蔔
維生素 C	① 保持肌膚光澤滑嫩，促進血液循環 ② 能活化荷爾蒙分泌，使肌膚年輕、富有彈性 ③ 有助黑色素排出，預防色素沉澱，淡化斑點	柳丁、檸檬、橘子、番茄、青椒、油菜、葡萄、木瓜、草莓、高麗菜、馬鈴薯
維生素 B_1	① 促進腸胃機能 ② 促進血液循環 ③ 維生素 B_1 如攝取不足，將造成腸胃機能障礙、心悸、面皰、浮腫、肌膚粗糙、呼吸困難、手腳麻痺感	鹹鱈魚子、油菜、鹹鮭魚子、菠菜、韭菜、青椒
維生素 B_2	① 使眼睛明亮有神 ② 促進血液循環及新陳代謝 ③ 維生素 B_2 不足時，易造成口腔炎、口角炎、舌炎	牛奶、內臟、青椒、芹菜、小黃瓜
鈣	① 強化骨骼、牙齒及指甲 ② 有預防癌症及鎮靜皮膚的作用	小魚、芝麻
碘	可使毛髮強韌有光澤	海藻類

🌿 表 11-4　酸性及鹼性食物的選擇

酸鹼性	食　物
極鹼性	味增、花果、甜菜汁、蔬菜汁、小麥草汁、紅蘿蔔汁、成熟檸檬、已發芽的種子、已發芽的豆類
鹼　性	番茄、小米、黃豆、小麥草、葵瓜芽、苜蓿芽、大海藻、生羊奶、生牛奶、成熟的水果、大多數蔬菜、發芽中的豆類
中　性	酪梨、植物油
酸　性	李子、乳酪、白糖、醬油、飲料、酒精、藥物、乾梅子、動物油、豆莢類、消毒奶油、消毒牛乳、大多數豆類、消毒殺菌生乳、未成熟的水果、多數煮過的穀物、浸泡過後的種子及堅果
極酸性	蛋、花生、核桃、肉類、西瓜子、蘋果醋、維生素 A、維生素 C、發酵食物、未成熟的水果

表 11-5 食物酸鹼性度

種　類	酸性食品	酸　度	種　類	酸性食品	酸　度
乳製品	乳　酪	4.3	魚貝類	鯉　魚	8.8
雞　蛋	蛋　黃	19.2		鯛　魚	8.6
肉　類	雞　肉	10.4		牡　蠣	8.0
	牛　肉	5.0		鰻　魚	7.5
	馬　肉	6.6		蛤　蜊	7.5
	豬　肉	6.2		干　貝	6.6
	雞肉湯	0.6		魚　卵	5.4
豆　類	蠶　豆	4.4		泥　鰍	5.3
	豌　豆	2.5		鮑　魚	3.6
	味　增	0		蝦	3.2
	落花生	5.4	穀　物	米　糠	85.2
	油炸豆腐	0.5		麥　糠	36.4
	醬　油	0		燕　麥	17.8
蔬菜類	慈　茹	1.7		胚芽米	15.5
	白蘆筍	0.1		蕎麥粉	7.7
海藻類 嗜好品	紫菜（乾燥）	5.3		碎　麥	9.9
	酒　精	12.1		白　米	4.3
	清　酒	0.5		麵　粉	3.0
	啤　酒	1.1		大　麥	3.5
魚貝類	魷　魚	29.6		麵　包	0.6
	鮪　魚	15.3		麩	3.0
	章　魚	12.8	油　脂	奶　油	0.4

種　類	鹼性食品	鹼　度	種　類	鹼性食品	鹼　度
乳、雞蛋	人　乳	0.5	蔬　菜	蒟蒻粉	56.2
	牛　乳	0.2		紅蘿蔔	6.4
	蛋　白	3.2		小松菜	6.4
豆、豆製品	大　豆	10.2		三麗菜	5.8
	紅　豆	7.3		洋　蔥	1.7
	扁　豆	1.8	海藻類	海　帶	40.0
	豆　腐	0.1		裙帶菜	260.8
蔬　菜	豌豆莢	1.1	菇　類	玉　蕈	3.7
	芋	7.1		松　茸	6.4
	蕪	4.2		香　菇	17.5

表 11-5　食物酸鹼性度（續）

種　類	鹼性食品	鹼　度	種　類	鹼性食品	鹼　度
蔬　菜（續）	茄　子	1.9	醬　菜	黃蘿蔔	5.0
	紅　薑	21.1		什錦醬菜	1.3
	菠　菜	15.6	水果類	柿	2.7
	萵　苣	7.2		梨	2.6
	京　菜	6.2		香　蕉	8.8
	百　合	6.2		栗　子	8.3
	牛　蒡	5.1		草　莓	5.6
	蘿　蔔	4.6		橘　子	3.1
	南　瓜	4.4		蘋　果	3.4
	竹　筍	4.3		葡　萄	2.3
	地　瓜	4.3		西　瓜	2.1
	小　芋	4.1	嗜好品	茶	1.6
	蓮　藕	3.8		咖　啡	1.9
	馬鈴薯	5.4		葡萄酒	2.4
	大黃瓜	2.2			

資料來源：姜淑惠(2007)。

二、各種異常皮膚的原因與美容相關的食物

各種異常皮膚的原因、保健重點及與美容相關的食物，整理如下：

（一）黑斑、雀斑

1. 產生原因

(1) 遺傳。

(2) 肝臟功能障礙。

(3) 生病、年齡增加。

(4) 精神不安或緊張。

(5) 紫外線過量照射。

(6) 腎上腺機能作用惡化會促進皮膚的色素沉積。

(7) 女性荷爾蒙會刺激製造黑色素細胞，使色素沉澱。

(8) 妊娠期：因黃體激素增加，使皮膚對日光過敏，腦下垂體分泌的黑色素細胞刺激荷爾蒙，因此易產生黑斑。

2. 美容食物

(1) 貝類、海蔘、核桃。

(2) 避免攝取太鹹的食物。

(3) 牛奶、魚、蛋、肝、菠菜。

(4) 新鮮蔬菜、橘子、草莓、檸檬、含鐵質高的食物。

3. 保養重點

(1) 增進荷爾蒙正常分泌。

(2) 攝取有強肝作用的食物。

(3) 注意擦防曬乳及戴帽子或撐傘。

(4) 避免紫外線照射，並充分攝取維生素 C、A。

(5) 保持心情愉快，避免緊張、憂慮及過度疲勞。

（二）面 皰

1. 產生原因

(1) 遺傳。

(2) 便秘。

(3) 生理期。

(4) 精神壓力。

(5) 腸胃障礙。

(6) 心情緊張。

(7) 皮脂腺分泌過多。

(8) 維生素 A 不足。

(9) 青春期雄性荷爾蒙增加。

(10) 毛囊內皮脂腺的細菌滋生。

2. 美容食物

(1) 避免甜食、油炸及刺激性食物。

(2) 避免冰開水、冰牛奶、海帶。

(3) 避免蔬菜、植物纖維、柑橘類。

(4) 牛奶、紫菜、肝油、綠蔬菜、蘿蔔葉。

3. 保養重點

(1) 促進新陳代謝。

(2) 多吃水果及青菜。

(3) 補充水分，攝取含纖維質的食物。

(4) 生活起居正常，充足睡眠，適當運動。

(5) 防止暴飲暴食，攝取能幫助消化的食物。

（三）粗　糙

1. 產生原因

    (1) 缺乏保養。

    (2) 清潔不徹底。

    (3) 皮脂分泌過剩，使角質肥厚。

2. 美容食物

    (1) 魚、海帶、紫菜、菠菜。

    (2) 青椒、高麗菜、紅蘿蔔。

    (3) 橘子、柳橙。

3. 保養重點

    (1) 促進新陳代謝。

    (2) 正確清潔及保養。

    (3) 生活規律，適當運動。

（四）小皺紋

1. 產生原因

    (1) 角化代謝不足。

    (2) 皮脂分泌不足。

    (3) 皮膚角質層水分缺乏。

    (4) 彈性纖維與結締纖維衰退。

2. 美容食物

    (1) 含維生素 B_1 的食物。

    (2) 蛋、肝、牛油、海菜、蔬菜。

3. 保養重點

    (1) 滋潤效果佳的保養品。

    (2) 攝取可保持年輕的食物，例如：維生素 B_1、維生素 E、蛋白質等食物。

（五）紅　臉

1. 產生原因

    (1) 年齡增長。

    (2) 溫度急速變化。

    (3) 居住在寒冷的環境。

(4) 年輕時經常引起皮疹的人。

(5) 喜好刺激性食物或飲酒過度的人。

(6) 因更年期而產生荷爾蒙失衡及急躁或緊張狀態。

2. 美容食物

(1) 含豐富維生素 C。

(2) 番茄、蔬菜、綠茶。

(3) 牛乳、肝、蛋、豆類。

3. 保養重點

(1) 強壯血管壁。

(2) 促進血液循環。

（六）敏　感

1. 產生原因

(1) 內在因素

A. 生理期、懷孕期間。

B. 季節變換、精神壓力。

C. 睡眠不足、過度疲勞。

D. 暴飲暴食、菸酒、偏食、咖啡等。

E. 內服藥物、荷爾蒙不平衡及更年期的自律神經失調。

(2) 外在因素

A. 飲食：水果、食物。

B. 其他：氧化染毛劑、裝飾品、外用藥、衣類、如尼龍、橡皮。

C. 環境：溫度、濕度、煙霧、灰塵、紫外線、暖空氣、空氣汙染、人工照明、跳蚤、空調設備、植物、動物、昆蟲類。

2. 美容食物

(1) 注意維生素 B_2、B_6 及鈣的攝取。

(2) 牛奶、海帶、紅蘿蔔、蔬菜類、番茄、橘子。

3. 保養重點

(1) 不偏食，盡量攝取鹼性食物。

(2) 充足睡眠，避免過勞與過多精神壓力。

(3) 避免直接照射紫外線，外出注意防曬並戴帽子、撐傘。

三、蔬果與美容

　　各種蔬果都含有各類營養素，對皮膚及身體健康都有保健作用，現將常見蔬果的效能，整理如表 11-6、11-7、11-8。

表 11-6　各種蔬菜的效能

蔬菜名稱	效　能
空心菜	性寒，對便秘及血便者有改善
海　帶	性寒，可化痰，治水腫、腳氣病、甲狀腺腫大
金針葉	性涼，可利熱，治宿便及血便
胡　瓜	性涼，可利水除熱、治口乾、發炎
甘藷葉	性平，可補虛症，主治便秘，健脾胃
冬　瓜	性涼，利尿，消水腫，消炎，對糖尿病有改善
海　藻	可保濕皮膚，延緩老化
韭　菜	促進腸胃蠕動，通便
萵　苣	美化皮膚，預防貧血
蘿　蔔	性涼，治口乾、鼻血、糖尿病。白蘿蔔幫助消化，改善便秘
糙　米	預防及改善腳氣病及便秘
綠豆芽菜	性寒，預防及改善便秘、感冒、貧血，可散熱，有美白效果
馬鈴薯	可改善腸胃疾病、高血壓，消浮腫
大　豆	預防肥胖、老化，消除疲勞
青　椒	預防感冒，消除疲勞，美化肌膚
小黃瓜	可紓解緊張，消除疲勞皮膚，具有收斂效果
菠　菜	改善便秘、貧血及消化不良，預防感冒
高麗菜	預防感冒，美化肌膚，改善便秘及貧血
番　茄	改善便秘，整常健胃，美化肌膚
牛　蒡	改善便秘，整腸，防癌，消浮腫，美化皮膚
綠　豆	促進新陳代謝，消暑，排除體內廢物，消水腫
洋　蔥	改善便秘，降血壓、血脂肪，減輕肌肉疼痛
甘　藷	預防感冒，改善便秘，抗癌，夜盲症，美化皮膚
芹　菜	幫助消化，改善便秘，消除疲勞，改善失眠
芝　麻	消炎、殺菌、滋補，使頭髮烏黑及有光澤
蓮　藕	預防感冒，保護聲帶及喉嚨，止咳，止血，預防及改善黑斑、雀斑
蔥	改善四肢冰冷，低血壓，顏面鬆弛，緩和感冒，肩膀僵硬，疼痛等症狀
紅　豆	強心，利尿，改善低血壓、易疲倦，預防便秘，幫助鹽分及脂肪代謝，消浮腫
大　蒜	預防感冒、扁桃腺發炎，健胃，整腸，降低膽固醇，防癌，消除疲勞

🍃 表 11-6 各種蔬菜的效能（續）

蔬菜名稱	效　能
生　薑	整腸，緩和感冒症狀，改善四肢冰冷，肌肉僵硬酸痛
紅蘿蔔	改善貧血、便秘，美化肌膚，預防感冒、高血壓、夜盲症
玉蜀黍	含有蛋白質、脂肪、亞油酸、維生素 A、E 及酵素，可強壯消化機能，預防動脈硬化

資料來源：引自王淑珍(2001)。

🍃 表 11-7 水果的功效

水果名稱	功　能
葡萄柚	可促進新陳代謝，消暑，消除疲勞，助消化、美容
西　瓜	強心，利尿，改善浮腫，安定血壓
鳳　梨	改善便秘，整腸，幫助消化。內臟下垂者禁食之
番　茄	有鎮定作用，消除疲勞，利尿，抗癌，去除酸痛。但有氣喘者或壓力沉重者，不宜食用
橘　子	改善便秘，美化肌膚，使皮膚有彈性，預防感冒，生津止渴。月經期間及坐月子期間不宜使用
梨　子	促進消化，消除疲勞，利尿，解熱
香　蕉	改善便秘、高血壓、皮膚粗糙，幫助消化，清肺。如有感冒、慢性病、過敏者就不宜使用，因易阻礙消化
葡　萄	改善貧血，使臉色紅潤，降低膽固醇。葡萄乾可潤膚、潤髮
蘋　果	改善便秘、下痢，降低血脂肪，消除疲勞，滋潤皮膚
木　瓜	舒筋消腫，可改善四肢關節不適等症，也可美化肌膚，幫助整腸、消化，分解脂肪，消除黑斑、雀斑
枇　杷	止咳、化痰、利尿、消除疲勞、預防感冒。消化不良或胃容易脹氣者不宜使用
草　莓	含豐富維生素 C，可清血、利尿、預防感冒，以及改善黑斑雀斑、美化肌膚
檸　檬	可促進脂肪代謝、預防感冒、消除疲勞、抗氧化，可改善黑斑雀斑、美化肌膚
大　棗	性溫，可益氣、生津、補脾胃
柿　子	改善暈車暈船，預防感冒，改善及預防嗜睡，利尿
桂　圓	性溫，可補血安神，對失眠健忘有效
奇異果	預防感冒，消除疲勞，促進脂肪分解，預防及改善黑斑雀斑
百香果	開胃、清腸、生津止渴，尤其可除油膩、助消化
楊　桃	治聲音沙啞及喉痛，順氣、潤肺、生津止渴、利尿、去風熱
酪　梨	含豐富維生素、酪梨油及礦物，可降低心臟血管疾病及減少凝聚阻塞，具有養顏美容
烏　梅	性平，可生津解渴，對慢性咳嗽有效
蜂　蜜	性平，可補中氣、潤燥，可改善便秘

🌿 表 11-8　具有美容功效的常見中藥材

藥材名稱	美容功效
芙　蓉	可增加皮膚的光澤及緊密度
水百合	具有改善膚質及收斂效果
蘆　薈	有保濕、柔軟皮膚的功能，對傷口癒合也有效
洋甘菊	具有紓解、柔軟、賦活皮膚的作用
菊花葉子	有助於皮膚的消炎解毒作用
洋蘇葉	因含有維生素 A、B 群及 C，具有收斂、消炎作用
仙人掌	具有消炎、滋潤皮膚的功能，可使傷口快速癒合
人　參	含有豐富維生素及礦物質，可促進血液循環及細胞再生，提高皮膚的彈性
蜜棗、枸杞	延緩老化
甘菊花、黃耆、蓮子心、決明子	改善青春痘，促進排便，明目，清血，利尿
烏梅、山楂、薏仁	消脂、減肥
枸杞、菊花茶	養眼、明目，退肝水、養腎
何首烏、黑芝麻	烏黑頭髮
紅棗、麥冬、藕粉、洛神花	養顏，潤澤皮膚，改善膚色，活血化瘀，促進排便
枸杞、薏仁、淮山（乾的山藥）、銀耳、白芷	美白，消炎，利尿，淡化斑痕
洛神花茶	降血壓，疏通血液
玫瑰花茶	美化皮膚，紓解神經，活血化瘀
普洱茶	消除肥胖，改善便秘，促進循環，清淨血液
杏仁茶	潤肺化痰，保護氣管

四、延緩皮膚老化的食物

　　每個人只要均衡攝取食物、生活規律、充足睡眠、適當運動、少吃油炸及刺激性食物，可延緩細胞老化。現將影響老化的食物整理如表 11-9、11-10。

🌿 表 11-9　有效減緩老化的食物

食物種類	食物名稱
酒　類	紅酒
飲　料	茶、綠茶
奶製品	豆漿、乳酸酪、低脂乾酪
油脂類	菜油、亞麻油、橄欖油

🌸 表 11-9　有效減緩老化的食物（續）

食物種類	食物名稱
麵包類	大麥、燕麥、穀類、全麥麵包（如黑麥）
穀　類	燕麥片、糙米飯、蕎麥片、粗米粉、粗麥片
海鮮類	鮭魚、鯖魚、蝦、牡蠣、濱螺、沙丁魚、大西洋鯡魚
肉類及肝臟	鴨肉、鴨肉凍、白肉肉類、肥鵝肝
蔬菜類	小扁豆、黃豆芽、青豌豆、四季豆、玉米、捲心菜、紅蘿蔔、菠菜、洋蔥、蘆筍、青蒜、大蒜、紅椒、綠色蔬菜
水果類	香蕉、杏子、櫻桃、草莓、柑橘類、番石榴、奇異果、木瓜、香瓜、西瓜、葡萄、桃子、核桃、乾果、紅肉葡萄柚
調味料	蒜、香菜、洋蔥、香芥、香菜、薄荷、九層塔、百里香

🌸 表 11-10　不宜攝取過多之減緩老化的食物

食物種類	食物名稱
酒　類	烈酒
飲　料	咖啡、蘇打、袋裝速食湯
蔬菜類	洋芋片、油炸馬鈴薯
麵包類	披薩、奶油、白麵包、乾麵包、水果
穀　類	穀類製品、快煮的白米飯、拌牛奶吃的玉米片
奶製品	全脂乾酪、高鐵牛奶、工業生產的乳酸菌
海鮮類	箭魚、金槍魚、沙丁魚、鹽醃製或油炸過的魚類加工食品
油脂類	黃油、椰油、花生油、鮮奶油、棕櫚油、高溫壓榨油類
調味料	芥菜、咖哩、薑、胡椒、桂皮、醬油、辣椒、食鹽
水果點心類	甜點、果醬、蜂蜜、蛋糕、冰淇淋、點心、果子露、巧克力
肉類及內臟	臘腸、火腿、肥肉、肉醬、鴿肉、腰子、排骨、烤肉、燻製食物、牛排骨肉、油炸肉食、工業化豬肉製品

■ 結　論

　　綜合以上，所有營養素對於人體健康的保健是相當重要的，不但維持身體機能，亦可預防疾病、延緩老化等。

 **小試身手**

一、選擇題

（B） 1. 下列何種食品或成分，與水溶性膳食纖維質無關？ (A)蘋果的果膠 (B)蔬菜的纖維 (C)蒟蒻 (D)愛玉凍

（A） 2. 血糖的主要醣類為何？ (A)葡萄糖 (B)果糖 (C)半乳糖 (D)乳糖

（91 二技）

（A） 3. 下列何者不屬於多醣類？ (A)木質素 (B)果膠 (C)糊精 (D)肝醣

（91 二技）

（A） 4. 何種必需胺基酸可合成頭髮及皮膚的黑色素？ (A)酪胺酸 (B)白胺酸 (C)麩胺酸 (D)粗胺酸

（93 二技）

（A） 5. 下列何種物質不是由膽固醇代謝轉變而成的？ (A)膽鹽 (B)雄性激素 (C)胰島素 (D)維生素 D

（93 二技）

（B） 6. 缺乏必需脂肪酸會有哪些症狀？ ①皮膚會乾燥、癢 ②濕疹樣病變 ③皮膚成薄片狀剝落 ④腹瀉、感染、生長遲緩 (A)①②③ (B)①②③④ (C)③④② (D)②③

（D） 7. 缺乏維生素 D 會有哪些症狀？ (A)皮膚衰弱 (B)骨質疏鬆症 (C)佝僂病 (D)以上皆是

（D） 8. 缺乏維生素 E 會出現哪些狀態？ ①易變紅臉 ②會使自律神經失調 ③易造成斑疹、濕疹及凍傷 ④皮膚功能衰退，易形成小皺紋 (A)①② (B)①②③ (C)③④ (D)①②③④

（D） 9. 缺乏維生素 B_1，易得哪些症狀？ ①腳氣病 ②食慾減退 ③易產生神經炎 ④皮膚易疲勞、失去光澤 (A)①② (B)②③ (C)②③④ (D)①②③④

（B）10. 促進血液循環；防止皮膚老化，宜補充下列何種維生素？ (A)維生素 D (B)維生素 E (C)維生素 K (D)維生素 A

（B）11. 防止小皺紋宜多吃含何種維生素之食物？ (A) A、D (B) B、E (C) D、C (D) A、C

（84 保甄）

（C）12. 女性荷爾蒙不足或缺乏何種維生素易引起角質角化異常？ (A) B (B) C (C) A (D) E

（C）13. 缺乏何種維生素使皮膚易產生敏感或濕疹皮膚炎？ (A)維生素 E (B)維生素 B_2 (C)維生素 B_6 (D)維生素 A

（A）14. 維生素 C 具有下列何種功能？ (A)抑制黑色素產生 (B)抑制皮脂分泌 (C)促進排泄 (D)促進新陳代謝

（B）15. 人體內缺乏何種營養素就會得甲狀腺分泌異常或腫大？ (A)鈣 (B)碘 (C)鎂 (D)鐵

（A）16. 下列何種營養有助於增進角質代謝？ (A)維生素A (B)維生素B群 (C)維生素 C (D)維生素 D

（C）17. 下列何種維生素直接參與膠原蛋白之合成？ (A)維生素 A (B)維生素 D (C)維生素 C (D)維生素 E　　　　　　　　　　　　　　　（92 二技）

（D）18. 下列哪一種食物富含 β-胡蘿蔔素？ (A)米飯 (B)蛋黃 (C)豬肝 (D)番茄　　　　　　　　　　　　　　　　　　　　　　　　　（92 二技）

（B）19. 全素食者較易缺乏的維生素是？ (A)維生素 B_6 (B)維生素 B_{12} (C)葉酸 (D)維生素 D

（D）20. RE 為下列哪一種維生素的單位？ (A)泛酸 (B)菸鹼酸 (C)維生素 E (D)維生素 A　　　　　　　　　　　　　　　　　　　　　　　（92 二技）

二、問答題

1. 維生素 A 的生理功能有哪些及缺乏症？

2. 維生素 E 的生理功能有哪些及缺乏狀態？

3. 維生素 C 的生理功能有哪些及缺乏症？

4. 維生素 B_2 的生理功能有哪些？

5. 鈣的功能有哪些？缺乏症及食物來源為何？

6. 鈉的功能、缺乏症及來源？

7. 酸性食物的主要營養素、主要功能及食物來源有哪些？

8. 鹼性食物的主要營養素、主要功能及食物來源有哪些？

Chapter *12* 　紓壓的方法

隨著科技的迅速發達、知識訊息的增加，因工作上的負荷會使中樞神經持續處於緊張狀態，導致內分泌失調，易產生身心疾病，我們可以應用以下幾個方法來解除因工作負荷、情緒不佳而引起的一些身心疾病，分別敘述如下。

12-1　情緒的紓解

1. 適當安排工作：妥善安排工作計畫及目標，並注意休息時間的安排，每週安排適當娛樂時間。

2. 縮短工作時數：以提高工作效率為原則。

3. 體育運動：每天可安排半小時來運動，項目如快步、跑步、健身操、球類、太極拳等。對腦力勞動可放鬆身心，又可增強體力。

4. 要有業餘嗜好：如音樂、舞蹈、養魚、養鳥、培植花卉、棋類、旅遊垂釣等，養成良好習慣，調節生活，緩解緊張感。

5. 心理的調適，面對現實：如遇到不如意，心情不好時，可找知心朋友談談或出去走走。要有自信心。

6. 每週娛樂半天：娛樂是一種積極的休息，對消除大腦疲勞十分有益，如到外面逛逛及時下流行的 SPA 養生館，或至郊區散心。

7. 適當睡眠。

12-2　運動與情緒紓解

一、有益健康的運動

1. 跳繩：跳繩是一種以四肢肌肉活動為主的全身運動。

2. 跑步：可提高神經機能，對於改善情緒、防止精神抑鬱也十分有益。

3. 跑樓梯：跑樓梯運動可以使人體的新陳代謝保持旺盛。

4. 向後退走：是一個伸腰展腹的過程，可減少脊柱前屈時對腰部椎間盤的壓力，可使腰部血液循環改善、新陳代謝提高，有助防治腰痛。

5. 步行：步行運動和慢跑、游泳、騎自行車一樣，對身體有下列幾點幫助：

    (1) 可減少體內的多餘脂肪組織。

    (2) 降低血中的三酸甘油酯和膽固醇的含量。

    (3) 增強或改善心肺的機能，預防心血管系統疾病。

    (4) 對腹腔內的臟器具有按摩作用，達到改善消化、泌尿器官機能的作用。

    (5) 使大腦皮層保持良好的思維和工作能力。

6. 森林浴健身法：森林浴可調節神經、消除疲勞、促進身體健康。

二、運動健身應注意事項

1. 冬季清晨不宜室外運動：人體在冬季的新陳代謝活動相應減弱，對疾病的抵抗力也隨之降低，較不利於人體的健康。環境監測結果顯示，在冬、春兩季，空氣潔淨程度最差，而且每天還有兩個最差的高峰時間，一個在上午 8 時以前，一個在下午 5~8 時。

2. 傍晚運動最有益：時序生理學家研究證明，傍晚運動最好，此時人的感覺、味覺、視覺、嗅覺、聽覺等最敏感，體能反應最靈敏，協調能力處於最佳狀態。

12-3　情境療法

情境療法可分為色彩療法、音樂療法、色彩與音樂療法配合，分別敘述如下。

一、色彩療法

　　人體經過視覺對各種顏色所產生不同頻率的感受，在生理上及精神上，會使人心情舒暢，增強人體自癒能力。色彩對身體健康的影響介紹如下：

1. 紅色：在紅色房間，可使心跳每分鐘增加 17~20 次。心臟病患者，禁忌紅色。

2. 藍色房間的人，脈搏可慢一些。

3. 血壓高的戴上灰色眼鏡能降血壓。

4. 血壓低的人，面對赭色，血壓能升高。

5. 患青光眼的人，戴上綠色眼鏡能降低眼壓。

6. 藍色對感冒有特殊的效力。

7. 紫色能使婦女情緒穩定。

8. 淡藍色能降熱退燒。

9. 紅黃色可激起患者的活力、興奮和希望，增強抗病力和求生慾望。

10. 白色和其他淺色能使患者情緒安適、鎮靜，有助疾病痊癒。

二、音樂療法

　　音樂能激發人的精神力量與體力。在音樂聲中休息要比平靜地躺著更能消除疲勞，實驗證明：悅耳的音樂對神經系統有良好刺激，對心血管系統、消化系統、內分泌系統也有一定的作用。

1. 優美的音樂能促使人體分泌一種有益於健康的生理活性物質，可調節血液的流量和神經的傳導，可使人保持朝氣蓬勃的精神狀態。

2. 喧鬧嘈雜聲或憂鬱寡歡，會使身體產生另外一種對神經和心血管組織有副作用的化學物質，會損傷人體的健康及正常心理。

三、色彩與音樂療法配合

實施色彩與音樂配合的情境療法時，可用彩色燈泡或家庭裝飾的顏色，再配合音樂的播放來創造有療效的音樂情境。以下介紹顏色與對應音調，整理如表 12-1。

1. 紅色：代表生命能源——血液。

2. 橙色：能量頻率很強，能使人擺脫憂鬱，建立自信和勇氣。

3. 黃色：所含的物理能量影響人的智力與情感。可助於減輕便秘，治療關節炎及某些竇炎以及脾臟與肝臟疾病。

4. 綠色：使人的心靈得到休息、平靜和安寧，能使神經系統恢復平靜。

表 12-1　色彩與音樂療法對應表

顏色	音調	樂　曲	精神力量中心及腺體	特　徵	適應症狀
紅	C	舒伯特 軍隊進行曲	脊柱底 性　腺	體力充沛 獨立性強 有領導能力	貧血、體力衰竭、血液循環不良
橙	D	布拉姆斯 第五首匈牙利舞曲	骨 肝臟、脾臟	勇敢、自尊 性格外向	神經、低血壓、緊張恐懼
黃	E	蕭邦 夜　曲	臍 胰腺 腎上腺	善思考 富情感 性格內向 足智多謀	緊張、抑鬱症、胃功能失調、學習能力差
綠	F	孟德爾頌 e 小調小提琴協奏曲	心 胸腺	寧靜、平衡 康復力強	各種潰爛、心臟及血液循環失調
藍	G	巴哈 G 弦之歌	咽喉 甲狀腺	沉著鎮定 淨化心靈	發燒、高血壓、皮膚病、情緒緊張、內部感染、癌症
青	A	舒曼 夢幻曲	眼睛 腦下垂體	奉獻精神 直覺性強 記憶力強	缺乏熱情、精神病症
紫	B	柴可夫斯基 降 B 小調鋼琴協奏曲	頭頂 松果體	奉獻精神 意識到神力	缺乏自信、精神病症

資料來源：邱秀娟、張寶富(2002)。

5. 藍色：是一種引人沉思的顏色，藍色除了對高血壓有穩定的效果，還可對喉嚨痛、痤瘡、血塊、膀胱感染、肺炎、噁心和燒傷等都有療效。

6. 青色：能喚醒內在意識。對眼睛、耳朵及竇道疾病有治療作用。

7. 紫色：具有極高振動頻率，能鎮定緊張或煩躁的情緒。也具有促進生長的特性，可治癒禿頭。

8. 柔和的淺色及彩虹色：使用淡色能量的人善於用大腦和心靈思考。

12-4　芳香療法的應用

　　每一個人都在承受某種壓力，有可能是正面性，也有可能是負面性。壓力的種類及程度也有很多種。因此我們在應用芳香精油及精油的配方時也必須有所差異。分別探討如下。

一、何謂芳香療法

　　芳香療法是一門很受歡迎的科學，是一種真正的整體療法，是利用萃取自芳香植物的精質油，來治療我們的心理、生理及心靈的不平衡。精油的另一功能是藉由嗅覺系統進入大腦皮質和邊緣系統而影響人的情緒。芳香療法在近年來頗受歡迎，起源於現代人的生活壓力太大，而產生許多慢性病和經前症候群、各種頭痛、高血壓、消化系統疾病、失眠等，這些都是日常生活中在身體上以及心理上承受太多的壓力，累積下來而形成的慢性病。因此芳香療法將是傳統醫療最佳的替代療法或輔助療法之一。

二、芳療的歷史沿革

　　在史前就有使用食用芳香藥用植物來煙燻病患的芳療應用，現將其歷史發展整理如表 12-2。

表 12-2　芳療歷史年表

年　代	國家或人　物	重點內容
西元前 4000 年		古蹟石板記錄蘇美人使用芳香植物
西元前 3000 年	埃　及	歷史記載芳香藥用植物的使用，包括美容、宗教儀式、醫療、製作木乃伊等
西元前 2000 年	印　度	吠陀經典記錄芳香藥用植物的使用方法【商：1765~1200BC、夏：2205~1766BC】
西元前 460~377 年	希　臘	整體療法之父是希波克拉底，其著作所載的藥草處方有 300 多種【戰國時代，黃帝內經 403~221BC】
西元 78 年	希　臘	狄奧司哥底，在其五大冊的草經中列舉了藥草處方達 500 種【東漢章帝 58~88BC，班超的時代】
西元 131~199 年	羅　馬	首先對草用植物做出主要分類【東漢華佗，208AD】
西元 825~925 年	阿拉伯	拉齊，選述有 24 冊藥書（巴格達醫院）【唐朝孫思邈《備急千金要方》，652AD】
西元 980~1037 年	波　斯	阿比西那，著作中記錄了超過 800 種藥用植物，運用在食療及按摩治療，改進當時的用蒸餾法而萃取精油【北宋王惟一，創製經絡銅人，1026AD】
10 世紀黑暗時代		因羅馬帝國崩潰後，藥草傳統主要保存在修道院中。盎格魯‧薩克遜藥方集結成書，名稱為 *Leech Book of Bald*【五代至北宋初】
12 世紀十字軍東征		帶回阿拉伯的香水及蒸餾設備，開始應用於歐洲本土之芳香植物萃取精油【北宋末至南宋初，1127AD】
15 世紀	歐　洲	因印刷術傳入，各國印製藥草誌，藥師及藥商都在銷售精油，有些大戶人家會自備蒸餾房【明朝】
16 世紀	歐　洲	Pietro Mattioli、Charles de l'Écluse、Banckes 出版藥草誌【明朝李時珍，萬曆 6 年，1578AD《本草綱目》成書】
西元 1597 年	英　國	英國最早的藥草書之一在民間廣為流傳，是御醫約翰‧傑洛出版的《藥草簡史》【明朝萬曆 18 年，1590AD 刊行的本草綱目】
西元 1652 年	英　國	卡爾‧培波刊行《英國醫師增訂本藥草誌》，許多譯自於拉丁文及希臘文的醫書，也都有敘述精油的應用，此時實驗化學開始興起【清朝順治年間】

表 12-2 芳療歷史年表（續）

年 代	國家或人 物	重點內容
西元 1926 年	赫內・蓋特福賽	為現代芳香療法之父，是法國化學家，發表一篇論文首創 "aromatherapie" 一詞【民國 15 年，孫文逝世後一年】
西元 1950~1952 年	尚・瓦涅醫生	這段時間被法國派駐越南的外科軍醫，以精油治療許多創傷及疾病，在 1953 年回國後便運用精油進行醫療直至今日，曾擔任法國植物療法及芳香療法學會主席，所著作的《芳香療法之臨床醫療》於 1980 年出版
西元 1961 年	摩利夫人	出版摩利夫人的《芳香療法》法文版，原是奧地利裔的法國外科護士，後來成為將芳香療法引進英國及美容界的教母
西元 1985 年		本部在英國的國際芳香療法師聯盟(IFA)創立，主導英語世界的芳療教學，1993 年為全盛時期，當時，有 60 冊以上的芳香療法專書，約有 90 所大大小小的芳香療法學校
西元 1990 年		德國芳療協會 Forum Essenzia 創立，該協會並定期出版內容嚴謹詳實的芳療期刊，舉辦由化學家、自然療法師、護理專業人員、醫師等所教授的課程和講座，以及每 3 年一次的國際芳療學術研討會
西元 2002 年		芳香療法已成為另類療法中的顯學，已有西醫投身其中以進行研究或臨床應用，同時也應用於休閒產業 SPA 及美容界

資料來源：引自 Ruth von Braunschweigh／溫佑君著(2004)。

三、芳香療法市場應用

■ 芳香療法市場應用分析

　　現代芳香療法的應用已由居家護理擴展至臨床輔助治療，目前已將芳療納入健保制度結合的國家有德國、瑞士等。現將市場應用分析整理如表 12-3。

🌿 表 12-3　芳療市場應用分析

分　類	應用內容
保健芳香療法 (hygienic aromatherapy)	① 指導居家保養照護、預防老化、美容養生 ② 提倡身心靈平衡、癒後照顧 ③ 維持身體健康及提高生活品質
大眾化芳香法 (popular aromatic)	以精油為主材料，芳香為目的，呈現在日常生活中，有下列幾種用途： ① 滿足人類對嗅覺感官的需求，可影響情緒愉悅的程度 ② 可促進周遭各種用品使用的可能性 ③ 大眾化芳香事業發展，如觀光飯店、主題樂園、溫泉飯店、休閒農場、美容 SPA 館等
芳香特性研究 (aromaticity research)	① 屬學術及臨床芳香分子研究，由官方與民間成立芳香分子研究機構，研究芳香特性（目前以法國為典範，其他先進國家也有相關的研究機構） ② 芳香分子科學家及專業人士，研究芳香分子對人類及環境的各種影響，以做各種化學及物理科學研究
醫學芳香療法 (medical aromatherapy)	由醫療機構或醫藥專業人士所推行，以精油為主材料，分類如下： ① 預防醫學範圍：歐美國家應用病患心神安撫的功效或保健領域 ② 也做為患者身體病變治療，為安寧病房患者、愛滋病人建立保健福利措施 ③ 亞洲地區積極發展芳療於臨床應用的國家有台灣、中國大陸、日本等

註：1. 目前已將芳療納入健保制度結合的國家有瑞士、德國。

　　2. 現已有臨床應用的國家有美國、加拿大、澳洲、英國、德國、新加坡。

資料來源：作者整理(2013)，引自黃宜純(2008)、劉淑女(2011)。

四、精油的化學概論

　　精油是天然的有機物質，植物精油大部分子化合物是碳氫或碳氫與氧等元素所組成的，碳氧化合物不含氧離子，有機化學中以不飽和碳化氫為代表，現將重點簡述如下：

（一）萜烯醇類(Terpene Alcohols)

主要有三大類，分述如下：

1. 單萜烯醇類(monoterpenols)：是由 10 個碳原子及 1 個氫氧基所組成，易氧化，需注意保存，柑橘、檸檬、葡萄柚及桔子等含量超過 90%單萜烯碳氫化合物的寧烯，最常見的有蒎烯、寧烯、α 檜烯、γ 萜品烯。

   (1) 功效：殺菌、止痛、抗病毒、溫暖皮膚、抗黴菌、提神及協助血管收縮。

   (2) 化學分子：沉香醇（芳樟醇）、香茅醇、薄荷醇。

   (3) 代表精油：大部分是柑橘類（如檸檬、桔子、橘子、葡萄柚、杜松）。

2. 倍半萜烯醇類(sesquiterpenes)：是由 1 個氫氧基與 15 個碳原子所組成，具親油性，因此揮發較慢，也降低皮膚的吸收速度。

   (1) 功效：平衡情緒、提神、調節神經系統、刺激白血球產生、增強免疫力，以及促進皮膚再生。橙花醇可抑制大腸癌細胞生長。檀香醇可抑制疱疹、病毒及皮膚癌的再生。

   (2) 化學成分：常見甘菊籃、檀香腦、胡蘿蔔醇、橙花醇、薑醇、沒藥醇。

   (3) 代表精油：德國洋甘菊、檀香木、玫瑰。

3. 雙萜烯醇類(diterpenes)：非常微量，是由 20 個碳原子所組成，易氧化為醇類，如綠花白千層的綠花白千層醇及快樂鼠尾草中的快樂鼠尾草(sclareol)。

   總之，精油中萜烯醇類含量偏高有：依蘭－依蘭、絲柏、月桂葉、丁香、杜松、檸檬、葡萄柚、甜橙、羅勒、花梨和快樂鼠尾草等。

（二）酮類(Ketones)

有一個氧原子雙鍵及一個碳原子相連，代表精油為永久花（永年草），在應用於上呼吸道症狀的植物精油中大多含有酮類，如迷迭草、鼠尾草、牛膝草精油等，現將其簡述如下：

1. 功效

   (1) 疤痕組織及傷口癒合，是皮膚保養品的成分。

   (2) 有促進上呼吸道功能，具有化痰的作用。

   (3) 對中樞神經有潛在毒性，典型症狀為頭痛，如內服可能導致癲癇發作或流產。

(4) 輕微含量有增強免疫系統及抗黴菌，但要謹慎使用。

(5) 可助消化、鎮靜、分解脂肪、抗凝血劑、抗發炎等。

註：任何精油如含酮比例較高都具有危險性，尤其孕婦絕對避免使用。

2. 化學成分

(1) 松茨烷：牛膝草可引誘癲癇發作。

(2) 胡薄荷酮：胡薄荷易造成流產。

(3) 香芹酮：如薄荷、香葉及其許多的精油。

(4) 冰片酮：如肉桂、樟腦、艾篙、穗狀薰衣草。

(5) 銠酮：左酮類中最具危險性有艾篙、山艾、金鐘柏。

3. 含酮分子偏高的精油：樟樹、肉桂皮、側柏、薄荷、穗狀薰衣草、藏茴香、野馬郁蘭、茉莉、牛膝草、尤加利等。

（三）醛類(Aldehydes)

醛類精油帶有橘子的水果香，含有一個氧原子雙鍵，在一個碳原子的尾鍵相接。現依功效及化學成分簡述如下：

1. 功　效

(1) 降低血壓、擴張血管。

(2) 很強的抗發炎作用。

(3) 鎮定中樞神經作用，可抗焦慮、安神。

(4) 可抗病毒、助解熱的作用。

(5) 香味很強，在香水工業佔有重要的地位。

2. 化學成分

(1) 茴香醛：如香草、茴香籽。

(2) 水芹醛：許多都萃取自樹的油。

(3) 肉桂醛：肉桂皮含量較高，肉桂葉含量較少。因易造成皮膚過敏，不要直接塗抹在皮膚上。

(4) 檸檬醛：代表有香茅、檸檬、檸檬草、天竺葵等。有排水、利尿、促循環、抗炎、殺菌等功效。

(5) 香茅醛：如香茅、檸檬、尤加利樹、香蜂草、檸檬草等。

3. 含醛偏高的精油：龍艾、肉桂、洋茴香、天竺葵、大茴香、香茅、檸檬尤加利、檸檬馬丁香等。

（四）酯類(Esters)

是醇與酸變化而來，通常帶有濃濃水果香，具有親油性，是精油中最穩定及溫和的，代表精油有羅馬洋甘菊、快樂鼠尾草、薰衣草等。依功效及化學成分簡述如下：

1. 功　效

(1) 平衡中樞神經系統、抗痙攣。

(2) 抗消炎、止痛、抗菌。

(3) 促進細胞再生及鎮靜、安撫情緒等。

2. 化學成分

(1) 乙酸沉香酯：橙花、茉莉、佛手柑、苦橙葉、薰衣草、鼠尾草等。

(2) 氨茴酸甲酯：柑橘、橙花、桔子。

(3) 苯酸卡酯：安息香及其他樹脂類精油。

(4) 乙酸香葉草基：薰衣草、天竺葵、尤加利樹。

3. 含酯偏高的精油：絲柏、杜松、永久花、苦橙、回青橙、薰衣草、快樂鼠尾草、甜馬郁蘭、羅馬洋甘菊、茉莉、佛手柑、玫瑰天竺葵、甜茴香、依蘭－依蘭、迷迭香、芫荽等。

（五）內脂類(Lactones)及香豆素(Coumarins)

是一群酯及一個碳原子相結合的環狀系統，以柑橘類的芸香科和繖形科居多。具有光敏性，使用後應避日曬，以免曬後造成皮膚敏感，內酯類中又有一種很重要的分子稱為「香豆素」，也稱為薰草素，是一種典型的內酯，對神經有毒，且易造成皮膚癌。現依功效及化學成分簡述如下：

1. 功　效

(1) 可安撫情緒、紓解負面情緒。

(2) 去黏液、化痰、促進血液循環及降血壓。

2. 化學成分：此類代表精油為佛手柑。

(1) 香甘油內酯：化痰。

(2) 呋喃香豆素：促進循環、助新陳代謝，具有光毒反應。

(3) 佛手柑內脂：利尿、排水、平衡情緒。

(4) 香桃木內脂：鎮痛、紓壓、安穩心靈。

(5) 七葉樹脂：止痛、促循環。

(6) 欖香脂：促循環、腸胃蠕動。

（六）醚類(Ethers)

在植物中大部分的醚類分子都屬於酚甲醚的結構式，因醚類中含有酚類的芳香環，因此兩者被稱為酚醚類。現依功效及化學分子簡述如下：

1. 功 效

(1) 可穩定神經系統，改善沮喪情緒、紓解壓力。

(2) 促進身體代謝平衡、抗痙攣、緩解胃痛。

(3) 抗感染，能幫助調節免疫力。

2. 化學成分：主要成分有丁香酚、茴香腦、草蒿腦。

3. 主要代表精油：羅勒（紫蘇）、艾屬香草、大茴香等。

（七）酚類(Phenols)

是由一個氫氧基接在芳香環的結構，酚類分子都是以苯基丙烷的衍生物形式存在於植物精油中，對皮膚及黏膜組織有嚴重刺激，長期使用過量會損害肝臟，且未經稀釋不可直接擦在皮膚上。

1. 功 效

(1) 消毒、殺菌、抗感染。

(2) 止痛、抗痙攣。

(3) 是神經系統及免疫系統興奮劑，可提神。

2. 化學分子：主要有瑞香草酚、丁香酚、百里酚、香芳酚等，其中香芳酚最具毒性。

3. 酚類含量較高的精油：野馬郁蘭、麝香草、丁香、肉桂葉、黑胡椒、肉豆蔻等。

（八）氧化物(Oxides)

是由碳原子及氧原子一同形成的環狀醚之結構式。大多由醇類中的氫氧基衍生而來，具抗氧化特性。

1. 功　效

(1) 提神、醒腦、促進血液循環。

(2) 抗病毒、消炎，針對呼吸道感染能緩解症狀、可袪痰。

(3) 心理效能有可積極正向思考，得以消除恐懼。

2. 化學成分

(1) 玫瑰氧化物：可平衡內分泌及荷爾蒙的分泌，減輕經期及更年期不適，精油代表如玫瑰、天竺葵等。

(2) 桉油醇氧化物：能激活呼吸系統的黏膜腺體，有化痰作用。為最常見的氧化物，精油代表如白千層、尤加利等。

(3) 沒藥醇：針對過敏所引起症狀的舒緩功效，精油代表如德國洋甘菊等。

（九）酸(Acid)

是由醇類或酚類再加上一個氧原子所轉變而來。大部分是水溶性，在植物生長形成因素是由蛋白質分解及碳水化合物氧化而成。在精油裡的酸類成分，通常是弱酸性。

1. 功效：對皮膚美容方面有美白、修復、再生、抗發炎、鎮靜等。

2. 化學成分：安息香酸、水楊酸等。

3. 酸類含量較高的精油：肉桂、回青橙、茴香、天竺葵、依蘭－依蘭、月桂等。

五、芳香精油進入人體的途徑及功效

芳香精油進入人體的途徑、用法、作用部位及功效等，如圖 12-1。

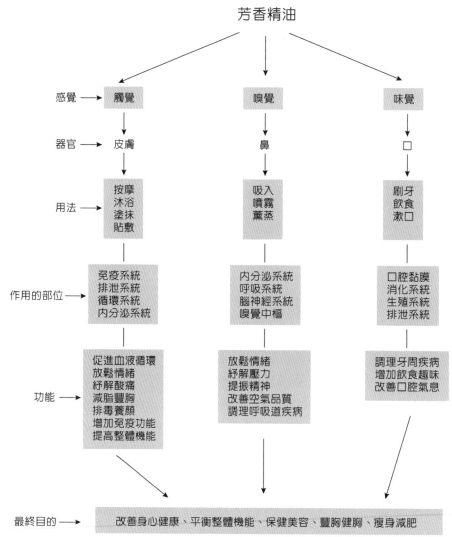

圖 12-1　芳香精油進入人體的途徑、用法、作用部位及功效

資料來源：引自施莉莎(2002)。

六、精油的應用

　　首先我們針對不同壓力而造成的心理緊張，如工作環境的影響而造成的情緒壓力，依不同程度及種類，將精油安全使用原則及保存、調配方法和各類型皮膚精油選用，分述如下：

（一）精油安全使用原則及保存

1. 安全使用原則

    (1) 外用一定要經過正確稀釋。

    (2) 請勿口服精油，精油僅供外用，因不融於水，會破壞人體黏膜組織，口服須由專業醫師許可。

    (3) 職業芳療師每日工作勿超過 8 小時，個案間隔至少 1 小時為宜。

    (4) 一日收案約 3 人為宜。

    (5) 基於安全考量，孕婦及兒童盡量避免使用精油。

    (6) 6~12 歲兒童必須使用時，安全劑量為成人使用量的 1/3~1/2，安全濃度以不超過 1%(0.5~1%)為準。

    (7) 精油使用於皮膚上時應避開黏膜組織（如眼部、口腔、陰部、未結痂傷口等）。

    (8) 敏感體質於第一次使用時，應做皮膚測試。

    (9) 柑橘類精油（如甜橙、紅柑、佛手柑、葡萄等）使用於皮膚後有光敏性，因此使用後 4 小時以內避免陽光照射。

    (10) 孕婦不可使用具有收縮子宮、促進荷爾蒙、促進性功能或通經等功能的精油。

    (11) 精油如不小心濺觸黏膜組織部位，應立即用冷水沖洗 3~5 分鐘後，立刻就醫，並將誤觸的精油一併帶往就醫。

    (12) 使用精油或調製品時，須遠離火苗或易觸發燃點的物品。

    (13) 不要在睡眠中使用薰香或有電源、有燭火的擴香儀。

    (14) 如有特殊疾病（如糖尿病、癲癇症、心臟病等），請勿用精油，芳療師應確實執行使用顧客資料卡。

2. 精油的保存

    (1) 存放在陰涼、乾燥、乾淨的空間，且陽光照射不到之處，不需放冰箱內保存。

    (2) 精油產品使用後應立即鎖緊瓶蓋，放入木盒或抽屜裡保存。

    (3) 精油應遠離高溫、火源、潮濕等地方，勿靠近電器用品、電腦、電源插頭等位置。

(4) 經稀釋後的精油，保存期一般在 3 個月內，開封未調製安全期限約 6 個月至 1 年，未開封未調劑保存期限約 2 年。

(5) 精油可裝入鋁罐或玻璃瓶內保存，顏色可選深紫色、綠色或琥珀色等玻璃瓶。

（二）精油調性及調香濃度換算

■ 精油調性

　　精油的植物調性一般以精油揮發速度來界定，分為前調、中調和基調。

1. **前調**(top note)：是指複方調香中第一個味道，揮發性最快最強，氣味可保持約 30 分鐘至 1 小時，如柑橘類及大部分的香料精油。有提神、利尿、促進新陳代謝及血液循環的作用。

2. **中調**(middle note)：複方調香中第二個被聞到的精油，揮發性中等，中調的精油可停留人體約 1~2 小時。功能為消炎、止痛、鎮靜、促進代謝、化痰，也有令人和諧平衡感。

3. **基調**(base note)：是指揮發度最低的精油，在前調及中調香氣揮發後，其香味留存在身上約數小時之久。基調功能有安神、舒緩、穩定情緒、調理平衡荷爾蒙等，對皮膚保濕、平衡中樞神經及呼吸系統皆有功效。

　　綜合上述將精油調性歸類整理如表 12-4。

表 12-4 精油調性歸類

調 性	分 類		
前調精油	①葡萄柚	⑫黑胡椒	㉓山雞椒
	②佛手柑	⑬肉 桂	㉔白千層
	③甜 橙	⑭檸檬香茅	㉕綠花白千層
	④苦 橙	⑮尤加利	㉖羅文莎葉
	⑤檸 檬	⑯薄 荷	㉗鼠尾草
	⑥桔	⑰百里香	㉘快樂鼠尾草
	⑦苦橙葉	⑱月 桂	㉙綠薄荷
	⑧紅 柑	⑲茴 香	㉚歐薄荷
	⑨香 菜	⑳荳 蔻	㉛西洋蓍草
	⑩羅 勒	㉑芫 荽	㉜玫瑰草
	⑪甜羅勒	㉒萊 姆	㉝穗花狀薰衣草
中調精油	①德國洋甘菊	⑪杜 松	㉑香桃木
	②摩洛哥洋甘菊	⑫杜松子	㉒胡蘿蔔籽
	③羅馬洋甘菊	⑬柏 木	㉓牛膝草
	④馬鬱蘭	⑭雪松及大西洋雪松	㉔沒 藥
	⑤野馬鬱蘭	⑮樟 樹	㉕百里香
	⑥甜馬鬱蘭	⑯花梨木	㉖松 針
	⑦高地薰衣草	⑰歐洲赤松	㉗銀 樅
	⑧真正薰衣草	⑱松紅梅	㉘迷迭香
	⑨絲 柏	⑲天竺葵	
	⑩香蜂草	⑳玫瑰天竺葵	
基調精油	①大馬士革玫瑰	⑦乳 香	⑬穗甘松
	②保利利亞玫瑰	⑧依 蘭	⑭永久花
	③摩洛哥玫瑰	⑨檀 香	⑮菩提花
	④橙 花	⑩安息香	⑯廣霍香
	⑤茉 莉	⑪若蘭草	⑰秘魯香脂
	⑥小花茉莉	⑫丁 香	⑱薑

資料來源：引自黃薰誼(2013)。

■ 調香濃度換算

1. 國際標準通用守則：滴數英文會寫成 "d" 或 "D" 代表，中文則以「滴」字呈現。

2. 1 ml 之 100%精油約 20 d，10 ml 單方精油約可滴出 200 d，以此類推：

    1 ml 精油 ≒ 20 d   1 d 精油在 5 ml 基劑裡 = 1%

    2 ml 精油 ≒ 40 d   2 d 精油在 5 ml 基劑裡 = 2%

                                         6 d 精油在 10 ml 基劑裡 = 3%

3. 安全濃度以 2.5%最安全。

4. 臉部按摩以 1%濃度較佳，一般身體部位以 2.5~5%左右濃度，3~7 歲幼兒以 1% 以下濃度為宜，孕婦最好在懷孕 4~6 個月以上再實施按摩於不適之處，但仍以 1%為宜。

    現例舉芳療師要為顧客調製紓壓及治療有頸部酸痛的精油，其須準備 10 ml 的基底油加單方精油 5 d，以調製出 2.5%濃度的精油；亦即使用 5 d 的單方精油（前調＋中調＋基調 = 5 d）加入 10 ml 基底油中，如表 12-5。

表 12-5　2.5%濃度的按摩背穴肩頸

前　調	中　調	基　調
甜橙 2 d	＋薰衣草 1 d＋迷迭香 1 d	＋玫瑰 1 d＋10 ml 甜仁油（基底油）

註：以上以此類推調油濃度 2.5%而言，10 ml 須 5 d 精油，20 ml 須 10 d 精油，30 ml 須 15 d 精油。
資料來源：引自黃薰誼(2013)。

（三）各類型皮膚精油的選用

■ 常用的基礎油與適用的膚質及使用範圍選擇（表 12-6）

表 12-6　以使用範圍選擇為例的基礎油

使用範圍	適合使用的基礎油
全　身	大豆油、葡萄籽油、荷荷芭油、甜杏仁油、核桃仁油
臉　部	葡萄籽油、荷荷芭油、核桃仁油、甜杏仁油
局　部	月見草油、小麥胚芽油、酪梨油

資料來源：引自黃宜純(2008)。

1. 荷荷芭油(jojoba oil)：又稱希蒙得木油。

   (1) 冷壓法萃取油色：金黃色。

   (2) 氣味：中性溫和。

   (3) 使用方法及保存：只能外用，因它的臘質人類無法代謝。

   (4) 油液成分：以維生素 E 為主。

   (5) 按摩基礎油調配濃度為 5~15%，如針對頭髮及頭皮養護，可用 10~30%來調和。

   (6) 功效：適用於油性、粉刺肌膚，但濕疹、乾癬、面皰皮膚較適用。也可用於關節炎皮膚、敏感皮膚的按摩。

2. 甜杏仁油(sweet almond oil)

   (1) 冷壓法萃取的油色：淡白色至黃色。

   (2) 氣味：堅果味。

   (3) 保存度：富含油酸成分，易與空氣接觸產生變化，避免陽光直接照射，需密封冷藏。

   (4) 使用方法：內服及外用均可，冷壓油液不得高溫加熱。

   (5) 油液成分：油酸約 80%，亞麻油酸的 15~20%，飽和脂肪酸約 6%，富含維生素 E、鎂、鈣、鐵、蛋白質及脂肪酸。

   (6) 功效：可使皮膚光滑細緻，良好親和性，促進細胞更新。

   (7) 適用肌膚：適合各類型膚質使用，尤其適合兒童、孕婦老化肌膚，適用皮膚的部位有臉部、手部、身體等。

3. 杏桃仁油(apricot kernel oil)

   (1) 冷壓法萃取油色：淡黃色。

   (2) 氣味：溫和清爽、淡淡杏泥糖香。

   (3) 保存度：易與空氣產生作用、變質。

   (4) 使用方法：以外用為主。

   (5) 油液成分：油酸約 65~70％，亞麻油酸約 20%，飽和脂肪酸約 9%，也富含維生素及礦物質。

(6) 功效：清爽、延展性佳，能活化膚質代謝、保濕、滋潤，能改善敏感性和乾性膚質、脫屑及搔癢等症狀。

(7) 適用肌膚：各類膚質均適用。

4. 葡萄籽油(grape seed oil)

(1) 冷壓法萃取油色：淡色、淡綠色、深綠色。

(2) 氣味：果實味，具有果香。

(3) 使用方法：內服或外用均可，可加熱。

(4) 油液成分：亞麻油酸約 70%，油酸約 15~20%，飽和脂肪酸約 7~10%，主要有類黃酮、維生素 E、兒茶素、多酚、微量元素。

(5) 功效：與其他植物基底油調和性優，抗自由基、抗老化，使肌膚緊實有彈性，減輕紫外線對肌膚的傷害，保護肌膚中的膠原蛋白，預防黑色素沉澱。對心臟及血管、免疫系統也有幫助。

(6) 適用肌膚：適合全身皮膚按摩，不分年齡皆可使用，可用於粉刺、皺紋、敏感肌膚、油性面皰及預防老化。

5. 酪梨油(avocado oil)

(1) 果肉冷壓後取出的油色：清透、淡黃色至微微的青綠色。

(2) 氣味：溫和。

(3) 使用方法：內服或外用均可，可加熱使用。

(4) 油液成分：油酸約 69%，飽和脂肪酸約 15%，亞麻油酸約 10%，主要有 β 胡蘿蔔素，維生素 A、C、E、B_1、B_2。

(5) 功效：可用於減肥、降血壓外，滲透皮膚能力強，能促進皮膚細胞再生，保持肌膚彈性、柔滑、保濕，可抑制發炎，具有防曬功用。

(6) 適用肌膚：適合用於乾燥、老化、皺紋皮膚，酪梨油與基底油最佳調配比率約 5%即可。

6. 小麥胚芽油(wheat germ oil)

(1) 胚芽經冷壓萃取油色：橘紅色。

(2) 氣味：強勁、有穀物及麵包的味道。

(3) 使用方法：內服及外用，冷壓油液不可加熱食用。

(4) 油液成分：亞麻油酸約 44%，油酸約 20~30%，富含維生素 E、磷脂、植物固醇、卵磷脂、長鏈醇類，為天然抗氧化劑。

(5) 功效：具有抗老化、防皺、滋養肌膚功能，促進皮膚細胞再生，並幫助肌肉及淋巴功能，對過度日曬、牛皮癬、老化肌膚、濕疹、妊娠紋等有改善作用。

(6) 適用肌膚：適用於乾性、老化皺紋肌膚，如搭配複方基底調合油濃度以 5~25% 調和，以增加保存期限。

7. 玫瑰果油(rosehip oil)

(1) 冷壓法取出種籽油色：偏棕色的黃色。

(2) 氣味：強烈的青草香。

(3) 使用方法：外用。

(4) 保存度：不易保存，易與空氣產生作用而變質。

(5) 油液成分：亞麻油酸約 40%，油酸約 15%，飽和脂肪酸約 3.5%，含維生素 A、C。

(6) 功效：針對皮膚組織再生、修護，具有保濕作用，曬後修護、美白、傷口癒合，去除妊娠紋、淡疤、淡化色素。

(7) 適用肌膚：適用於乾性、老化肌膚，油性及易長青春痘體質較不宜使用。一般保養按摩油基底調和以 5~10%為最佳。

8. 月見草油(evening primrose oil)

(1) 冷壓法萃取的油色：黃綠色。

(2) 氣味：強烈的果香。

(3) 保存度：須密封冷藏，易與空氣接觸後變質。

(4) 使用方法：內服及外用均可。

(5) 油液成分：亞麻油酸約 67%，γ-次亞麻油酸約 8~14%，油酸約 11%，飽和脂肪酸約 8%。

(6) 功效：能緩解經前症候群、更年期症候群、經期不順等症狀，也可改善濕疹、皮膚炎、異位性皮膚、風濕性關節炎等。在心靈方面有助於緩解悲傷及改善憂鬱等。

(7) 適用肌膚：適用於乾燥、老化皮膚，一般不單獨使用，搭配基底複方油的調和濃度為 10~30%。

■ 以皮膚類型分析與精油選用

各種皮膚類型（油性皮膚、面皰膚質、乾性膚質和老化皮膚等）的精油選用及功效如表 12-7、12-8、12-9、12-10 所示。

表 12-7　油性皮膚之精油選用及功效

精油名稱	功　效
乳　香	癒合傷口、鎮靜、消炎、淡疤、平衡油質
茶　樹	抗菌、消炎
橙　花	活化組織、恢復青春、抑菌
苦　橙	平衡微血管、平衡皮脂分泌
雪　松	抗粉刺、消炎、抗菌、鎮靜、調節油脂分泌
絲　柏	收斂腺體分泌、調理過多皮脂分泌、抑制面皰
羅　勒	消炎、抗菌、調理皮脂濃度，對發炎、脂漏性皮膚炎、痤瘡有功效
檸　檬	清新淨化、平衡過多皮脂分泌、癒合、淡疤、美白
佛手柑	減緩或減少粉刺產生，防止青春痘、平衡油質、酸鹼平衡、潔淨、消炎、抗菌
天竺葵	平衡皮脂分泌、柔膚、殺菌、消炎、癒合傷口
真正薰衣草	抗菌、鎮定、修護組織、促進活化，對細菌感染、紅腫、痘疤等有功效
澳洲尤加利	殺菌、淨化毛孔
依蘭－依蘭	促進循環、幫助排毒、保濕、平衡油性肌膚及頭皮油脂分泌

資料來源：作者整理（2013，7 月），引自劉淑女(2011)、黃董誼(2013)。

表 12-8　面皰膚質之精油選用及功效

精油名稱	功　效
茶　樹	殺菌、淨化皮膚
雪　松	消炎、抗粉刺、抗菌、鎮靜、調節油脂分泌
絲　柏	調理過多皮脂分泌、收斂腺體、抑制面皰
檸　檬	平衡過多皮脂分泌、清新、淨化、癒合、淡疤、美白
迷迭香	抗菌、排毒、再生、消炎、收斂、促進組織再生
快樂鼠尾草	對面皰、粉刺皮膚及頭皮屑具有消炎、殺菌之功效
佛手柑	調理皮脂、收斂、酸鹼平衡、潔淨、抗菌、防止青春痘
天竺葵	調理皮膚分泌、促進淋巴循環、消毒、殺菌、癒合傷口
薰衣草（穗狀、優質醒目）	抗菌、修護、活化組織、鎮定皮膚、傷口癒合
依蘭－依蘭	促進循環、幫助排毒、平衡油脂
澳洲尤加利	殺菌、淨化毛孔

資料來源：作者整理（2013，7 月），引自劉淑女(2011)、黃薰誼(2013)。

🍃 表 12-9　乾性膚質之精油選用及功效

精油名稱	功　效
玫瑰草	增進皮膚的保濕度
橙　花	再生、活化、恢復青春、美白，對疤痕、皮膚炎具有修護的功效
苦　橙	活化皮脂分泌、預防粉刺
花梨木	減緩皮膚老化
天竺葵	平衡、促進組織活化、抗氧化
快樂鼠尾草	活化再生、抗皺紋
依蘭－依蘭	促進循環、調理皮脂分泌、保濕
薰衣草（高山、真正）	潤膚、修護組織

資料來源：作者整理（2013，7 月），引自劉淑女(2011)、黃薰誼(2013)。

🍃 表 12-10　老化皮膚之精油選用及功效

精油名稱	功　效
羅　勒	幫助活化、再生
橙　花	促進再生、恢復青春、美白，對疤痕、皮膚炎具有修護的功效
天竺葵（玫瑰香）	促進循環、使活化
花梨木	減緩組織老化
薰花草（高山、真正）	活化帶氧、修護組織、恢復青春
迷迭香	使組織活化、再生、緊實、增加皮膚彈性
快樂鼠尾草	活化再生、減少皺紋產生、增強皮膚彈性
乳　香	保濕、防皺

資料來源：作者整理（2013，7 月），引自劉淑女(2011)、黃薰誼(2013)。

（四）不同壓力原因及精油的選用

1. 環境的壓力：例如電話鈴響、辦公室空間太擠及強光、機器聲等。
   【適用精油】佛手柑、羅勒、芫荽、檀香、絲柏、天竺葵、羅馬洋甘菊。

2. 情緒壓力：如親子關係的溝通不良，不能愛人或被愛、憂傷、人際關係等問題。
   【適用精油】檀香、佛手柑、玫瑰、岩蘭草、豆蔻、天竺葵。

3. 精神的緊張：如任務沒完成的焦慮、失業、面臨考試、財務拮据等。
   【適用精油】薰衣草、檀香、天竺葵、佛手柑、羅勒、豆蔻、葡萄柚、廣藿香。

4. 身體的緊張：如健身房運動過度、長途開車未休息等。

【適用精油】薰衣草、迷迭香、馬鬱蘭、羅馬洋甘菊、天竺葵、茴香、百里香、佛手柑。

5. 化學物質所引起的緊張：如喝太多咖啡、吃過多垃圾食品，午餐時喝太多湯，或吸入過量廢氣、上班途中及辦公室裡的菸時，以及服用過多的阿斯匹靈。

【適用精油】薰衣草、甜橙。

（五）精油的應用方式

1. 淨化室內空氣：利用噴霧及薰香來淨化空氣，消毒殺菌、清除異味效果極佳。

2. 薰香：主要將精油的芳香分子以薰香器具擴散，透過鼻子吸入體內達到應有的效果。

3. 蒸氣吸入：用於有呼吸道問題時，如咳嗽、多痰等症狀。較常使用蒸氣吸入法，方式如下：準備一盆熱水或一杯熱水，滴入精油後靠吸嗅精油蒸氣，能舒緩呼吸道不適。如有氣喘的患者，則應避免強烈蒸氣吸入，以免造成呼吸不順。

4. 按摩：主要是讓精油透過皮膚呼吸，如再加上對人體經絡瞭解，更能提高功能。

5. 塗抹：主要利用皮膚直接吸收，以稀釋的按摩油塗抹。燙傷急救處理可用精油直接塗抹於需要之處，如小部位的燙傷可塗 1~2 滴薰衣草，想提神醒腦可塗 1 滴綠薄荷在後頸等。另外如將純精油用植物油或無香精乳液稀釋，塗抹部位如腳底、胃部、臉部等。

6. 漱口：可清潔口腔，也能使口腔發炎症狀減輕，用 1,000 c.c.的蒸餾水再加入 2~3 滴綠薄荷精油。

7. 泡澡：精油泡澡可應用兩種方式，因精油不溶於水，因此可透過呼吸道吸收精油，也可利用奶油球及植物油混合倒進浴缸泡澡，因起身時皮膚可沾到精油。另一方法是精油按摩後進行泡澡，藉由熱水而使血液循環，加速皮膚吸收精油，同時全身可達到舒緩放鬆的作用。

8. 足、臀浴：作用大致與泡澡一樣，有時若時間及空間不允許泡澡，或懶得泡澡時，可利用水桶、木桶、臉盆裝水後，將按摩油塗抹於需要浸泡的部位，可舒緩疲勞、疼痛或僵硬的手足。現將足部浸泡及臀浴適用精油及效能，簡述如下：

(1) 足部浸泡適用精油及功效整理如表 12-11。

(2) 臀浴適用精油及功效整理如表 12-12。

表 12-11 足部浸泡適用精油及功效

適用精油	功 效
鼠尾草	改善腳臭、抗菌、抗黴、抗病毒、降血壓,改善經痛、憂鬱症、更年期症狀、支氣管炎
迷迭香	改善月經困難、足部冰冷、關節炎、肌肉疼痛、風濕症,促進血液循環、提神、抗憂鬱
當 歸	改善循環不良、低血壓、足部冰冷、風濕痛
佛手柑	改善腳臭、舒緩神經系統、抗焦慮及悲傷
絲 柏	改善腳汗、腳臭、足部腫脹、靜脈曲張、靜脈炎、失眠、經痛
麝香草	如是香港腳可與硫磺一起使用,另可升血壓、排除尿酸,可用於風濕、關節炎、痛風、利尿
檸檬草	在炎熱的天氣可舒緩雙腳的熱脹感,抗憂鬱、增進血液循環、提神、改善靜脈曲張及凍瘡
松 木	改善足部冰冷、循環不良、提神、清除負面思想,可緩解感冒、鼻塞、慢性支氣管炎及咳嗽
杜 松	改善足部冰冷、提神、增強記憶力、抗風濕、抗壓、增強免疫系統
薰衣草	改善失眠、平衡和鎮定神經系統、偏頭痛、抗憂鬱
薄 荷	減輕足部腫脹和疼痛、發熱、頭痛、偏頭痛、心悸、乾咳、感冒、抗痙攣、消炎、抗病毒
茶 樹	緩解所有足部的感染、抗黴菌、消炎、止痛、抗菌、防腐
樟 腦	改善足部冰冷

資料來源:作者整理(2013),引自顏淑言(2000)、黃宜純(2008)。

表 12-12 臀浴適用精油及功效

適用精油	功 效
紫 蘇	膀胱炎
杜 松	便 秘
絲 柏	痔 瘡
當 歸	促進血液循環、便秘
薰衣草	月經抽筋、便秘和痔瘡等不適
檀香木	膀胱炎
洋甘菊	月經抽筋、骨盤部位不適
迷迭香	月經不來、不足、抽筋
馬喬蓮	月經不來、不足、抽筋、膀胱炎

資料來源:引自顏淑言(2000)。

9. 熱敷：其原理是藉由熱力加速精油被吸收到皮膚、血液中，讓疼痛、僵硬的關節得到舒緩。現將適用於熱敷的精油及效能簡述如下：

(1) 薄荷：肌肉酸痛、腹部疼痛。

(2) 紫蘇：適用膽絞痛。

(3) 茴香：小腸抽筋、胃脹氣。

(4) 迷迭香：膽絞痛、月經不適、肝臟疾病。

(5) 馬喬蓮：風濕性關節炎、月經不適。

(6) 西洋蓍草：月經不適。

(7) 羅馬洋甘菊：月經不順、胃及腹部抽搐。

註：熱敷之前須經醫師確認診斷病情。

10. 冷敷：用冷敷的方法可使受傷肌肉、筋骨部位舒緩鎮靜，常用於緊急狀況如瘀傷，扭傷亦可應用冷敷來減輕發炎、疼痛的狀況。現將適用於冷敷的精油及效能簡述如下：

(1) 檸檬：潮熱、腫脹、發燒、癢。

(2) 玫瑰：眼部感染，用棉球敷蓋在眼皮約 10 分鐘。

(3) 檸檬草：頭痛、發燒、腫脹。

(4) 薰衣草：潮熱、曬傷、燙傷。

(5) 薄荷：頭痛、換季不適。

(6) 香蜂草：頭痛、潮熱。

(7) 尤加利樹：發燒、冷敷臉部、泡腳。

（六）居家精油小配方

1. 緩和緊張：甜橙 1 滴、薰衣草 2 滴，滴在衛生紙或手帕上，深呼吸幾口再將手帕放身邊（吸嗅）。

2. 消除煩悶：建議可將歐鼠尾草 2 滴、甜橙 3 滴、薰衣草，滴入浴缸中，浸泡 15~20 分鐘（泡澡）。

3. 排便順暢：檸檬 5 滴、甜橙 5 滴、迷迭香 2 滴、葡萄籽油 20 ml，可加強腹部等按摩。

（七）如何選用精油

1. 看產地：如世界最好的檀香產地在東印度，而薰衣草最佳產地在法國普羅旺斯。

2. 看包裝：品質好的純精油會用深色玻璃容器盛裝，通常會標示 "100% pure essential oil"。若無此種標示，有可能是合成或稀釋的精油。

3. 聞味道：純精油的味道是清新而不刺鼻的，如聞過純精油的氣味，就很容易分辨化學合成的。

4. 看顏色：每種精油顏色不盡相同，如岩蘭草是黑棕色、洋甘菊是藍色或綠色、佛手柑是淺綠色。

5. 選廠商：信譽優良的廠商可提供專業諮詢及售後服務。

6. 選價格：不同精油層隨產量及萃取的難易而有不同的價格，如玫瑰精油要很大量的玫瑰才能萃取一點點的精油，十分昂貴，如購買地點所賣的精油均為統一價，其品質就待商榷。

7. 看評價：購買前可以詢問使用過的人。

（八）芳香療法的注意事項

1. 有下列情況者不可按摩

   (1) 發燒。

   (2) 偏頭痛。

   (3) 不明腫瘤。

   (4) 月經來的前 3 天。

   (5) 濕疹和牛皮癬。

   (6) 任何疼痛的部位。

   (7) 關節腫脹和發炎。

   (8) 最近的骨折、骨頭破裂。

   (9) 血栓形成或靜脈發炎的部位。

   (10) 剛形成的疤痕組織。

   (11) 皮膚的接觸傳染或感染。

   (12) 剛手術後病人。

2. 懷孕的前幾個月必須小心。

3. 用於老人、小孩、嬰兒時，按摩方式要溫和。

4. 如有癌症、心臟血管疾病，如心絞痛、高血壓及其他較嚴重疾病，要先請教醫生。

5. 不可直接按摩在靜脈曲張的血管上，可沿著血管周圍按摩，以幫助血液回流。

（九）芳療淋巴按摩應用

1. 淋巴：是指類似血漿顏色，係血液通過各種物體進入體液或稱組織液而產生沖洗細胞的一種體內循環。

2. 淋巴液:淋巴液的容量約佔身體重量的 16%(約 10 公升)供給量 1 小時約 120 ml，流動速度約 12 cm／30 秒，人在疲勞時、生病、寒冷、睡眠中、神經緊張及在手術中等，淋巴液流動會更加緩慢。

3. 因淋巴引起常見相關疾病:腺炎、腺瘤、淋巴浮腫、淋巴管炎。

4. 淋巴按摩應用範圍

(1) 美容：自我放鬆、抗老化。

(2) 運動療法：可抗組織纖維症。

(3) 醫療：適應於組織纖維症、下肢淤血症、腳浮腫。

5. 淋巴引流手法的禁忌症

(1) 有發燒或全身發熱者。　　　　(5) 有心臟疾病史者。

(2) 淋巴腫大。　　　　　　　　　(6) 傷口有化膿者。

(3) 靜脈發炎。　　　　　　　　　(7) 甲狀腺機能障礙者。

(4) 懷孕中。　　　　　　　　　　(8) 手術後 3 週內者。

12-5　紓壓伸展操

紓壓伸展操主要具有柔軟身體及平靜心情的作用，本節介紹身體柔軟運動、靜坐後按摩及腹式呼吸法，分別敘述如下。

一、身體柔軟運動

以下介紹一系列運動，藉由正確呼吸、柔緩的動作，以及心靈的自由想像，以達到身心舒坦的境界。方法如下：

1. 放鬆緊張的肌肉及股關節（圖 12-2）：首先將身體坐直、雙腳交叉，然後將左腳慢慢抬起，一邊用雙手環抱小腿輕輕的搖擺，用力吸氣時上身挺直，吐氣時後背微弓，藉著這種呼吸方式使身體上下起伏，最後再抱著左腿前後搖晃。

2. 雙腿盤坐（圖 12-3）：將右腳舉起橫跨左腿，盡量貼近左臂。再以左手環抱右腿膝蓋，並伸直右手撐住地面。此時須深呼吸使上身打直，再慢慢將身體轉向右側，吐氣時再將膝蓋向內推至胸前。

圖 12-2　放鬆肌肉及股關節

圖 12-3　雙腿盤坐

3. 鬆弛腰椎、鼠蹊部肌肉、臀部內側（圖 12-4）：在腰下放一個海灘球，使兩腿膝蓋滑向胸前，並利用腹部的力量讓球在身體下來回滾動，然後再將雙腿打開呈一菱形，吸氣時兩腿放鬆，吐氣時雙腳向上伸直。

圖 12-4　鬆弛腰椎、鼠蹊部肌肉、臀部內側

4. 伸懶腰（圖 12-5）：首先兩腳分開平行站立，膝蓋微彎，雙手放在膝上，吸氣時背脊伸直，吐氣時腹部往內收緊，可反覆進行數次。

圖 12-5　伸懶腰

5. 兩腳分開站立，膝蓋放鬆，身體向下彎，右膝打直並同時將右臂抬起，然後再將左手伸直撐住地面，右臂向上舉起，當右臂慢慢放下時，左膝也隨之放鬆微曲，再換邊做，轉動上身時隨之吸氣、吐氣（圖 12-6）。

圖 12-6

6. 上身坐直，手指交叉置於腦後，膝蓋放鬆，雙腳置於海灘球上，注意力集中並維持平衡（圖 12-7），吸氣時胸部挺起，然後就一邊吐氣一邊將雙腿伸長，上身朝向膝蓋方向彎曲。

7. 將海灘球置放在肩骨之間平躺，讓頭部及肩膀能向後平仰（圖 12-8），能獲得充分的鬆弛，心志集中在上半身，背部與臉部的放鬆，並盡力做深呼吸。

圖 12-7

圖 12-8

8. 紓解肩膀、頸部及上半身的緊張壓力

(1) 首先雙腿盤坐，一手持球舉向天空（圖 12-9），吸氣時身體須伸直，吐氣時將手放鬆，然後再換手做。

(2) 然後再將兩腿往側邊劈開，左手持球，然後身體可向右側彎，同時左手向右伸展（圖 12-10），就此撐住 15 秒之後吸氣並將左手向上伸直，吐氣時慢慢將手放下。

圖 12-9

圖 12-10

9. 雙腿盤坐，兩手放在海灘球上向前伸直（圖 12-11），將球來回滾動，感受一下背脊伸直的感覺，然後用球在地上劃一個「6」字形，先以順時針方向，再以逆時針方向，重複數次。之後可再藉著球的滾動讓十指伸直，並將背脊向前伸直、頭部著地，再用手肘撐住並進行深呼吸（圖 12-12）。

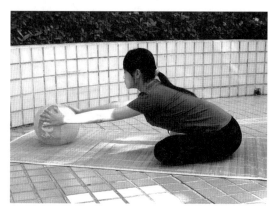

圖 12-11

圖 12-12

二、靜坐後按摩

1. 閉氣掌心搓熱，熱敷眼睛，眼球向左轉、向右轉，以大拇指壓上眼窩；食指壓下眼窩。

2. 閉氣掌心搓熱，熱敷額頭、臉部、脖子，並輕輕的往上推至太陽穴輕揉。搓手敷面。

3. 閉氣掌心搓熱，以右手摩擦整隻左手，以左手摩擦整隻右手。摩擦手及關節處。

4. 閉氣掌心搓熱，以左右手摩擦整個後腰腎臟區。

5. 閉氣掌心搓熱，以左右手摩擦整隻大腿、小腿及關節。

6. 全身放鬆，起身拍打全身，紓解伸展操結束（利用空掌拍打全身）。

三、腹式呼吸法

（一）效 用

　　腹式呼吸法可以讓人減低焦慮、疲倦、沮喪，體驗放鬆，長期持續練習腹式呼吸，會有下列的效果：

1. 感覺身心的結合。

2. 提供大腦及全身細胞足夠的氧氣。

3. 改善注意力、專注力，讓心更平靜。

4. 提升副交感神經作用，感覺會較放鬆。

5. 有助放鬆。

（二）方 法

　　腹式呼吸的練習，除了飯後半個小時之內不適合外，一天中只要利用 3~5 分鐘的空檔即可練習。練習越多，會得到越大的幫助。腹式呼吸的練習步驟如下：

1. 找個舒適安全的位置，坐或躺皆可，鬆開較緊的衣服，雙腿自然地微開，一手放在下腹，另一手輕放在胸部，雙眼微合，由鼻子吸氣，再由嘴巴吐氣，注意在下腹的手會隨著呼吸上下起伏。

2. 想像腹部與胸部之間有層橫膈膜，橫膈膜是身體內最有彈性的肌肉之一，當吸氣時，盡量把橫膈膜向下拉，橫膈膜下降，胸部自然會擴張，氣體就會流至胸腔之內。

3. 吸氣時默念「1 秒、2 秒、3 秒、4 秒」並暫停 1 秒，仔細感覺放在腹部的手會跟著上升 1 吋，要記得不要牽動你的肩膀，想像溫暖且放鬆的氣體流進你的體內。

4. 吸到最底時，停 1 秒鐘，再慢慢的吐氣，將嘴噘成小圓狀，吐氣速度越慢越好，越慢越能夠回饋給我們的腦袋，產生安全、平靜、放鬆的感覺。

5. 以相同的方法吐氣，仔細感覺放在腹部的手會跟著下降，並想像所有的緊張也跟著釋出。
6. 想像放在腹部的手就像一艘小船航行在大海上，隨著浪高吸氣，浪低時吐氣。
7. 如感覺輕微頭暈，就須改變呼吸長度及深度。
8. 重複以上動作 5~10 次。一開始的練習並不能很快的讓空氣達到肺部深處，必須一再練習，使自己更專心。
9. 如較難維持規律的呼吸，則輕輕的深呼吸，維持 1~2 秒，再噘嘴緩慢吐氣約 10 秒，之後再開始先前的腹式呼吸的方法。

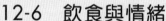

12-6 飲食與情緒

飲食不僅影響健康，也會影響情緒，飲食對情緒的影響可分為平靜、提神、疲倦、焦慮等。另外，婦女痛經時，不但影響情緒，甚至於無法工作，現將飲食的禁忌、溫寒性食物以及有助減輕痛經的營養素等，分別介紹如下。

一、食物與情緒的關係

食物與情緒的關係，可依平靜、提神、疲倦、焦慮等分別敘述如下。

(一) 平 靜

下列幾種營養素有平靜情緒功效：

1. 碳水化合物具有平靜情緒的效果。
2. 維生素 B_1 具有減輕沮喪、煩躁的效果，如缺維生素 B_1 會出現全身不適，情緒低落，喜靜不愛講話。
3. 維生素 B_2 缺乏時，會使性格懶散，精神不振。
4. 維生素 B_6 缺乏時，易引起夜間驚夢、易受驚害怕、抑鬱不快、疲倦無力、噁心、嘔吐等症狀。

（二）提　神

　　一般而言，可提神的食物大致上有下列幾種：

1. 酒能為人壯膽。

2. 咖啡、茶、可可等可使人精神振奮。

3. 攝入較多的蛋白質會使人興奮。

（三）疲　倦

　　飲食中如缺乏銅與鐵等礦物質，會對情緒造成影響如下：

1. 缺銅時，易呈現出發育停滯、智力下降、精神萎靡、反應遲鈍，並會出現嗜睡的情況。

2. 缺鎂時，會影響兒童大腦，尤其是大腦的左半球，易造成兒童無精打采、疲倦無力、學習成績下降。

（四）焦　慮

　　下列一些營養素對人的情緒所造成影響分別敘述如下：

1. 攝食脂肪易使人煩躁，高糖及低蛋白飲食亦會使人脾氣暴躁。

2. 鈣的攝取不足時，會抑制神經細胞正常功能，使神經細胞變敏感。遇到不愉快時，易感情衝動，出現怒火上升、脾氣暴躁等負面情緒。

3. 缺乏鋅時，會使兒童智力下降、發育不良，成人則會出現全身發癢、食慾不振、脾氣暴躁等症狀。

　　因此，含有鈣、鎂、鋅等礦物質的食物如攝取足夠，有抗焦慮的作用，鈣攝取足夠則有助眠效果。維生素 C 也有抑制焦慮的作用，並可幫助充分的睡眠。

二、痛經的保健食物

　　痛經所帶來的不適，常影響睡眠、工作或上課的心情，有時更須以請假在家休息來應付，如嚴重疼痛應就醫。現將痛經宜忌食物，溫、寒性食物及有助減輕痛經的營養素，整理如表 12-13、12-14、12-15。

1. 痛經宜忌食物，如表 12-13。

🌿 表 12-13　痛經的宜忌食物

種　類	宜	忌	備　註
主　食	豆類、穀類、薯類	無禁忌	可隨患者喜好，均可採用
肉　類	魚蛋、禽畜肉	蛤、蚌、田螺、鱉、蟹	宜：益氣養血 忌：偏涼
水　果	山楂	柚、梨、西瓜、酸梅、柑橘	宜：能化瘀血 忌：寒涼澀帶，月經前後宜避
蔬　果	木耳、蔥白	莧菜、油菜、黃瓜、海帶、冬瓜、絲瓜、竹筍、茄子、蓮藕	宜：除風散寒，疏通肝經 忌：屬寒冷，月經前後宜少食
乾　果	核桃、花生、大棗、桂圓	無禁忌	溫陽、行血、益氣養血，可隨意食物

資料來源：毛家舲、鍾聿琳(2002)。

2. 溫、寒性食物：經血遇熱則行，遇寒則凝。痛經是由血瘀氣滯所致，食物應選用溫熱，忌一切寒涼食品，現將溫、寒性食物整理如表 12-14。

🌿 表 12-14　溫、寒性食物

分　類	食　物
寒性食物	牡蠣、蛤蜊、龜、鱉、螃蟹、梨、田雞、鰻魚、兔肉、百合、菊花、桑椹子、柿餅、甘蔗、藕、菱、西瓜、茄子、芋頭、竹筍、甜瓜、黃瓜、白菜、油菜、莧菜、豆漿、豆鼓、豆腐、綠豆、小米
溫性食物	鰱魚、鯽魚、鱔魚、海蝦、牛肉、羊肉、鴨肉、雞肉、砂糖、飴糖、白糖、蜂蜜、龍眼肉、山楂、荔枝、葡萄、栗子、烏梅、木瓜、橄欖、李子、胡蘿蔔、芥子、大蔥、大蒜、生薑、酒醋、豆油、麵

3. 有助減輕痛經的營養素：在飲食方面應鼓勵多攝取維生素 E、維生素 B_6 及含鈣的食物，現整理如表 12-15。

🌿 表 12-15 有助減輕痛經的營養素

營養素	來 源	功 能	應 用
鈣(Ca)	乳製品、豆類、小魚乾、沙丁魚、鮭魚	可維持神經系統的正常功能	減輕生理期的不適
維生素 B_6	蛋黃、穀類、酵母、蔬菜、甘藷、馬鈴薯、家禽、魚肉等肉類，各種種子發芽部分等	吡哆醛磷酸鹽為轉氨基及轉硫作用所需的輔酶，有助於色胺酸轉化為菸鹼酸，肝醣轉化為葡萄糖	可解除經前腹脹與情緒緊張，減輕肌肉收縮
維生素 E	麥、全麥、菠菜、綠葉蔬菜、大豆、甘薯、麥芽、油菜籽、葵花子、黃豆、玉米	抗氧化劑，有助於防止多元不飽和脂肪酸及磷脂類被氧化，可維持細胞膜的完整性	可解除經痛及腫脹，因它可作為輕度前列腺素抑制劑，作用類似阿斯匹靈(Aspirin)。亦可促進血液循環，減輕子宮對氧的需求，可解除肌肉疼痛及痙攣

資料來源：毛家齡、鍾聿琳(2002)。

 小試身手

一、選擇題

（D）1. 情緒的紓解可做如何的安排？　(A)適當安排工作　(B)縮短工作時數 (C)體育運動　(D)以上皆是

（C）2. 每天可安排多久時間做體育運動？　(A) 10 分鐘　(B) 20 分鐘　(C) 30 分鐘　(D) 1 小時

（D）3. 有益健康的運動有哪些？　①跳繩　②跑步　③跑樓梯　④向後退去　⑤步 行　⑥森林浴健身法　(A)①②③　(B)①②③④　(C)②③④⑤　(D)①② ③④⑤⑥

（D）4. 情境療法可分為哪些？　①色彩療法　②音樂療法　③色彩與音樂療法配合 (A)①②　(B)②③　(C)①③　(D)①②③

（B）5. 心臟病患者，禁忌何種顏色？　(A)藍色　(B)紅色　(C)黃色　(D)白色

（A）6. 何種顏色能降熱退燒？　(A)淡藍色　(B)白色　(C)紅色　(D)黃色

（A）7. 何種顏色對感冒有特殊效力？　(A)藍色　(B)紫色　(C)紅黃色　(D)淡 藍色

（A）8. 可激起患者的活力、興奮和希望，增強抗病力及求生慾望是何種顏色？ (A)紅黃色　(B)淡藍色　(C)紫色　(D)黃色

（B）9. 何種顏色代表生命能源？　(A)橙色　(B)紅色　(C)黃色　(D)綠色

（B）10. 何種顏色使人的心靈得到休息、平靜和安寧，能使神經系統恢復平靜？ (A)黃色　(B)綠色　(C)紫色　(D)藍色

（D）11. 下列哪些方法可紓壓？　(A)身體柔軟運動、靜坐呼吸　(B)靜坐後按摩 (C)腹式呼吸法　(D)以上皆是

二、問答題

1. 運動健身應注意哪些事項？

2. 何謂芳香療法？

3. 芳香精油由觸覺進入有哪些效果？

4. 芳香療法應注意哪些事項？

參考文獻

三宅篁(1997)．*超音波美容塑身法*．世華。

五十嵐康彥(1991)．*圖解手掌病理按摩療法*．世茂。

毛家舲、鍾聿琳(2002)．*婦女與健康*．國立空中大學。

王素華(2006)．*家政概論 II*．台科大。

王淑珍(2001)．*美膚 IV*．龍騰。

王肇陽(1997)．*皮膚病的認識*．慈濟。

全國美容編輯部(1998)．*皮膚生理病理學*．錦龍。

吳奕賢、程馨慧(2021)．*芳香療法*．新文京。

呂玫諼(2004)．*美體保健實務*．華格那。

呂翠珠(2000)．*專業指甲美容技藝*．亞太。

李秀蓮、周金貴(2000)．*美膚 I*．儒林。

李秀蓮、周金貴(2001)．*美膚 II*．儒林。

李秀蓮、周金貴(2001)．*美膚 III*．儒林。

李秀蓮、周金貴(2001)．*美膚實務*．儒林。

李秀蓮、周金貴(2002)．*美膚 IV*．儒林。

李埃倫(1990)．*專業病理經絡*．國際事業美容連鎖學院。

李婉萍、林靜幸、謝春滿、藍菊梅、蔡家梅、吳書雅、...陳翠芳等(2012)．*身體檢查與評估*
（六版修訂版）．新文京。

李翠湖、李翠珊(2002)．*美膚 I*．龍騰。

李翠湖、李翠珊(2002)．*美膚 II*．龍騰。

李翠湖、李翠珊(2002)．*美膚 III*．龍騰。

周志堅譯(1995)．*尖端專業美容百科全書*．台灣芝寶。

邱秀娟、張寶富(2019)．*美容保健*．新文京。

姜淑惠(2007)．*這樣吃最健康*．圓神。

施莉莎(2002)．*芳香經絡療法*．宏欣。

段瑞月(2000)．*美膚與保健*．啟英。

洪偉章、陳榮秀(1998)．*化妝品科技概論*．高立。

洪偉章、陳榮秀(1998)．*化妝品原料及功能*．藝軒。

紀皖珍(2004)．*手足護理與彩繪*．華立。

胡明一、陳懿慧、謝慧瑛、孫穆乾(1994)．*人體解剖學*．藝軒。

徐國成、韓秋生、舒強、于洪昭(2004)．*局部解剖學彩色圖譜*．新文京。

徐國成、韓秋生、霍琨(2004)．*系統解剖學彩色圖譜*．新文京。

高秀來、于恩華(2003)．*人體解剖學*．北京大學醫學出版社。

張正芬、林佩珊、吳裕仁、溫慧萍、蔡淑芬、賴明宏、...劉禧賢等(2005)．*美容營養學*．華格那。

張麗卿(1998)．*化妝品製造實務*．台灣復文興業。

梁雅婷、周琮棠(1993)．*養生保健與美*．華立。

莊靜芬(1985)．*怎樣吃最健康*．文經。

黃宜純(2008)．*實用芳療按摩*．知音。

黃玲珠(2006)．*美容營養學*．華立。

黃薰誼(2023)．*芳香療法與美體護理*．新文京。

詹慧珊、陳秀足(2005)．*藝術指甲*．新文京。

劉尚雲(1996)．*電療學原理與美容儀器*．聯企。

劉淑女(2011)．*芳香療法*．群英。

謝明哲、胡淼琳、陳俊榮、徐城金、陳明汝(2005)．*實用營養學*．華杏。

顏淑言(2000)．*芳香植物精油使用經典*．高等傳播。

Carola, R., Harley, J. P., Noback, C. R. (2000)・*人體解剖學*（修訂二版，李玉菁等編譯）・新文京。（原著出版於 2000）

Fox, S. I. (2006)・*人體生理學*（九版，于家城等譯）・新文京。（原著出版於 2006）

網路資源

1. 衛生福利部疾病管制署一般民眾版網站

   http://www.cdc.gov.tw

2. 衛生福利部疾病管制署專業人士版網站

   http://www.cdc.gov.tw/professional/index.aspx

3. 衛生福利部國民健康署網站

   http://www.hpa.gov.tw/BHPNet/Web/Index/Index.aspx

4. 陳潮宗中醫診所網站

   http://www.drchen.com.tw

5. 大紀元新聞網

   http://news.epochtimes.com/b5/ncnews.htm

附錄一：芳療精選試題

下載觀看網址：reurl.cc/p5ppKa

附錄二：美容護膚常用的儀器

1. 遠紅外線經絡疏導儀

2. 凡尼緹離子導入／導出美顏機

3. 鴻祥磨皮機

4. KT-5610 銀鑽魔力美體儀

5. 陶磁溫灸經絡儀

6. 彩光美容儀

7. 琳鉑石溫熱治療儀

8. 超聲波美容器

9. 祛皺美容筆

10. 臉部撥筋應用的儀器

11. 美容美體常用輔助的儀器

12. 鈦神奇®光量子活氣棒

13. 鈦神奇®活氣棒

14. 鈦神奇®光量子經絡片

15. 鈦神奇®磁石能量器

16. 鈦神奇®高斯調理器

17. 鈦神奇®光量子活氧棒

18. 多功能美膚儀

19. 多功能熱敷儀

美容美體常用種類繁多，各品牌及價格也不相同，無法一一例舉說明，這裡簡單例舉下列幾種：（各位讀者可至相關網站查詢）

一、遠紅外線經絡疏導儀（天然遠紅外線礦石）

（一）成分

1. 高能量金屬礦晶體－金、銀、錳、鈷、鈦…等。

2. 多種高能量礦晶體：綠幽靈水晶石、白水晶石、碧黑曜石、瑪瑙石、藍晶石、火山灰泥…等。

（二）遠紅外線效能

1. 與肌膚內層物質分子接觸後，產生滲透、共鳴及吸收現象，並擴大振動，產生熱反應，使皮下深層溫度上升。

2. 深層導入肌膚底層，瞬間細化分子，產生科學針灸功能，排除身體不適感。

3. 微血管同時擴張，將體內有害、有毒物質，經由汗水與血液一起排出，對一些慢性病症有幫助效果。

（三）天然遠紅外線礦石依使用部位及功能可分為下列幾種：如圖 13-1~13-6。

1. 小魚	2. 大魚	3. 如意

圖 13-1	圖 13-2	圖 13-3
資料來源：魔可舒公司提供	資料來源：魔可舒公司提供	資料來源：魔可舒公司提供

4. 八爪

圖 13-4

資料來源：魔可舒公司提供

5. 斗杓

圖 13-5

資料來源：魔可舒公司提供

6. 鼎足

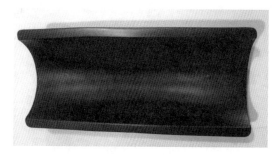

圖 13-6

資料來源：魔可舒公司提供

二、凡妮緹離子導入／導出美顏機（如圖 13-7）

（一）原理

　　導入儀請搭配精華液或是其他保濕保養品使用，以此作為媒介，可加速肌膚新陳代謝，活化細胞組織幫助肌膚吸收營養，同時在皮膚表層到消除老化細胞以減少皺紋、緊實度。儀器如圖 13-7。

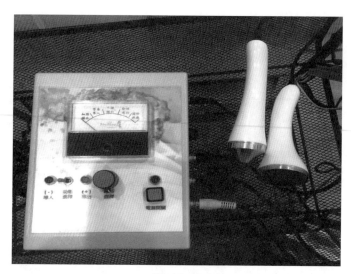

圖 13-7

資料來源：凡尼緹股份有限公司提供

（二）方法

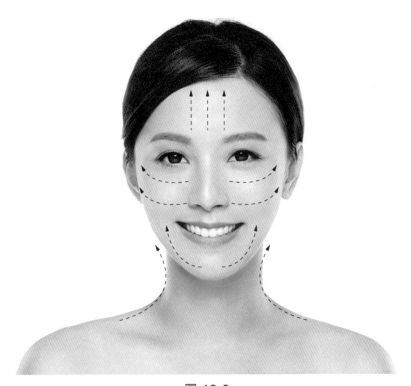

圖 13-8

資料來源：凡尼緹股份有限公司提供

1. 請依箭頭指示方向，由下往上、由內往外移動。

2. 要保持不斷移動，不可在身體某個部位停留太久。

3. 敏感性肌膚最好調整較弱的電流。

4. 幫別人導入時，手握線需綁在被導入者的手心。

5. 本離子導入儀適合水溶性的精華液使用。

6. 每週最好一次去角質清潔肌膚後再導入，效果會更好。

三、鴻祥磨皮機

（一）功能

美容用，去除皮膚角質。

（二）原理

鑽石微雕是利用鑽石頭上的微細鑽石顆粒，藉由來回磨擦，並配合真空抽吸器控制強度，為肌膚帶來最溫和的去角質效果，無刺激性，處理後也不易有傷口照顧的困擾，也不易有色素沉澱及皮膚發紅的問題，操作時，不會有晶體顆粒飛散及殘留臉部。

四、KT-5610 銀鑽魔力美體儀

（一）功能

取代傳統以手按摩的方式，應用馬達震動原理配件符合人體工學，使全身精神鬆弛、減少疲勞感，達到增強體力的效果。

（二）此產品備有七種不同型式專業按摩頭

1. 針狀座：適用部位－頭部（小）。

2. 圓錐狀座：適用部位－頭部（大）。

3. L 型彎頭：為各導頭之轉接頭適用。

4. 四球方座：適用部位－手部。

5. V 型座：適用部位－大腿及手臂。

6. 錐型座：適用部位－穴道。

7. 雙球座：適用部位－背部。

五、陶瓷遠紅外線溫灸器（如圖 13-9）

（一）使用方法

1. 熱敷：將磁質刮痧頭平貼到要熱敷的位置，一般熱敷以穿著衣物熱敷即可。如要自製花草熱敷包，可選用市面銷售之花草茶材料，如乾燥的薄荷、茉莉、薰衣草、迷迭香等，裝入棉紙袋中，摺好、封口，放入磁質刮痧頭之凹槽內，同時以棉質布套覆蓋固定即可。（同一位置請勿停留超過 2 秒，以免造成不適）

2. 刮痧：可不插上電源，依一般刮痧方法配合潤滑油、嬰兒油或青草油等使用，也可用溫刮，先在皮膚抹上刮痧潤滑油，以由上往下方式輕刮，注意不可太用力。

3. 溫刮後，要補充水分。

圖 13-9

資料來源：高雄市華德工家提供

六、彩光容儀（如圖 13-10）

（一）主要特點

1. 每秒 3 百萬次的振動，可促進皮膚彈性的恢復，而達到抗皺效果。

2. 能深入皮膚下 1~3mm 左右，更適合眼周的皮膚護理，紅光能量穿透皮膚下 8~10mm，波長較溫和。

（二）功能

　　紅光可增強肌膚活性、淡化小細紋、收縮毛孔、淡化斑點，藍光則具有消炎、鎮痛的功效，能改善痘痘，再配合射頻技術修復受損的膠原層，可改善肌膚狀態。

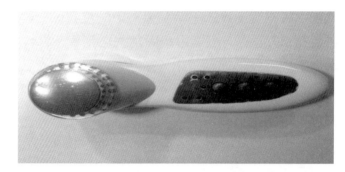

圖 13-10

資料來源：左：高雄市華德工家提供；右：作者自己購買

七、琳鉑石溫熱治療儀（如圖 13-11）

（一）產品特色

　　匈牙利火山黑磁礦岩粉末，能產生磁場可穿透人體，幫助代謝並增加體內供氧量，進而幫助皮膚和體內的活絡性。

（二）功能

1. 改善氣血循環。

2. 淡化時間歲月留下的細紋。

3. 淨化身體及消除疲勞。

（三）使用方法

1. 敏感肌膚溫度設定 40~45℃（臉部）用提拉手法。

2. 一般溫度以個人最舒服感覺為主。

3. 眼部溫度建議設定 38~40℃，請使用眼霜打底。速度略慢，走向 4 至 5 次，再來以打圓圈方式操作 4 至 5 次。

4. 胸部建議 50~60℃，全程時間約 20 分。

5. 臀部溫度建議 55~60℃（可先身體去角質）。

6. 背部溫度建議 55~60℃，全程操作時間 30 至 60 分。

7. 關節處溫度建議 50~60℃，依排毒方向向下操作，可使用舒緩痠痛精油、霜、乳、膏之類的保養品。

8. 腹部溫度建議 55~60℃，以打圈順時鐘由小至大再由大到小來回 5 至 6 次以上。

◎所有建議溫度還是以個案舒服為主。

圖 13-11　琳鉑石溫熱治療儀

資料來源：作者自購

八、超聲波美容器

（一）原理

1. 超聲波的空化作用，是在人體皮膚產生 300 個以上大氣壓，用正氣壓將營養素導入皮膚吸收，同時利用其負氣壓力把皮膚毛細孔中的廢物吸出來。

2. 其溫熱效應，可增加細胞膜的通透性，促進血液循環。

3. 其超聲波頻率振動引起細胞波動，使細胞得到微細而迅速的按摩，加強新陳代謝，提升組織的再生能力。

（二）按摩功效

1. 消除皺紋。

2. 消除黑斑。

3. 消除面疱。

4. 消除肥胖。

5. 局部瘦身。

6. 全身瘦身：所謂瘦身有效的針灸點，代表性有三，分別是中脘、合谷、三陰交，除此之外，水分、水道、關元、曲波等穴位也有效果。

◎目前有不同相關產品，讀者可到相關網站查詢。

九、祛皺美容筆（生物識別祛皺美顏儀）（如圖 13-12）

（一）功效原理

1. 臉部皮膚出現皺褶是由於皮膚細胞膜電位降低，粒線體產生的三磷酸腺苷(ATP)減少，使細胞膜的選擇通透能力下降，膠原蛋白失去活性，彈力纖維斷裂，結締組織塌陷，造成皮下脂肪鬆弛的原因。

2. 生物識別祛皺美顏儀是根據人體工程學原理設計的，採用高織別性的生產芯片，以特昇的識別個體生物信息，聲速、快捷的增加細胞膜電位，修復受損的皮膚組織，只要 30 天即可完成細小皺紋的第一階段再造工程，繼續可產生明顯除皺效果。

3. 使用方法：在眼周抹上祛皺霜或精華液，以適當的力道在每條明顯皺紋上點按 20 秒鐘以上，由內往外緩慢滑動至下一點按處，間隔距離不超過 1 公分，每條皺紋 3 至 5 次，效果更好，注意每次使用間隔時間 6 小時以上，每天使用 2~3 次，可改善明顯的皺紋。

圖 13-12　祛皺美容筆

資料來源：作者自購

十、臉部撥筋應用的儀器例舉（如圖 13-13）

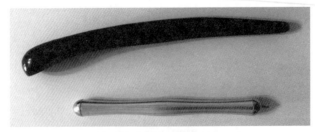

圖 13-13　臉部撥筋用具

資料來源：作者自購

◎ 因相關產品很多，讀者可參閱相關網站。

十一、美容美體常用輔助的儀器例舉（如圖 13-14~16）

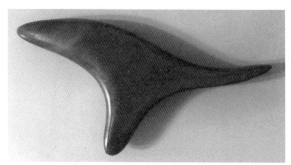

圖 13-14　木製三角不同尖頭應用

資料來源：作者自購

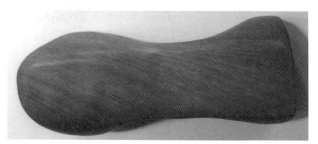

圖 13-15　木製應用背部穴位

資料來源：作者自購

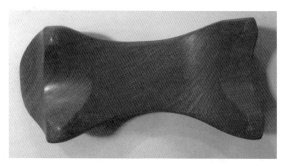

圖 13-16　木製、反面，應用背部穴位

資料來源：作者自購

◎ 專業美容養生 spa 館還有很多不同產品應用，各位讀者可到相關網站查詢。

◎ 另常應用有體刷、鑽石按摩器、按摩棒、24K 黃金活力按摩棒、4D 微雕滾輪按摩器等。以上所提僅供參考，讀者可至相關網站參閱。

十二、鈦神奇®光量子活氣棒（如圖 13-17）

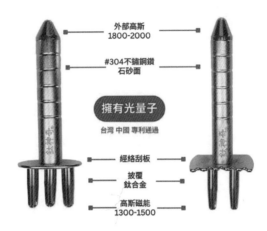

外部高斯
1800-2000

#304不鏽鋼鑽
石砂面

擁有光量子

台灣 中國 專利通過

經絡刮板

披覆
鈦合金

高斯磁能
1300-1500

圖 13-17　鈦神奇®光量子活氣棒，應用身體多個部位

資料來源：以登企業有限公司提供

（一）產品特色（如圖 13-18）

　　實體結構為#304 不鏽鋼材質，內部為光子能量所產生之高階能量具有穿透力、傳遞力、波動力、共振力。結合鈦合金、高斯磁能及光量子可促進血液循環、消除疲勞。

使用前

使用後

圖 13-18

資料來源：以登企業有限公司提供

（二）使用方法（如圖 13-19）

可根據需要選擇適合的精油產品，適量塗抹在需要的部位，但建議視個人能接受的狀況以決定按摩力道。可用於頭、頸、背、腰部或腹部、四肢，搭配適合的精油、霜。

頭皮深層SPA　　手部保健　　肩頸放鬆　　臉部拉提

圖 13-19　鈦神奇®光量子活氣棒使用方法

資料來源：以登企業有限公司提供

（三）功能

尖端啟動機制可有效疏通陳年乳酸，亦可安撫放鬆肌肉。

十三、鈦神奇®活氣棒（如圖 13-20）

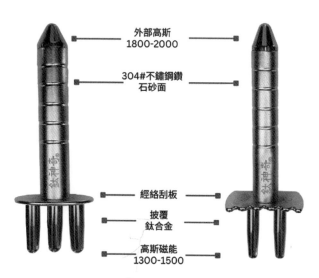

圖 13-20　鈦神奇®活氣棒，應用身體多個部位

資料來源：以登企業有限公司提供

（一）產品特色

實體結構為#304 不鏽鋼材質，結合鈦合金、高斯磁能可促進血液循環、消除疲勞。

（二）使用方法（如圖 13-21）

請參考「鈦神奇®光量子活氣棒」的說明。

頭皮深層SPA　　　手部保健　　　肩頸放鬆　　　臉部拉提

圖 13-21　鈦神奇®活氣棒使用方法

資料來源：以登企業有限公司提供

（三）功能

尖端啟動機制可有效疏通陳年乳酸，亦可安撫放鬆肌肉。

十四、鈦神奇®光量子經絡片（如圖 13-22）

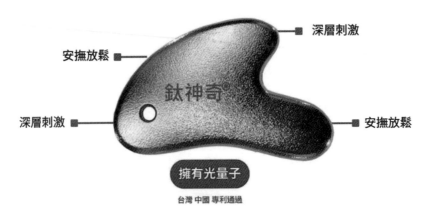

圖 13-22　鈦神奇®光量子經絡片，應用身體多個部位

資料來源：以登企業有限公司提供

（一）**產品特色**（如圖 13-23）

　　安撫與刺激的雙重按摩巧心設計，用於臉部或身體按摩。結合光量子能量可促進循環，消除疲勞。

使用前　　　　　　　使用後

圖 13-23

資料來源：以登企業有限公司提供

（二）**使用方法**（如圖 13-24）

　　推薦在徹底清潔肌膚後使用，可搭配精油、霜使用。輕輕地滑溜感，不須用力壓，待肌膚呈現粉紅潤色即可。

 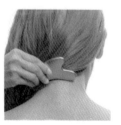  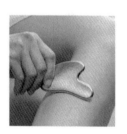

臉部拉提　　　　肩頸按摩　　　　手部紓壓　　　　腿部疏通

圖 13-24

資料來源：以登企業有限公司提供

十五、鈦神奇®磁石能量器（如圖 13-25）

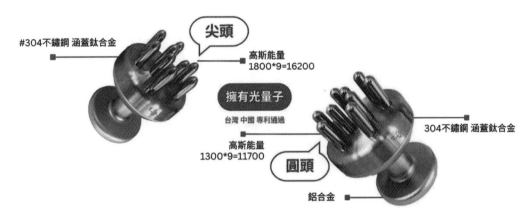

#304不鏽鋼 涵蓋鈦合金

尖頭

高斯能量
1800*9=16200

擁有光量子

台灣 中國 專利通過

高斯能量
1300*9=11700

圓頭

304不鏽鋼 涵蓋鈦合金

鋁合金

圖 13-25　鈦神奇®磁石能量器，應用身體多個部位

資料來源：以登企業有限公司提供

（一）產品特色（如圖 13-26）

　　材質採用#304不鏽鋼涵蓋鈦合金，不易壞且能有效降低肌膚不適感；外觀設計握柄處凹陷，使施作者在使用時較不費力，尖頭的磁石能量器有助於深層按摩，圓頭的則有助於放鬆，再搭配精油或霜的選擇，更能達到按摩的功效。結合光量子能量可促進循環，消除疲勞。

使用前　　　　　　　使用後

圖 13-26

資料來源：以登企業有限公司提供

（二）使用部位（如圖 13-27）

頭部按摩

肩頸放鬆

手部及大腿紓壓

腹部按壓

圖 13-27

資料來源：以登企業有限公司提供

（三）功能

1.紓壓按摩；2.美體塑身；3.疏通經絡；4.頭皮放鬆。

十六、鈦神奇®高斯調理器（如圖 13-28）

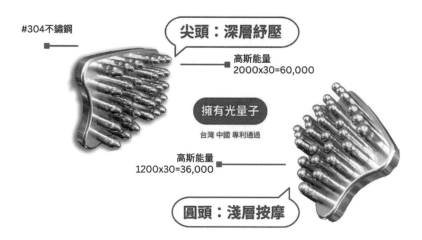

圖 13-28　鈦神奇®高斯調理器，應用身體多個部位

資料來源：以登企業有限公司提供

（一）產品特色（如圖 13-29）

材質採用#304 不鏽鋼擁有光量子能量，用於紓壓放鬆，快速的將肌肉層的的乳酸自由基排出；外觀設計握柄處凹陷，使施作者在使用時較不費力，尖頭的磁石能量器有助於深層按摩，圓頭的則有助於放鬆，再搭配精油或霜的選擇，更能達到按摩的功效。結合光量子能量可促進循環，消除疲勞。

使用前　　　　　　　使用後

圖 13-29

資料來源：以登企業有限公司提供

（二）使用方法（如圖 13-30）

  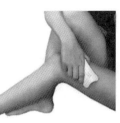 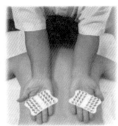

肩頸放鬆　　　　舒緩頭皮　　　　腿部紓壓　　　　背部按摩

圖 13-30

資料來源：以登企業有限公司提供

（三）功能

1.紓壓按摩；2.美體塑身；3.疏通經絡；4.頭皮放鬆。

十七、鈦神奇®光量子活氧棒（如圖 13-31）

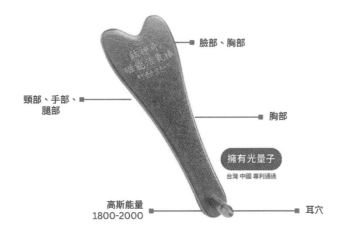

圖 13-31　鈦神奇®光量子活氧棒，應用身體多個部位
資料來源：以登企業有限公司提供

（一）產品特色（如圖 13-32）

　　外型設計結合棒狀及蝴蝶片，使施作部位增加，除了基本的臉部，亦可施作於及小部位－耳穴，並透過材質中光量子的傳遞機能，使得肌膚的熱能增加，促進血液循環。

使用前　　　　　　　　　　使用後

圖 13-32
資料來源：以登企業有限公司提供

（二）使用方法（如圖 13-33）

臉部提拉

耳穴按摩

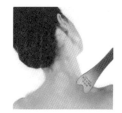
肩頸及手腳紓壓

胸部乳腺按摩

圖 13-33

資料來源：以登企業有限公司提供

（三）功能

1.紓壓按摩；2.美體塑身；3.疏通經絡；4.頭皮放鬆。

十八、多功能美膚儀（如圖 13-34）

掃描彩圖

光量子探頭
背部·雕塑
胸部·提臀

鈦神奇活氧棒
臉部提拉
胸部保健
肩頸疏通
耳部舒緩

負離子探頭
臉部提拉
胸部保健
肩頸疏通
手部舒緩

光量子導入儀
眼周護理
改善鼻子
耳朵舒眠
頭皮調理

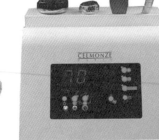

CELMONZE

台灣 中國 專利通過

圖 13-34　多功能美膚儀，應用身體多個部位

資料來源：以登企業有限公司提供

（一）產品特色

　　結合四種產品及一台主機，機器可調配溫度，溫度介於 37~70℃之間，可調整成個人喜好溫感。利用材質中光量子的傳遞熱效應，使得肌膚的熱能增加，促進血液循環。

使用前　　　　　　　　使用後

圖 13-35

資料來源：以登企業有限公司提供

（二）使用方法（如圖 13-36）

　　開機並針對部位設定溫度及選擇產品搭配。

頭皮SPA　　　　　　　眼部放鬆　　　　　　　頸部舒緩

腹部緊實　　　　　　　臉部提拉　　　　　　　背部SPA

圖 13-36　多功能美膚儀，應用身體多個部位

資料來源：以登企業有限公司提供

（三）功能

現代人久坐、少運動、壓力大，常有肩頸僵硬的現象，連帶造成頭皮緊繃。頭脹、失眠，頭皮按摩有下列優點：形塑 V 臉效果、眼睛放鬆、幫助睡眠、經絡都通過頭面部，頭皮的經絡暢通很重要，因此按摩可以促進循環、舒緩放鬆專業頭皮 SPA 多功能美膚儀，細胞會呼吸、髮根會活化，就能代謝得更順暢。

使用光量子探頭可進行背部雕塑，腹部緊實，促進臀部血液循環，除此之外還有頭皮調理的部分，在溫度及光量子的傳遞機制下，可以活化髮根；負離子探頭可幫助臉部提拉、胸部保健、肩頸疏通以及手部紓緩；鈦神奇活氧棒則可針對耳穴等細小部位進行按摩；光量子導入儀使用尖端可以進行眼周護理及改善鼻腔內壁溫度，亦可針對耳朵進行舒眠放鬆。

十九、多功能熱敷儀（如圖 13-37）

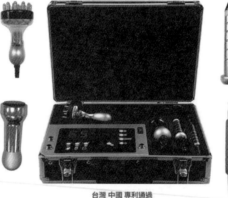

圖 13-37　多功能熱敷儀，應用身體多個部位

資料來源：以登企業有限公司提供

（一）產品特色

此為行動手提式，其可讓美容師服務到家，並結合四種產品及一台主機，從頭到腳皆可運用，主機可調配溫度，溫度介於 37~70℃ 之間，可調整成個人喜好溫感，並利用材質中光量子的傳遞熱效應，使得肌膚的熱能增加，促進血液循環。

使用前　　　　　　　　　　　　使用後

圖 13-38

資料來源：以登企業有限公司提供

（二）使用方法（如圖 13-39）

開機並針對部位設定溫度及選擇產品搭配。

臉部提拉　　　　　　　眼部放鬆　　　　　　　頸部舒緩

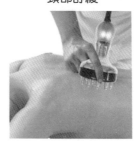

腹部緊實　　　　　　　臉部提拉　　　　　　　背部SPA

圖 13-39　多功能熱敷儀使用方法

資料來源：以登企業有限公司提供

（三）功能

請參考「多功能美膚儀」的說明。

MEMO:

New Wun Ching Developmental Publishing Co., Ltd.
New Age · New Choice · The Best Selected Educational Publications — NEW WCDP

新文京開發出版股份有限公司
NEW WCDP
新世紀・新視野・新文京 — 精選教科書・考試用書・專業參考書